世界传奇坦克

邓涛 著

机械工业出版社

这是一本对坦克的故事进行深度挖掘的书，也是一本探究人类军事技术创造力的书。创造力可能是人类活动中最重要但又最不为人所理解的概念。关于创造力的构成要素已经有无数研究者进行过讨论，但没有一种理论得到普遍接受，其中一个原因就是不同的知识领域需要不同要素的组合。也正因如此，作为兼具技术性和故事性的坦克猎奇类读物，本书能够让读者既体会到技术的严谨，也能体会到故事的流畅和知识的广博。读者会发现等待自己的是一次富于乐趣的阅读体验。

图书在版编目（CIP）数据

世界传奇坦克／邓涛著. —北京：机械工业出版社，2020.4（2025.1重印）
ISBN 978-7-111-65178-9

I. ①世… II. ①邓… III. ①坦克-世界-普及读物 IV. ①E923.1-49

中国版本图书馆CIP数据核字（2020）第051790号

机械工业出版社（北京市百万庄大街22号 邮政编码100037）
策划编辑：杨 源 责任编辑：杨 源 赵小花
责任校对：张艳霞 责任印制：李 昂

北京捷迅佳彩印刷有限公司印刷

2025年1月第1版 · 第6次印刷
184mm×260mm · 20.75印张 · 512千字
标准书号：ISBN 978-7-111-65178-9
定价：128.00元

电话服务
客服电话：010-88361066
客服电话：010-88379833
010-68326294

网络服务
机 工 官 网：www.cmpbook.com
机 工 官 博：weibo.com/cmp1952
金 书 网：www.golden-book.com
机工教育服务网：www.cmpedu.com

前　言

苹果每天都会掉在地上，为什么只有牛顿发现了万有引力定律？克隆人为什么被各国明令禁止？人类又该如何延长寿命抵御疾病？这个世界充满了问号，战争亦不例外。战争是残酷的，坦克更是冰冷的战争机器，但人们依然对它们充满了好奇："怪模怪样"的坦克在设计上有着哪些门道？一战中英国人的陆地装甲旗舰为什么没有完成？德国军队如何对缴获的苏联坦克进行再利用？高傲的德国人为什么会仿制苏联 T-34？德国人自己又造出了怎样的陆地"沙恩霍斯特"？精明的以色列人如何对二战时期的"谢尔曼"进行"魔改"，然后又是如何驾驶着这些老爷车去挑战武装到牙齿的现代化苏联坦克的？老式苏联坦克为什么在以色列人手中变成了"阿奇扎里特"重型装甲人员输送车？冷战中的导弹坦克潮流又是怎么回事？这一连串的问号，每一个都在挑战着人类强烈的好奇心。本书将为各位读者解开这一个困惑。

本书共 10 章，以一战和二战为背景，分别讲解了美国、德国、苏联、英国、法国、以色列等国的传奇坦克。

第 1 章　剑走偏锋——主战坦克的非常规设计：主要围绕坦克的布局、改良、动力、传动等内容进行讲解，起到了铺垫全文的作用。

第 2 章　夭折的"大飞象"——一战中的英国陆地装甲旗舰：之所以将英国作为首先讲解的对象，是因为世界上第一辆坦克就是由英国人发明的。本章以"小游民""大飞象"作为开头，中间穿插了早期坦克的设计与改进等内容。

第 3 章　蹉跎的钢铁——二战法国未投产的装甲战车：作为一个世界军事工业大国与强国，法兰西第三共和国轰然崩塌时，其武器库中却还有一些杀手锏没有亮相，这不由令人在感慨的同时浮想联翩，本章正是希望将尘封的历史揭开一角，让这些蒙尘的战车有机会重见天日。

第 4 章　画猫成豹——德国对苏联 T-34/76 坦克的仿制：T-34/76 这种苏联乃至全世界最

成功的坦克，却在对手的PzKpfw V“黑豹”坦克身上留下了印记。本章将从德军与T-34/76坦克的一段不解之缘说起，以此解开这一仿造谜团。

第5章 “皇家防空坦克”的艰难诞生史：二战爆发时，英国仍未在机械化防空火炮领域有所建树，直到1943年，这种局面才有所改观，那么在这个漫长的过程中，又经历了怎样的曲折呢？本章将就此娓娓道来。

第6章 陆地上的“沙恩霍斯特”：德国是军事工业的标杆，在坦克制造方面，则更是公认的权威。在二战期间，德国的传奇坦克当属有陆地巡洋舰之称的巨型坦克了。本章将为读者深度解析德国巨型坦克的发展之路。

第7章 大卫王的“谢尔曼”——以色列军队对美制M4中型坦克的深度改造：二战后的“谢尔曼”经历了更大范围的扩散，并被改装为清障坦克、扫雷坦克等，而这其中最有亮点的当属以色列的深度改造。本章将为读者讲解“谢尔曼”在中东的传奇故事。

第8章 “分寸”之间的艺术——苏联坦克变身希伯来重装甲战车：“阿奇扎里特”能够出自以色列之手，绝非偶然。作为一种身世传奇的“反传统”装备，它的背后又有怎样的故事？本章将通过8节内容，为读者展开讲解。

第9章 红伞兵突击——苏联伞兵突击炮的研发历程：红军空降部队一直缺少重武器，为此，在二战中吃了不少亏，这一局面直到二战后才有所改观。本章将讲解以ASU系列为代表的突击炮的结构特点、战术运用等内容。

第10章 不完美的婚姻——“导弹万能论”时代的坦克“新”潮流：进入冷战后，“导弹万能论”成为当时的一种思潮，就连坦克都要配备导弹，这也成为当时的共识，因此，美、苏、法的“导弹坦克”项目就此诞生也就不足为奇了。本章将讲解这一时期三国发展的“导弹坦克”项目。

本书适合喜爱重型装备的读者阅读。由于作者水平有限，疏漏之处在所难免，望广大用户批评指正。

目　录

23

394

第 1 章

剑走偏锋——主战坦克的非常规设计

非常规设计往往能带来一些特别的性能增益

二战的事实令人相信，轻型坦克和步兵坦克在战场上是没有任何地位的。此外，中型坦克扩张战果的任务也成了问题，所以研制一种“全用途”主战坦克的设想是可行的。这为之后 40 年的坦克发展确立了方向，所有国家都根据本国的作战思想追求同样的基本目的，即实现最大限度的平衡设计，并因此在整体设计布局中开始了自己的进程。然而，在这个大趋势中，也不乏一些“另类”，为严肃的话题增添了些许色彩。

1.1 二战后的“标准”布局

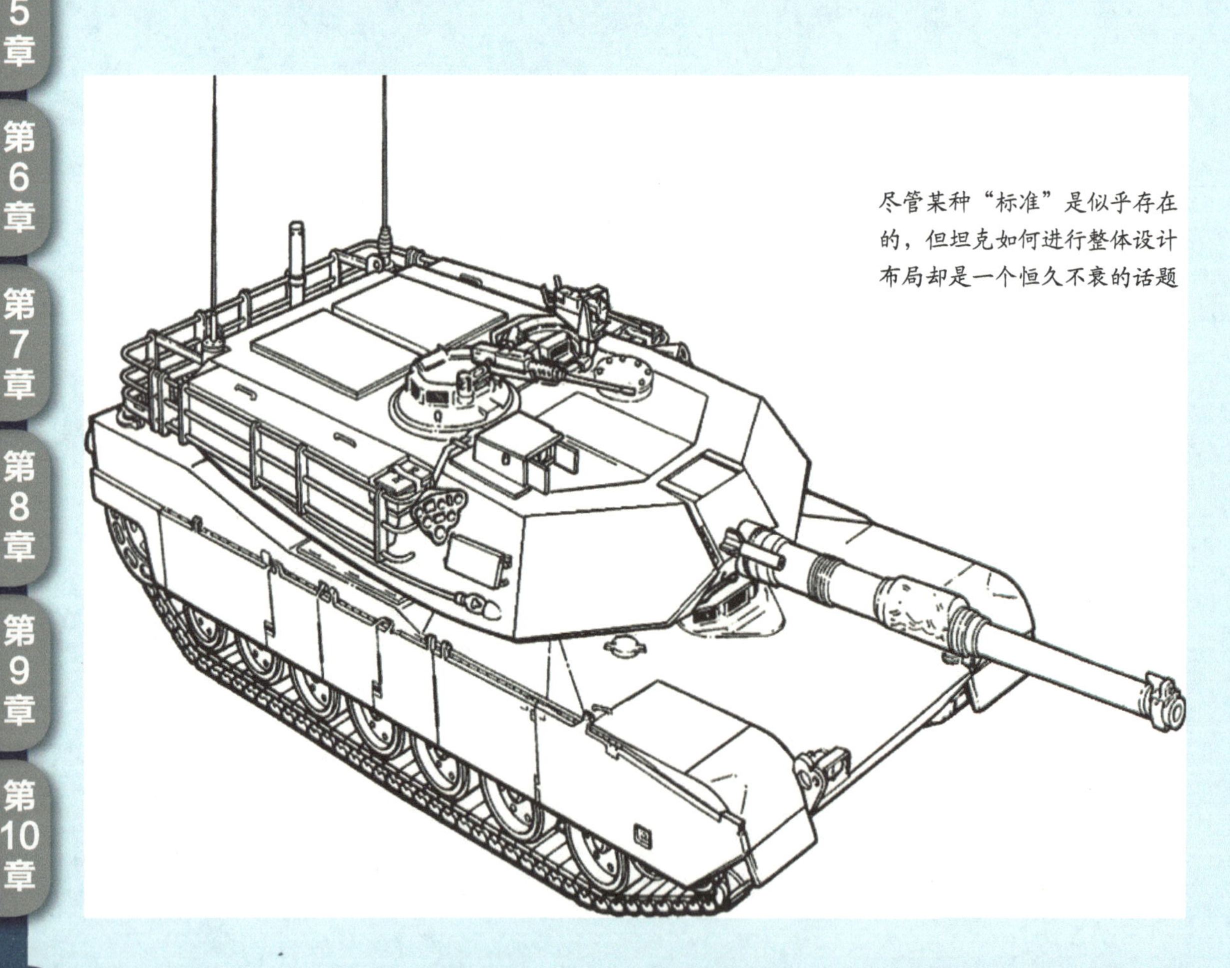

尽管某种“标准”是似乎存在的，但坦克如何进行整体设计布局却是一个恒久不衰的话题

经过了一段五花八门的漫长摸索后，至二战结束，在关于坦克整体设计布局的问题上，各主要军事工业国家基本取得了一致的观点。目前，普遍认为把炮塔放在车体中央是主战坦克的最优设计方案，即驾驶员位于车体前部，其后是设有炮塔的中央战斗部分，发动机和传动部分则以纵置或横置方式放在车体后部。这种布局的主要优点是，炮塔位于中央，可以使坦克保持最好的平衡，战斗部分容积大，炮手便于操作，并使驾驶员有良好的视野，同时保证炮塔能做360°旋转，火炮还可拥有10°左右的下俯角，而又不必过分增大炮塔的高度。也正因如此，在战后的主战坦克发展史上，尽管从以T-54/T-55、M48、“百人队长”为代表的“战后第一代”，到以T-62、“酋长”、“豹I”、M60为代表的“战后第二代”，再到以T-80、M1、“豹II”、挑战者为代表的“战后第三代”，随着技术水平的发展，在火力、装甲和防护性能上一代比一代具有更为长足的进步，但中置炮塔而动力/传动装置后置的布局却一直没有变化，俨然成了战后坦克设计的“标准”。

1.2 变通式的改良

不过，必须清醒地看到，这种标准布局并非完全令人满意。事实上，炮塔中置而动力/传动装置后置的所谓“标准”，其缺点是显而易见的：由于需要安装105mm以上口径高膛压坦克炮，战斗部分炮塔下方的空间在不断扩大。这不但增加了坦克的外尺寸和重量，而且还有增大以炮塔为中心的目标面积的趋向。因此，此种布局的坦克较高（不低于2.4m），炮塔较大，火炮最大俯仰角往往由于炮尾防危板碰到炮塔支承座的上座圈或炮塔顶部而受到限制。同时，在这种布局框架下，加大座圈直径也是不可能的，因为座圈直径加大，就会使坦克宽度增大，而坦克宽度受现行铁路及运输机货舱尺寸的严格限制。坦克设计师们为此绞尽脑汁，想出了一些变通方法，企图扬长避短——比如基于标准布局的改良式开裂炮塔设计或是MBT70那样将驾驶员置于炮塔内的特别设计。

如果要安装大口径坦克炮，开裂式炮塔对于重量的减轻将是微不足道的，也正因如此，除了T-92这类试验性轻型坦克外，至今还没有任何一辆主战坦克采用此种设计

然而，这些变通式的设计也不过是“取巧”，根本问题还是难以解决。比如，基于标准布局的改良式开裂炮塔设计，实际上可以想象成将半个橘子平放在一块板上，然后把一支铅笔从上方压入橘子内，使橘子的顶部与铅笔平齐的一种构造。如此怪异的设计，其本意是火炮不受炮塔顶部的限制，可以充分摇低。同时，因为变相地降低了炮塔顶部的高度（更确切地说是降低炮塔上用于安放火炮的槽口两边的高度），所以又可以减少部分用于防护的装甲板的重量，而且由于炮尾位于炮塔中间的槽口中，火炮还得到了一定的防护性增益。可惜的是，天下并没有免费的午餐。槽口给火炮提供了防护，但也给设计带来了一些问题。工程师们很快发现，要赋予开裂式炮塔火炮超过 10° 的俯角，并不比常规炮塔设计更为轻松——直接处于火炮下方的炮塔座圈还是限制了炮尾的升高。要解决这个问题需要对车体进行大刀阔斧的变动，付出的设计成本让人感觉得不偿失。事实上，如果要安装大口径坦克炮，开裂式炮塔对于重量的减轻将是微不足道的，也正因如此，除了 T-92 这类试验性质的 15 ～ 20 吨级坦克外，至今还没有任何一辆主战坦克采用此种设计。

采用开裂式炮塔设计的 T-92 轻型坦克样车

至于 MBT70（美德联合研制）那样将驾驶员置于炮塔内的特别设计，表面上看起来似乎比开裂式炮塔更有吸引力，因为不再需要驾驶员原先在炮塔座圈前所占的位置，炮塔可以移到车体前部。炮塔前移后，不需要有很高的耳轴就能很容易地赋予火炮超过 10° 的俯角。同时，这样还可以降低车体高度，因为驾驶员已不再是车体高度的限制因素了。由于炮塔内驾驶员位置的高度适宜，在开窗或闭窗驾驶时，驾驶员都具有非常理想的观察条件，开窗驾驶时他可以把头和肩露出炮塔门外进行观察，闭窗驾驶时可以利用仪器进行观察。这对车长很有利，他现在不需要像从前那样给予驾驶员很多指引，尤其是在夜间或在复杂地形上更是如此。如果驾驶员位于炮塔前部，车长位于炮塔后部较高的位置，那么当坦克向前行进时（炮口向前），一切都将称心如意。然而，一旦开始转动炮塔，而仍需要驾驶坦克向前行进，头疼的问题就来了。首先，显然需要给驾驶员提供一套反向旋转装置，以使他无论与车体处于怎样的相对位置都能面向前方。驾驶员执行任务时所需的所有控制装置的仪器，是与车体内各部分的操纵动作有关的，因此各种信号的传送必须通过车体炮塔连接装置、旋转式基座连接器和炮塔与驾驶员的独立反向旋转控制台之间的第二个连接装置来实现。这不可避免地导致了结构复杂化——MBT70 就因此在旋转式底座连接器上采用了 88 个电汇流环和 11 个液力汇流环。这种复杂的结构自然地导致了成本过高。更何况，要在炮塔旋转的同时保持驾驶员面向前方，还有更多的问题需要解决。其中一个不容忽视的问题便是驾驶员很可能会迷失方向——由于有火炮，驾驶员的位置保持在正中央是行不通的，然而相对车体进行驾驶操作，有违人体的生物本能，一种天然的不安全感会使其难以精确驾驶。

显然，无论是开裂式炮塔设计还是将驾驶员置于炮塔之内，都是基于标准布局的“小打小闹”，最后大都以顾此失彼而告终。在这种情况下，有些坦克设计师希望收获进一步的性能增益，或是为了满足某种特别的性能需求（但也可能只是受制于某种条件的无奈），只能对标准布局进行彻底的突破，于是几种并不常见的非常规设计出现了。

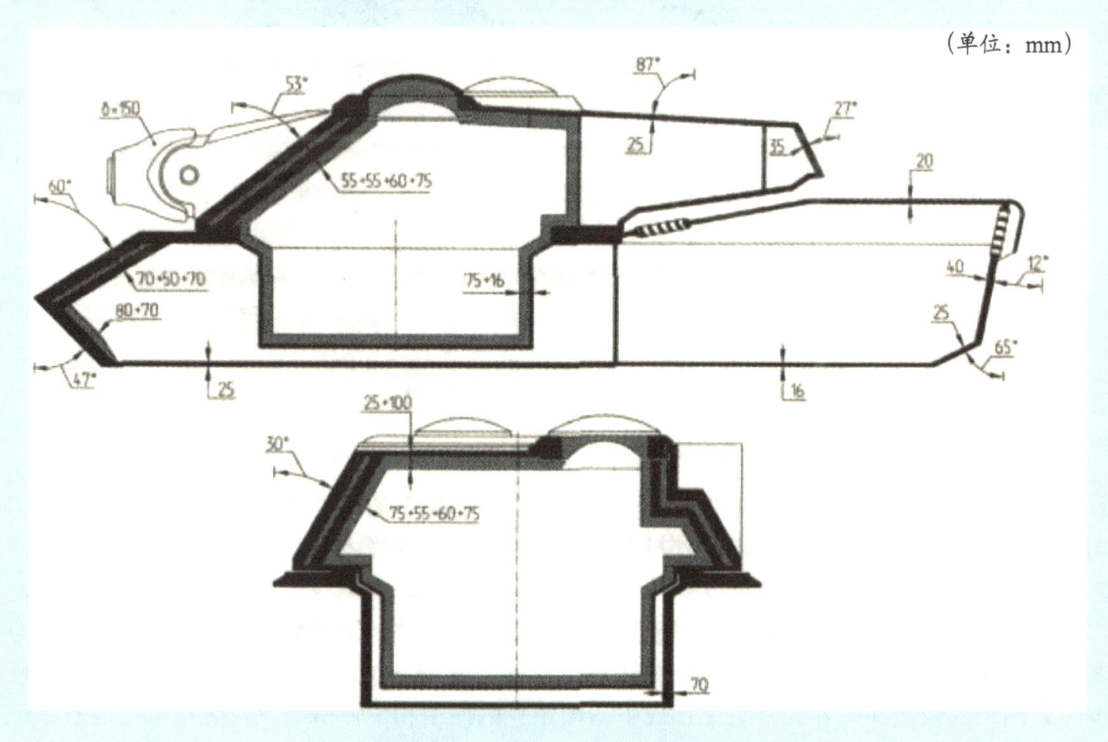

将驾驶员移到炮塔内的做法，降低了车体高度，缩短了车体长度，减轻了装甲重量，然而由于反旋转装置过于复杂，再加上此种操纵方式有违人体生物本能，所以很难被认为是成功的设计

1.3 从无炮塔到顶置火炮

开战后主战坦克非常规设计之先河的，无疑是瑞典的 S 坦克——一种采用无炮塔固定式

火炮设计的怪异战车。事实上，在很大程度上，无炮塔固定式火炮设计方案都是对二战中大量无炮塔突击炮/坦克歼击车的模仿。虽然战后大多数国家都淘汰了这种设计（二战中的大多数无炮塔突击炮/坦克歼击车实际上都是坦克的廉价替代品），但相对于瑞典所面临的战争压力而言，他们仍然认为无炮塔固定式火炮设计比标准布局的炮塔式坦克更适合他们——这样不但可以在同级底盘上安装比炮塔式坦克口径更大、身管更长的大威力火炮，拥有更好的装甲防护（装有固定式火炮的坦克具有车身低矮的优点，因为火炮可以紧靠炮塔顶部安装。这种设计通常可使炮塔周围的斜装甲具有很理想的倾斜度，从而提高了防护水平），而且可以采用一种最简单的设计来实现自动装填。

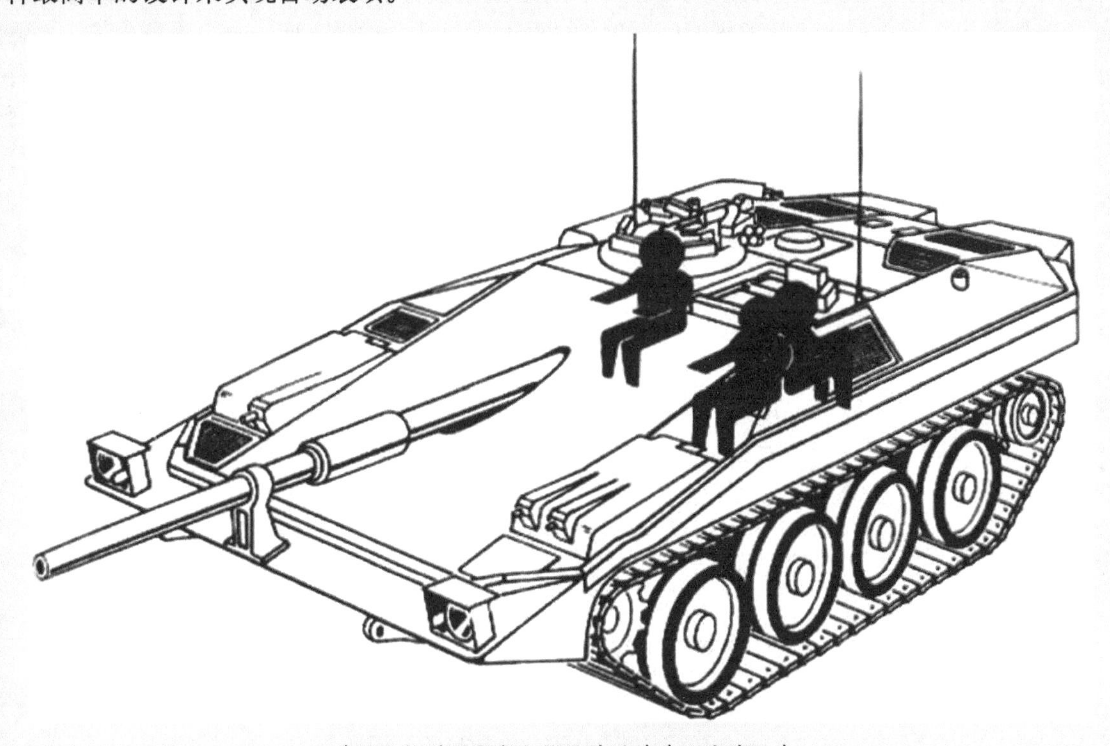

采用无炮塔固定式火炮设计的瑞典S主战坦克

由于取消了复杂的旋转炮塔，将火炮固定安装到底盘上的结构是比较简单的。又因为采用了适当的自动装填，完全可以只安排3名乘员来操纵。这样就可缩小内部容积，从而有可能生产一种较轻的大威力高装甲防护性作战坦克。于是，在敌强我弱、敌攻我守，主要战场将在本国领土范围内，主要战争形态是对抗华约集团大规模装甲集群进攻的大背景下，充分考虑了瑞典的河流、湖泊较多，北部地区沼泽遍布、长期严寒、冰雪覆盖和国内重型桥梁极少等地理和气候条件，并大量研究二战中各国坦克的使用和中弹情况以及装甲部队的战术使用要求等因素，结合己方掌握的技术储备，S级坦克把车高、车重及火力作为主要性能指标，以防御作战为主要战术要求，大胆地舍弃了旋转炮塔，成为一种采用固定的105mm火炮、液气悬挂和自动装填的无炮塔型坦克。S级坦克也由此获得当时的3项坦克技术之最。一是被弹面积最小。它是当时（现在可能也是）最低矮的坦克，回避了装甲技术的突破，减轻了总重。在定型后的改进中，没有增加装甲，只增加了防弹栅栏和推土铲，依然在坚持和贯彻最初的设计思想（与现在大量出现的装甲突击炮有异曲同工之处）。二是火炮身管最长。62倍口径的105mm炮，比当时同口径的火炮长出1m多，在火炮技术没有重大突破的情况下，确保了火炮的威力。三是射速最高。固定火炮的另一个好处就是装弹方便，火炮与自动装弹机、弹药舱固定连接，工作可靠性高，车外补充弹药也很方便，15发/min

的射速在今天也名列前茅。

西德 VT1-2 双炮无炮塔式坦克试验车

有意思的是，即便作为坦克设计领域执牛耳者的西德，由于被北约“前沿防御”战术死死捆绑，也在豹 II 坦克的选型中一度打起了类似的主意——VT1-1/2 式双炮无炮塔式坦克试验车就是如此。这两种试验车的特点在于左右履带板上方各装有一门顶置式火炮。火炮只能俯仰，水平旋转靠车体旋转来实现；具有两套自动装填机构；车全高低于 1.8m, 全长不到 6m。其中，VT1-1 试验车安装的 L7A3 式 105mm 火炮只能在垂直方向单向稳定。车长和炮长都使用双向稳定的周视瞄准具，两门主炮可以单炮发射，也可双炮齐射。试验结果表明：在停止和行驶两种状态下，双炮齐射也能保证良好的射击精度；齐射时的炮弹不会受到发射时的后坐力和飞行中互相干扰的影响，主炮在高低方向上的稳定精度小于 0.2 密位；双炮齐射时，其时间差可小至毫秒，还可反复齐射，主炮靠履带实施旋转；首发命中率高达 80%，当双炮齐射时，有 50 % 以上的概率可使两发同时命中目标。至于 VT1-2 试验车则是在 VT1-1 基础上换装 RH120 120mm 口径滑膛炮的产物，基本性能与 VT1-1 类似，射速同样达到 12 发 /min，但火力却更为强大。然而，同时应该看到的是，无炮塔固定式火炮设计本质上很难被称为真正意义上的主战坦克，重装甲反坦克歼击车的定位可能更为贴近 S 坦克和 VT1-1/2 试验车的实际情况，火力转移速度慢和精确瞄准困难是这类设计的致命弱点，于是除了瑞典和西德这类对于战术使用环境有着特殊需求的国家外，无炮塔固定式火炮设计在战后主战坦克的设计中注定只能是一种非主流。

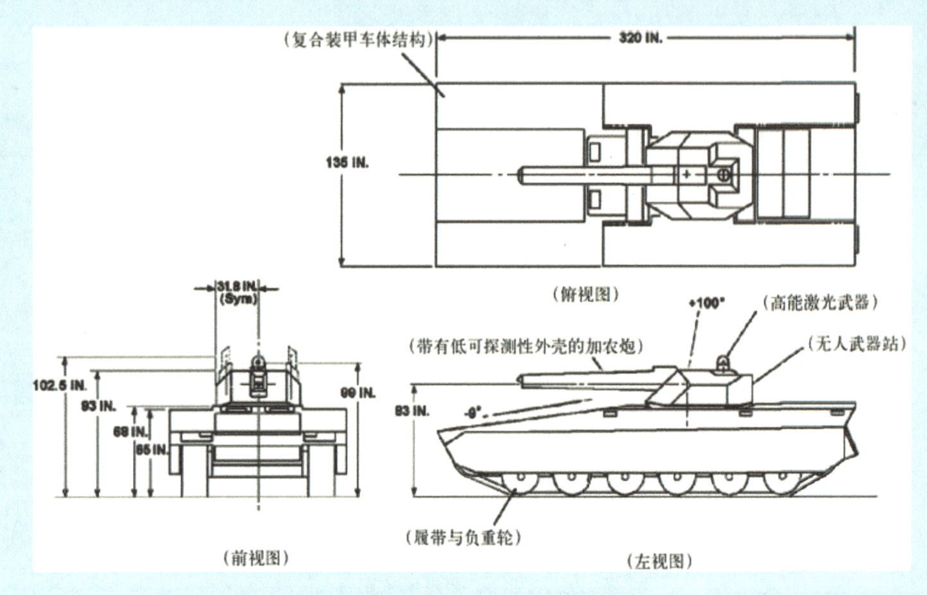

在战后的所有非常规设计中，顶置火炮方案一度被认为是最有发展前途的

而在战后的所有非常规设计中，顶置火炮方案一度被认为是最有发展前途的。这种设计的出发点在于，如果乘员都能位于炮塔座圈以下，则他们的生存能力将显著提高。火炮装在一个底座上，而底座本身则装在一个旋转平台上，这样在同敌人作战时目标会非常小。再加上因为火炮完全是由车外耳轴支撑的，所以炮塔顶的高度可以不计，这样坦克的战术高度可以降低很多。更重要的是，装甲重量约占坦克总重的46%，而炮塔重量则占装甲重量的75%。因此，在这个部位上装甲重量任何程度的减轻将对坦克的总重量直接产生明显的影响。炮塔的大部分装甲是为了保护塔内装备和人员的安全，装在旋转平台上的外置火炮可以大大减少通常用于保护炮塔内乘员所需的装甲重量。普遍认为与装有同样口径火炮的坦克相比，采用这种火炮系统的坦克要小和轻。总的来说，火炮顶置有如下几个优点：可使坦克车宽降低30%，车体正面（装甲最厚部位）面积缩小50%左右；把乘员集中到一个较小的空间，从而可能为他们提供更强的防护；在乘员身材、装甲重量和材料构成不变的情况下，正面防护力约能增强一倍；如果防护力不变，正面装甲约能减轻50%，节省下来的重量可用来加强侧装甲和顶装甲的防护；便于把弹药与乘员分隔开，从而使乘员免遭弹药爆炸的杀伤。

M1 TTB 顶置火炮/无人炮塔试验车

也正因为如此，美国、瑞典和西德都在 1980 年开始的下一代主战坦克设计中，一度将顶置火炮方案视为重点。美国的 M1 TTB 顶置火炮主战坦克方案中，弹药储存在发动机和战斗室之间的空间内。三名乘员均在底盘前部，炮手在顶置式炮架下面，而整个上面的顶置火炮和装弹机安装在一个事实上的无人装甲炮塔中。至于瑞典和西德分别研制的 UDES19 和 VTS-1 主战坦克方案则有一门主炮安装在小炮塔上，小炮塔内只有一名炮手。弹药存放在车尾箱体的两个单独弹仓内。小炮塔座圈上安装有一拨叉，拨叉上带有一个装甲钢管，装弹时炮弹由此钢管输送。炮弹进入钢管后，拨叉提升并回转，使钢管与炮尾对正，而后角提升使炮弹进入装弹位置，将炮弹送入膛内。火炮在装弹时不必回到零位。

西德 VTS-1 顶置火炮方案样车

不过，这些起初被寄予厚望的顶置式火炮方案很快遇到了一系列技术上的瓶颈而偃旗息鼓。其很大程度上是因为，火炮脱离了乘员，装弹和维修发生了困难，就很难保证持续的战场战斗力。比如，外置火炮装备某种自动装弹机是肯定的，不过由于必须在车外安装自动装弹机，同时还必须采取措施保证废药筒不妨碍火炮摇高，所以对于自动装弹机的设计要求很高。然而，无论设计师设计出了何种精密的自动装弹机，其性能如何取决于许多因素，而且不论选用哪一种自动装弹机，几乎可以肯定的一点是，在装填弹药时总会遇到一些难以解决的问题。这要求在火炮控制系统上下更大的功夫，不仅因为所需的动力不易解决，而且也因为保持性能上的可靠稳定很困难。此外，除了利用战斗间隙进行维修外，在战场上维护外置的火炮和装弹机是不可能的，然而保证火炮工作的可靠性恰恰是头等重要的事。当然，也有人说，可以通过对自动装弹机和火炮的装甲防护来解决这个问题，不过考虑到由于自动装弹机必须与火炮连接在一起，因此应怎样提供防护很令人头疼——如果要达到一般主战坦克的防护水平，那么顶置火炮会导致全车较轻的有利条件就会彻底消失。也正因为如此，时至今日，除了某些轻型装甲作战车辆外，需要在高强度战场环境中使用的主战坦克，尚没有一例采用顶置式火炮的方案投入量产。

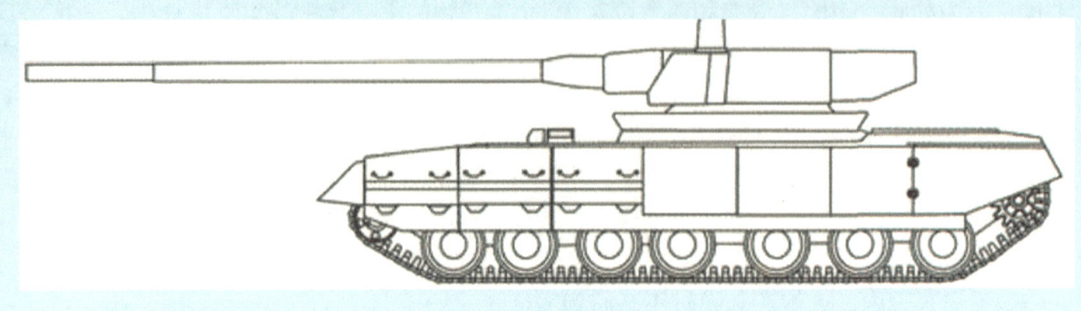

苏联解体前夕，莫洛佐夫设计局也完成了顶置火炮的477工程方案初步设计

1.4　动力 / 传动装置前置的小潮流

除了瑞典的S型坦克外，以色列“梅卡瓦”系列的动力 / 传动前置构型，可能是战后主战坦克设计中另一个成功的反常规设计。把发动机和传动装置放在战斗室前面可以增强乘员的防护力，因为这样布置使任何一种穿甲弹所穿透的路径大大增加。如果弹丸必须穿过传动装置或发动机，其动能就会受到损失。这种设计主要是为了提高乘员的生存能力，而把乘员室放在坦克后部显然增加了这种可能性。这随之带来了其他一些优点，使许多有助于增强生存力的因素起到作用。这种设计可使乘员通过车体后部的一扇蛤壳状门出入坦克，该门使装载弹药成为一项简便的工作。这种设计也为出入坦克的乘员提供较好的防护，因为乘员不必再爬上炮塔顶部了。当坦克配置在防御阵地上、乘员需要出入坦克时，这样的车门一定有利于提高乘员的生存能力。设计出如此宽敞的乘员室的人应当得到奖励。除了能在短时间内在相当不舒适的条件下载运一支小小的步兵分排之外，这个乘员室所提供的最有利条件是能携载大量的弹药。不仅正常的弹药携载量比其他现代主战坦克大得多，而且加大的空间可以储存额外的弹药，以满足任何战斗中实施猛攻的需要，因为众所周知，此时弹药的消耗量是很大的。

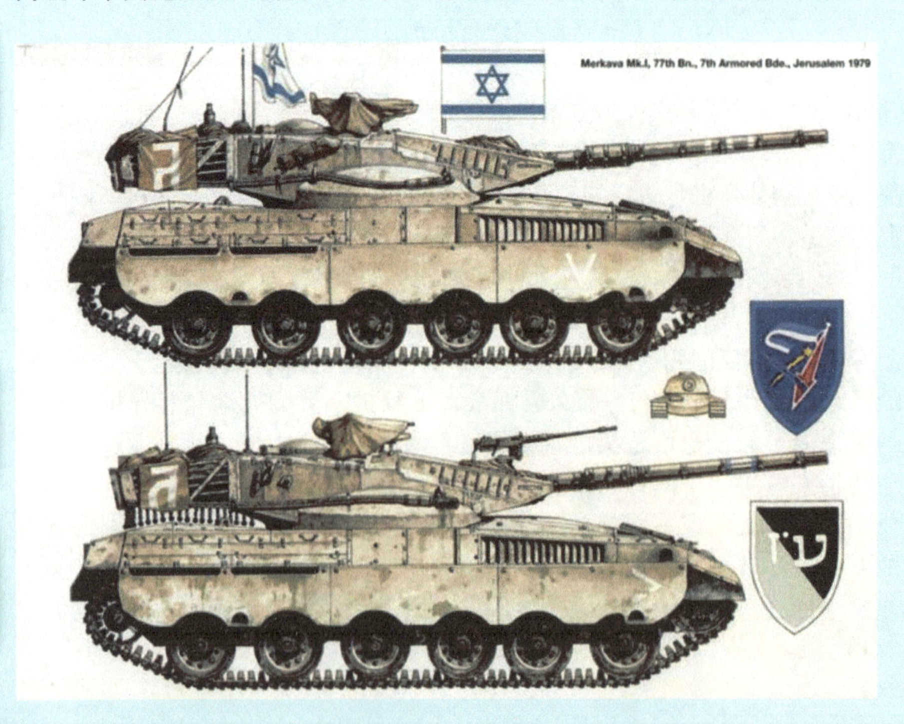

“梅卡瓦”系列之所以坚持采用动力 / 传动前置的反常规构型，技术条件不足恐怕是主因

不过同时应该看到，以色列人之所以要在“梅卡瓦”的设计中采用动力/传动前置的反常规构型，一方面是由于性能上所收获的诸多增益的确吸引力颇大，符合在强敌环伺的战略处境中特殊的防御性战术需求（比如乘员生存力高、持续作战能力强），另一方面，更大的可能却是受制于装甲材料技术的落后，而采取的无奈之举。事实上，如果技术条件优越，很少有国家会像以色列那样选择将动力/传动前置构型用在主战坦克上。这种构型所面临的一个问题在于，如何在不过分提高炮耳轴和不增大坦克高度的条件下，使火炮具有10°俯角。要知道炮塔越是靠近坦克后部，赋予火炮10°俯角就越困难，而动力/传动前置的构型显然无法回避这个难题。另外，由于战斗室位于发动机和传动装置之后，在大多数战斗阵地上，火炮瞄准镜的光学瞄准路线都要越过这些部位，因此上升的温度会给光学仪器带来一些问题。这些问题并不是不能解决的，但是会给设计师带来困难。存在的主要问题之一是如何防护，因为需要防护的车体前部面积比炮塔居中的坦克要大得多。再有，发动机和传动装置肯定会给坦克提供防护，但是这是以它本身的损伤为代价的。要想获得足够的防护，那么和发动机后置的坦克相比，就有更多的表面需要得到充分的防护，因为发动机后置的坦克防护面是较少的。而增加防护面，势必增加车重。最后，把战斗室放在坦克的最后部，如同某些自行火炮的布局那样，对保持稳定的越野行驶是极不理想的。这是因为坦克俯仰运动时会出现非常严重的不利情况，使它很难在行进间作战，不但乘员在车上感觉极不舒服，而且火炮控制装置特别是稳定器的负担会重得无法承受。显然，“梅卡瓦”至今没有出口的事实说明，这种非常规构型仅仅适用于某些特定的战场环境。

1.5 结语

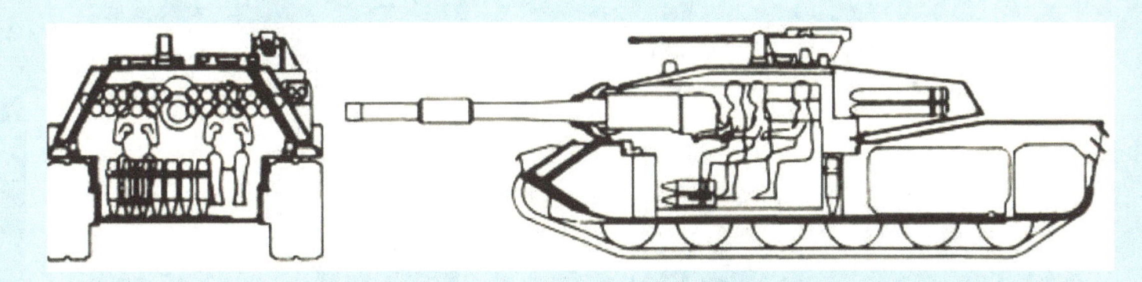

炮塔内置驾驶员是MBT70设计上的一大特别之处

在可预见的时间内，火力、机动、防护仍然是主战坦克的“三大支柱”，履带式的底盘、强大的火炮、足够坚强的装甲，在今后的一段时间内也将继续是主战坦克的主要技术特征。但在关于坦克整体设计布局的问题上，情况将会如何却很难回答。不过，几十年的经验已经证实了坦克设计发展中的一些成功方面，同时也指明了一些非常规的探索性设计在哪些问题上有所失败。这些经验教训为各国所共知，并且在几十年中已经发展成为一套为大多数人所接受的设计原则，所以技术上的非突破性进步并不能阻止设计上的惯性。当然，国防上的优先需要和军方对这种需要的解释终将影响未来从生产线上下来的坦克样式，这一点是无可辩驳的。未来的情况究竟如何？非主流、反常规是否会打一个翻身仗？我们将拭目以待。

第 2 章

夭折的“大飞象”——一战中的英国陆地装甲旗舰

众所周知，最初的坦克实际上是海军战舰的模仿品，冲破堑壕铁丝网对战场的羁绊是其存在的唯一目的。也正因为如此，自诞生伊始，更大、更重、更强就是人们对这种陆上战舰的自然期盼——一如它们在海上的“祖先”。而在海面上一艘艘几万吨钢铁堡垒的对照下，战列舰般的超重型坦克概念也就很容易为职业军人们所接受，并随着时间的推移越来越散发着难以遮挡的魅力——毕竟追求最强大的武器是军人的本能。对于这一点，陆军和海军没有任何分歧。

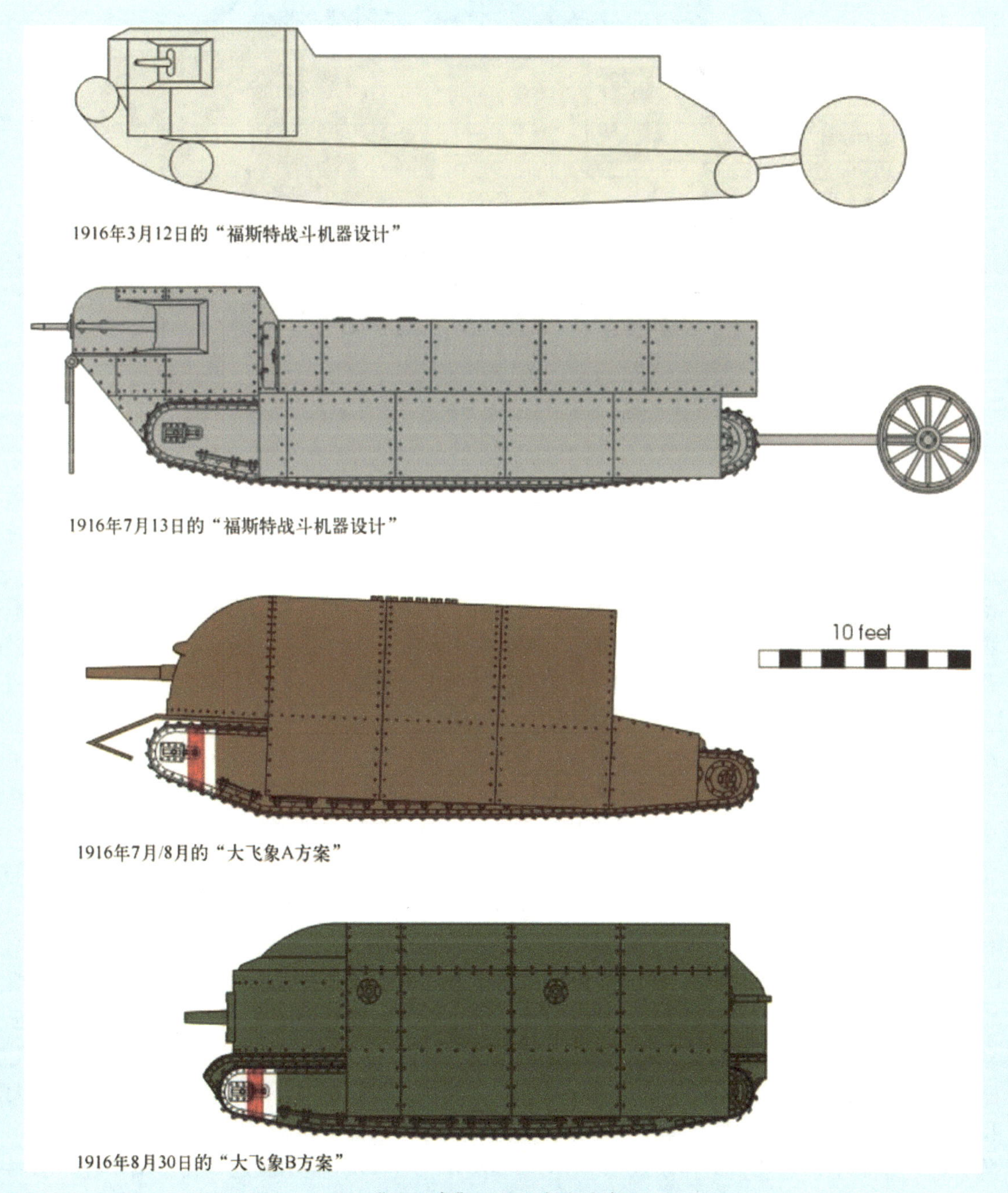

“大飞象”项目方案演进情况

2.1 “小游民”与“大飞象”

无论是职业军人还是民间幻想家都在痛苦地思索着打破僵局的战争手段。
但令人颇感诧异的是，最有效的战场突破工具却并非出自陆军军人之手

在19世纪末到20世纪初的这段时间里，与最早享受工业革命技术成果的海军不同，技术对陆军的冲击不那么具有戏剧性。但1914年爆发的第一次世界大战却是一个分水岭。在开战短短两个月后，很多职业军人就意识到这场战争的不同之处——战场上机枪大量使用，堑壕纵横，铁丝网密布，碉堡林立，使得防御工事变得异常坚固，步兵密集队形与骑兵的冲锋陷阵不再是战无不胜的保证，交战双方往往难以突破对方的防线，谁要进攻，谁就会遭到惨重的损失。戴着白手套、修饰得漂漂亮亮的军官走在他们部队前面十几米处，士兵们则穿着与军官们不相上下的醒目裤子和上衣，伴随他们的是团旗和军乐队，以使敌人胆战心惊，但这种进攻在德军机枪和火炮面前无不以血流成河、丢盔弃甲而告终。数百万大军就这样僵持在纵横千里、互相交错的泥泞堑壕中。显然，以弹仓式步枪和机关枪为基础的大规模战争，并不能当作政治工具来使用，最多也只是一种无利可图的工具。无论在哪里，都不能躲避子弹的威胁，也不能对一个建设良好的堑壕体系进行决定性的突破。在这种情况下，无论是职业军人还是民间幻想家都在痛苦地思索着打破僵局的战争手段。但令人颇感诧异的是，最有效的战场突破工具却并非出自陆军军人之手。

开战之初的1914年8月，作为英国唯一的官方战地记者，皇家工程兵军官欧内斯特•斯文顿（Ernest Swinton，1864~1951）少校向英帝国防御会议秘书莫里斯•汉基提交了一份备忘录，建议参照柯尔特公司制造的履带式拖拉机制造一种有装甲、带武器、能越野的战车，并附上了一个草图。这份备忘录随即被汉基在国会内阁成员中散发出去。尽管备忘录本身被陆军大臣基钦纳否决了，但在时任英国第一海军大臣的温斯顿•丘吉尔那富于想象力的大脑中激起一阵狂涛。事实上，著名科幻作家威尔斯（H.G. Wells） 在1904年出版过一篇短篇小说，书名就是《陆地装甲舰（Land Ironclads）》，而涉猎广泛的温斯顿•丘吉尔恰好是这部小说的读者，再加上英国皇家海军航空队曾在比利时西部参加了一些战斗，使用了一些装甲汽车，效果不错。但令人遗憾的是装甲汽车无法离开道路，而斯文顿的建议恰好弥补了这种缺陷（皇家海军航空

队除了在天上有飞机、飞艇，在地上也成立了英国第一个，也是当时英国唯一的机械化部队——装甲汽车中队。他们使用的是劳斯莱斯装甲汽车（Rolls-Royce Armoured Cars)）。于是1915年2月，在多管闲事的嫌疑下，温斯顿•丘吉尔在海军部秘密设立了一个“创制陆地战舰委员会”。这些海军军人凭借直觉相信，只有像海上战舰那样，将强大的火力、坚固的装甲防护和良好的机动性集于一身的陆地机器，才能打破地面战场被堑壕、机枪和铁丝网凝固住的尴尬局面（丘吉尔的更深层用意是以其特有的充沛精力鼓励由皇家海军给陆地战舰配备人员，促使海军对陆战施加一些影响）。于是陆地战舰委员会在斯温顿少校和机械化的积极倡导者克劳姆普顿上校的帮助下，以当时的轮式装甲车和履带式拖拉机为基础制定出设计方案，着手将陆地战舰由纸面上的空想变成现实……这项看起来有些异想天开的计划最终收获了丰硕的成果——坦克。

对于步兵们向由铁丝网、堑壕与机枪结合的敌人防线实施进攻时的惨状，一位英国军官这样写道：“每当步兵前进，整个战场就立即完全被弹片所覆盖，倒霉的士兵像野兔般被打翻。他们都很勇敢，不断冒着可怕的炮火冲锋前进，但毫无用处。没有一人能在向他们集中射击的炮火中活下来。军官们都是杰出的。他们走在队伍的最前面约20码处，就像阅兵行进那样从容，但是到目前为止，我没有看见一个能前进50码以上而不被打翻的。”

不过，尽管坦克这种陆地战舰的横空出世对陆军而言是一种难以言喻的恩赐，但作为由皇家海军主导研制的一种地面战争机器，坦克在诞生初期不可避免地被打上了深深的海军烙印。在皇家海军军官们的脑海中，他们将按照一支海军舰队的标准打造陆上舰队，而既然是舰队，那就要主次分明，主力舰、次等主力舰（战列巡洋舰/巡洋舰）、驱逐舰乃至辅助舰要一应俱全。也正因为如此，当1915年8月，在皇家海军航空兵维尔森中尉的协助下，克劳姆普顿上校以英国“佩德雷尔”履带式拖拉机和美国“布劳克”拖拉机为基础设计出了“小游民”。但在陆地战舰委员会眼中，这不过是一个相当于轻型巡洋舰的小角色——真正的主角还没上场呢。事实上，英国皇家海军是当时世界上最具有创意与最能接受新奇事物的军队组织，“小游民”的出现不过是“大舰队”计划的一部分，而整个计划的核心则是陆地舰队的“无畏舰”——陆地战舰委员会为之起了一个颇有想象力的名字——“大飞象”。

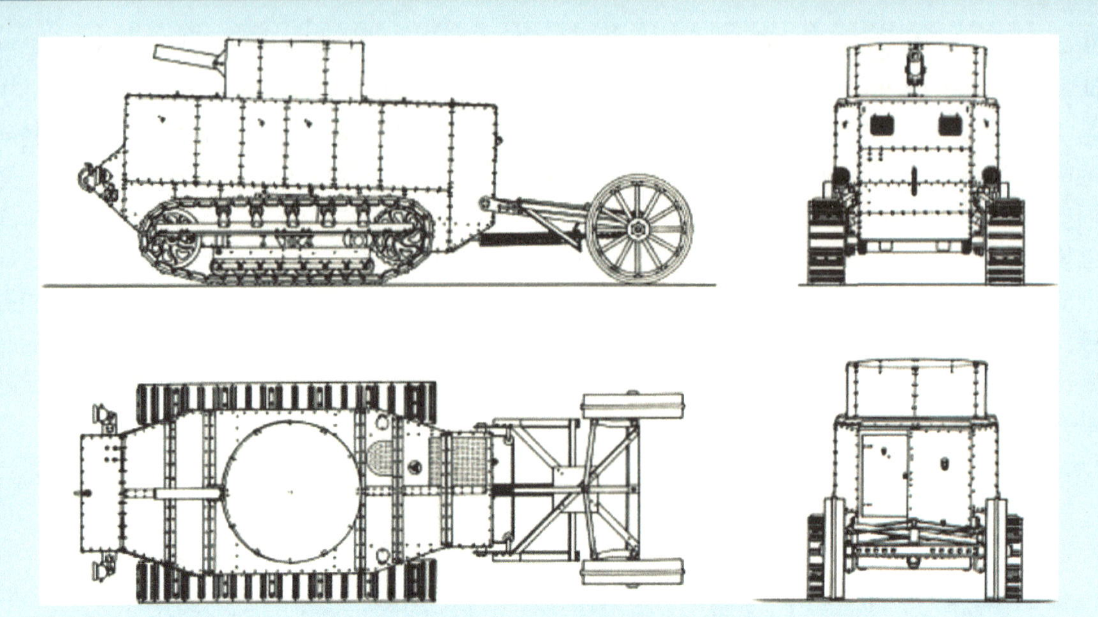

被称为“崔斯顿机器”的“小游民”初始样车（车体是用锅炉板钉在角铁架上组装而成，安装在履带式行动装置上。为了使车辆保持平衡，在车体后部转向轴上装一对导向轮。全部武器都在车内。发动机安装在车内后部，动力通过离合器传递到位于驾驶员座位之后的两级变速箱、蜗杆和差速器上，传动链再把动力从差速器轴的两端传回中平衡轴的齿圈上，在履带架内的另一条传动链再把动力传递到后轮轴的主动轮上。两名驾驶员坐在车体前部一条横贯车宽的长凳上。右侧的驾驶员能通过油门踏板和中心变速杆控制发动机，并能利用方向盘进行平稳的转向。急转弯时，左侧的驾驶员以制动器制动差速器的轴端，从而刹住某一条履带）

2.2 憧憬与隔阂——难产的“旗舰”

正像作战武器发生变化一样，战争的特点也发生了变化，这是不变的事实。但在战术上不可忽视的是，武器是因为文明的变化而变化的，武器的变化不是孤立形成的

自设计工作展开时，陆地战舰委员会对“大飞象”就有一个明确的定位——“旗舰”。与人们想象中不同，“大飞象”与“小游民”从一开始就是两个并行项目，而且这种行事风格也符合皇家海军的一贯做派。毕竟要打造一支陆上舰队，皇家海军积累了几百年的经验正好可以大派用场——技术或许不够成熟，但舰队的结构却已经了然于胸，没有必要再走弯路，一支舰队从建设伊始就要大小舰只配套齐全。不过，承担主力舰职责的“大飞象”在尺寸和吨位上都与“小游民”相差悬殊，技术难度也自然成比例攀升，这使得“大飞象”遭遇了痛苦的“难产”。

陆地舰队思路的终极想法自然是陆地“无畏舰”

要知道，作为一艘陆地上的“无畏舰”，“大飞象”在陆地战舰委员会的心目中必须是坚甲与利炮的完美结合——装甲钢板至少要有2.54cm厚，不但能够抵挡步、机枪弹的密集射击，防止炮弹破片对乘员的杀伤，甚至还要能够直接抵御德军77mm以下口径速射火炮的直接打击；而在拥有如此重盔厚甲的同时，主炮口径不应低于12.7cm，以确保能够摧毁坚固的永备火力点，并在与敌方前沿轻型炮兵的对射中占据上风。陆地战舰委员会的核心人物之一，服务于帝国防御会议（Committee of Imperial Defense, CID）的皇家海军上校莫里斯·汉克（Maurice Hankey，1877～1963）对这个构想非常赞赏，而“陆地战舰”概念最早的倡导者欧内斯特·斯文顿（此时已晋升为上校）更是宣称，只有具备如此性能的陆上装甲战舰才真正能够在炮兵的配合下通过壕沟障碍向敌人纵深实施突破，并因此对“小游民”在试验中的表现大加指责（1915年9月11日，被称为“崔斯顿机器”的“小游民”初始样车在陆地战舰委员会面前进行了公开展示，可惜由于研发时间过短，很多主次系统都尚未发展成熟，机械结构以及系统整合都未能经受住严格的环境考验，暴露出许多的功能不足以及严重的机构缺陷——不但无法跨越大多数的德军壕沟，薄薄的低碳锅炉钢板更是令人忧心忡忡）。1915年12月26日，欧内斯特·斯文顿上校在提交至陆地战舰委员会的报告中，干脆明确指出用于地面的“主力舰”必须能够抵挡德军77mm野战炮的直接轰击。然而，职业军人们所憧憬的陆地“无畏舰”在工程师们看来却是一场不折不扣的噩梦。

事实上，在1915年和1916年那些狂风暴雨式的年月里，尽管工程师与职业军人们对机械化战争时代的到来达成了一致，但在具体的技术问题上两者的分歧却依旧难以调和。自古以来一直进行的技术人员军事化，以及自18世纪以来军事人员所受的越来越深入的技术教育，并没有消除这种隔阂，两种人员分别服从两种不同的权威：应用科学的权威和非技术性的军事等级制度的权威。技术人员通常不怎么熟悉根据指示所应满足的具体军事需求。对于这类指示，技术人员往往只采取一种形式上服从的态度：他们很了解军事需要的短暂性，因为他们看到每隔几年就要出现新理论和新“战略”，而他们自己取得成果却要经历几十年。而且，技术人员也很少会真正全心全意地尊重上级所制定的那些军事需要，因为在他们眼里，上级对客观可能性缺乏全面的了解。这种矛盾集中到陆地战舰的研发领域就显得十分尖锐了。

最终制造出来的“小游民”样车取消了车顶旋转炮塔，以改善爬坡和越壕能力，此外其车体底盘行动部分与“崔斯顿机器”也有所不同

一方面，军人们总是试图保护自己免受敌人及其使用的武器的杀伤，但这却必须与他们对机动性的需求保持一种平衡。在古代，随着长弓的发展，防护就需要加强，铠甲越来越重，结果使他们丧失了机动性。这以后，为提高生存能力要求减轻重量和提高机动性而产生的矛盾始终困扰着为军人提供作战装备的技术人员（或是工匠）。而在战斗车辆装甲防护性问题上，类似问题并没有因为机械化动力的出现得到缓解——军人们希望作为陆上舰队的“旗舰”，这种计划中的重型装甲突破机器，要有均衡的周向防护性，这是必要的，也是合理的，其中的原因在于当时还没有研制出专门用以攻击装甲车辆的武器。陆地上的战场形势也不完全等同于海洋，因此它们必然会受到从轻到重、各种各样的武器从各种方向、各种角度实施的攻击。然而陆地战舰是战争过程中仓促推出的应急产物，如果要满足这种理想化的防护性能，如何提供适当的发动机就成了一大难题：航空发动机供应严重不足，而民用车辆工业却又不能为坦克提供发动机。“小游民”样车的发动机来自敌国技术便是这种窘境的最好写照（“小游民”所搭载的福斯特－戴姆勒 6 缸 105 马力 汽油马力，实际上是参与陆地战舰研发小组的民间厂商英国福斯特公司所引进的德国戴姆勒马力技术）。

另一方面，即便技术人员雄心勃勃地造出了这样理想中的陆地“无畏舰”，他们也会痛苦地发现，这种巨大的战争机器将只有有限的直接军事价值，而副作用却在高级别的职业军人眼中不可接受。事实上，这中间不仅存在着一种因无知而产生的障碍，而且存在着一种因目的截然不同而产生的障碍。对技术人员来说，数量本身没有什么价值，他们追求的唯一目标是质量最佳、性能最好的武器。这样的战争机器很难利用现成的零件进行装配，而如果所采用的零件不能在由省工的生产线连接起来的高效率的专用机器、工具、装配架上大批量地廉价生产，那么这种战争机器在购置、维修及使用等方面可以获得规模经济效益的重要属性就已经丧失，追求大规模生产的经济效益就会落空。而这一切所引起的最终效应，自然就是在某些情况下会把数量削减到不符合战争实际需要的水平。但对军事官僚机构来说，为了保持数量，它常常不得不牺牲一种武器可能达到的最佳质量——部队数量减少意味着组织基础的动摇。也正因为如此，在职业军人与技术人员不断的讨价还价中，“大飞象”项目非但没像“小游民”那样迅速从纸面走上试验场，反而在绘图板上几易其稿。

要使敌人的步枪和机关枪通通失效，以解除他们的武装。要这样做，就得有一个很大的防盾用以挡住身体，当进攻者移动时，可以由此得到保护。因为这个防盾太沉重了，不便携带，便被装在一个能自动移动的车上，而这车也必须是装甲车。又因为这种车要离开公路，穿越战场堑壕，所以也要用履带替换车轮。这三项要求便促成了坦克的发明

2.3 一波三折的设计演进

由于对1915年9月11日“崔斯顿机器”的表现极为不满，欧内斯特•斯文顿上校那份措辞严厉的报告，在陆地战舰委员会引起了强烈反响（此时这个委员会已经成为置于英国战争内阁之下的直属机构，虽然仍以丘吉尔为委员会主席，但委员会委员的成分已经发生了变化——不再主要由海军军官、政界人士与工程师所组成，而是吸收了一些陆军军官参与其中）。事实上，在这份报告中，斯文顿上校不只是怒气冲冲地指责了作为陆地轻型舰只的“崔斯顿机器”设计脱离战场实际，还详细列举了他真正给予厚望的“陆地主力舰”所应具备的各项性能指标：①在平坦的陆地最高车速可以达到9.65km/h；②至少有一个倒退档能够倒车；③能够攀越1.2192m的障碍（德国标准堑壕高度）；④越过2.4384m的距离（德国标准堑壕宽度）；⑤可以搭载20名车组人员；⑥采用周向全面装甲防护原则，铆接式镍钢装甲板厚度不低于38mm（1888年英国和法国海军都开始使用添加镍的装甲以增强硬度，而利用缴获的德国1896式77mm野战炮进行的试验结果表明，这个厚度能够有效抵挡其高爆弹的轰击）；⑦装备6挺机枪、

2门57mm炮并且至少拥有一个能够360° 旋转的周向炮塔。陆地战舰委员会的核心成员之一，英国皇家海军著名的炮术革新家皮尔斯·斯考特（Percy Scott）上校认同斯文顿关于陆地“主力装甲舰”需要拥有能够抵抗德军77mm高爆弹的防护性主张，并进一步指出或许潜艇用的双层壳体结构可作为陆地“主力装甲舰”的参考设计。结果，这使得本来就举步维艰的“主力装甲舰”设计被迫推倒重来，所有参数细节全部重新敲定。

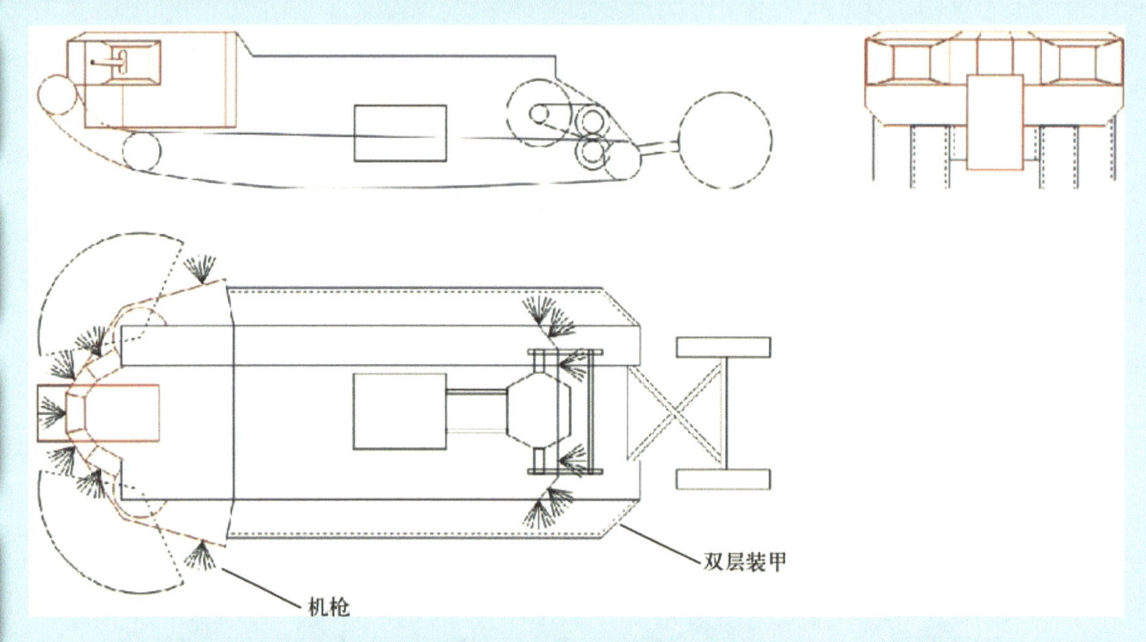

陆地装甲舰队旗舰方案与欧内斯特·斯文顿上校报告中的建议差距颇大（在总体设计上这台陆上“旗舰”的新意却相当有限——本质上不过是“小游民”的放大版）

在蹉跎了将近一年时间后，1916年4月12日，由民间的威廉·福斯特公司（William Foster & Co. Ltd）操刀，一张被称为“陆地装甲舰队旗舰方案”的草图终于在绘图板上完整地显现了（而此时，比“小游民”更为完善的“大游民”，也常称作“大威利”，已经以MK1的制式型号投入了量产。1916年1月29日，英国陆军对首批29辆“大游民”进行试验。试验结果表明：“大游民”可以跨越3.05～3.66m宽的堑壕，达到了陆军的要求）。这是一台45t重的庞大陆上机器，尽管这个数字相对于海军主力舰动辄2～3万吨的重量来说微不足道，但考虑到已经开始量产的“大游民”（MK1过顶履带坦克）战斗全重也不过区区28t，45t的陆上战舰完全当得起“旗舰”这个称号——也许凭借45t的战斗全重与庞大的体积，如果能够出现在1916年的战场上，那么其存在本身就是一种无形的压力。不过，在总体设计上这台陆上“旗舰”的新意却相当有限——本质上属于“小游民”的放大版，拥有5.08cm厚的哈维钢装甲板（使用表面渗碳工艺制成的镍钢装甲，5.08cm的哈维装甲防御能力相当于8.89cm的熟铁装甲，与制造锅炉使用的含碳量在1.7%左右的低碳钢板不可同日而语）。由于其车速不高，同样源于柯尔特拖拉机技术的加长履带式底盘仍然没有任何悬挂缓冲装置（负重轮与底盘采用刚性连接），履带以铆钉方式固定钢板块与履带链条，并以单鞘式连轴杆对接活动轴承串联成为完整的履轨。至于履带式底盘之上是一个超出其宽度约1/3的长方形装甲箱体，但作为驾驶和主要火力平台的箱体首部采用了一个多边体结构：其顶棚与装甲箱体有着1.5m的高度落差（以获得更佳的观察视野和前向射界），除了在箱体四周开有9个机枪射击口，以形成密集的近距自卫火力网外，箱体首尾处还各安装有一对152mm舰炮。

有意思的是，尽管与正在量产中的“大游民”相比，这种炮已经是相当大的炮了，而且海军对大口径火炮的研制和使用也的确更有经验，但陆军的仓库中也并非就拿不出来类似的火炮。之所以一定要选用舰炮，倒不是陆地战舰委员会狭隘的军种意识，真正的原因在于当时陆军的火炮都是为开放式空间进行的设计，炮架以及制退器、高低机、方向机等结构上没有考虑狭小空间中操作的紧致化、合理化设计。在火控、瞄准等方面也只有海军火炮才有为在炮塔中使用的独特设计（换句话说，陆军没有一门火炮可在密闭的空间里操作，只有海军才有）。海军火炮与陆军火炮不但在炮架以及方向机、高低机等方面的设计不同，海军火炮还配置了陆军没有的直管瞄准装置，海军火炮弹道平伸炮口初速高而陆军相反，等等。这一切都说明，海军火炮更适宜改装作为“陆上装甲舰”的主要火炮。另一点值得注意的是，尽管海军火炮本来就是为安装到炮塔里的紧凑设计，而海军战舰使用旋转炮塔的历史在当时也超过了半个世纪，但在 45t 的“旗舰”上仍然采用的是炮廓而不是炮塔，这似乎令人费解。这其实同样是有原因的——“旗舰”的“舰体”被设计得过于高大，由此带来的重心过高问题导致无法设计一个能有效进行 360° 回转并从容射击的炮塔，只能退而求其次，用重心较低的炮廓式设计加以解决。

与过顶履带式的变通设计不同，同样为了增强越壕能力，
采用常规履带式底盘设计的陆上无畏舰在绘图板上也曾经大量出现过

至于“旗舰”的车尾则与作为其设计范本的“小游民”一样，安装了一对液压控制的轮子，这个装置可以改进车体的平衡，帮助车辆转向。但最主要的目的实际上还是加大离去角，改善越壕性能。当然，为了与大大增加的战斗全重匹配，一台 800 马力的潜艇柴油机代替了原先的那台 105 马力福斯特 - 戴姆勒 6 缸汽油引擎，以驱动这个堡垒般的“陆上无畏舰”。值得一提的是，“小游民”出局的原因在于越壕能力过差——从设计初衷来讲这当然是个致命的弱点，所以尽管“旗舰”的基本设计只是“小游民”的按比例放大，但在如何增强越壕通过性方面还是花了一些心思的。要知道，履带式车辆的越壕宽主要取决于自己的车体长，车体越长，越壕越宽，战场通过性能也就越好。一般来讲，坦克的越壕宽是自己车体长的二分之一。从这个角度来看，由于此“旗舰”的履带接地长（履带式车辆停放在规定的水平场地上，测得的两侧最

前和最后两个负重轮中心距的平均值）由“小游民”的5.3m增加到了9.1m，因此越壕性能自然就要优越一些。不过，制约履带式车辆越壕能力的不仅是履带接地长一项。事实上，针对德国军队标准战壕的特点，无论是最初的“崔斯顿机器”还是后来的“小游民”，接近角过小都是导致其越壕性能低劣的更重要原因（接近角即车体前端突出点向前轮所引切线与地面间所夹锐角。接近角越大，越不易发生因车辆前端触及地面而不能通过的情况。于是，尽管在结构上受制于“小游民”的基本框架，没有采用过顶履带的极端方式，但“旗舰”还是通过将前诱导轮的位置提高并一直延伸到车首炮台下的方法，使接近角达到了60°，显著改善了越壕能力）。

不过，对于“陆地装甲舰队旗舰”的这个初样，并不是所有人都买它的账。作为陆地战舰委员会主要技术智囊的皇家海军航空队设计小组组长沃尔特·戈登·威尔森少校（Major Walter Gordon Wilson，1874 ~ 1957），就在1916年5月6日由帝国防御会议主持的一次相关会议上毫不客气地指出：“将鱼雷艇放大20倍也不会得到无畏舰，得到的只能是愚蠢的骡子……该方案在设计上显然过于天真，过长的履带将使其难以转向，成为战场上敌人的靶子”。客观来讲，威尔森少校的指责在相当程度上是正确的，特别是关于转向问题表现出了相当的技术专业性（作为一名穿着海军军服的航空军官来说，这一点实在难能可贵）。于是，到1916年6月13日，一个在原有设计上经过改良的方案又出现了。

尽管威廉·福斯特公司在向帝国防御会议介绍他们的新方案时，称之为“福斯特战斗坦克”，但实际上这个方案仍然不过是之前那个“陆地装甲舰队旗舰”初始设计的改进。当然，变化总是有的，而且这种变化也不仅仅体现在称呼上。首先，“福斯特战斗坦克”的防护理念要比“陆地装甲舰队旗舰”更为强调全面防护而不是重点防护。为此，除了同样周身遍布5.08cm厚的哈维钢装甲板外，“福斯特战斗坦克”还在延伸出车首的“炮台”下方悬挂了一块5.08cm厚的哈维钢装甲板，用以遮蔽在敌人火力下脆弱的正面履带板。出于同样的原因，车体两侧也悬挂有两块1.27cm厚的哈维钢装甲侧裙板，用以为原先毫无遮蔽的行动部分和履带提供基本防护。当然，由重点防护向全面防护的过渡并不是没有代价的，威廉·福斯特公司估计整车的战斗全重将至少达100t，但糟糕的是，由于800马力的潜艇柴油机很可能要优先供应海军而导致供货量不足，这个比原设计超重约65%的大家伙只能使用2台105马力福斯特戴姆勒6缸汽油引擎来驱动（两台引擎的输出功率全部汇总到一套传动系统中，而并非简单的一台对一侧履带），实际上与28t的大游民的动力水准相当，小马拉大车，发动机导致功率不足的局面将是必然的。

与防护理念的变化相反的是，另一个设计理念上的区别在于，“福斯特战斗坦克”放弃了原先“陆地装甲舰队旗舰”打算赋予全车周向全面火力的企图——车尾的4～6挺机枪取消，全部火力都集中到了车首炮台。这一方面反映出为加强防护所付出的增重代价必须以这种方式来弥补，另一方面也反映出“福斯特战斗坦克”在整体设计理念上更倾向于一种突破工具。事实上，“福斯特战斗坦克”这种设计理念上的调整与当时的战局变化密不可分。当一战进入1916年时，情况已经明朗：上帝是站在大工厂和大军队一边的。军语辞典中的一个新词——“工业动员”把各交战国的工厂引向战争的无底洞，对农场实行监督、征收所得税、实行食物配给制。无数的弹药和军事装备从各种机器倾泻出来，然而再多也不够。英国这位海上霸主，这个“靠大海生活达千年之久”的英国，也开始靠大陆生活了。1916年1月，它破天荒地采用了征兵制，投身于组建大规模的陆军。这是一个对这次战争以及对英国未来产生深远影响的决策，这意味着战争在西线进入了大屠杀的消耗阶段，而这种可怕的消耗战在摧毁敌人的同时也必将拖垮自己，于是深知自己也拖不起的英国人开始迫切寻找一种“决定性”的突破工具，而不只是一艘威风凛凛，能够四面放炮的陆上主力舰。

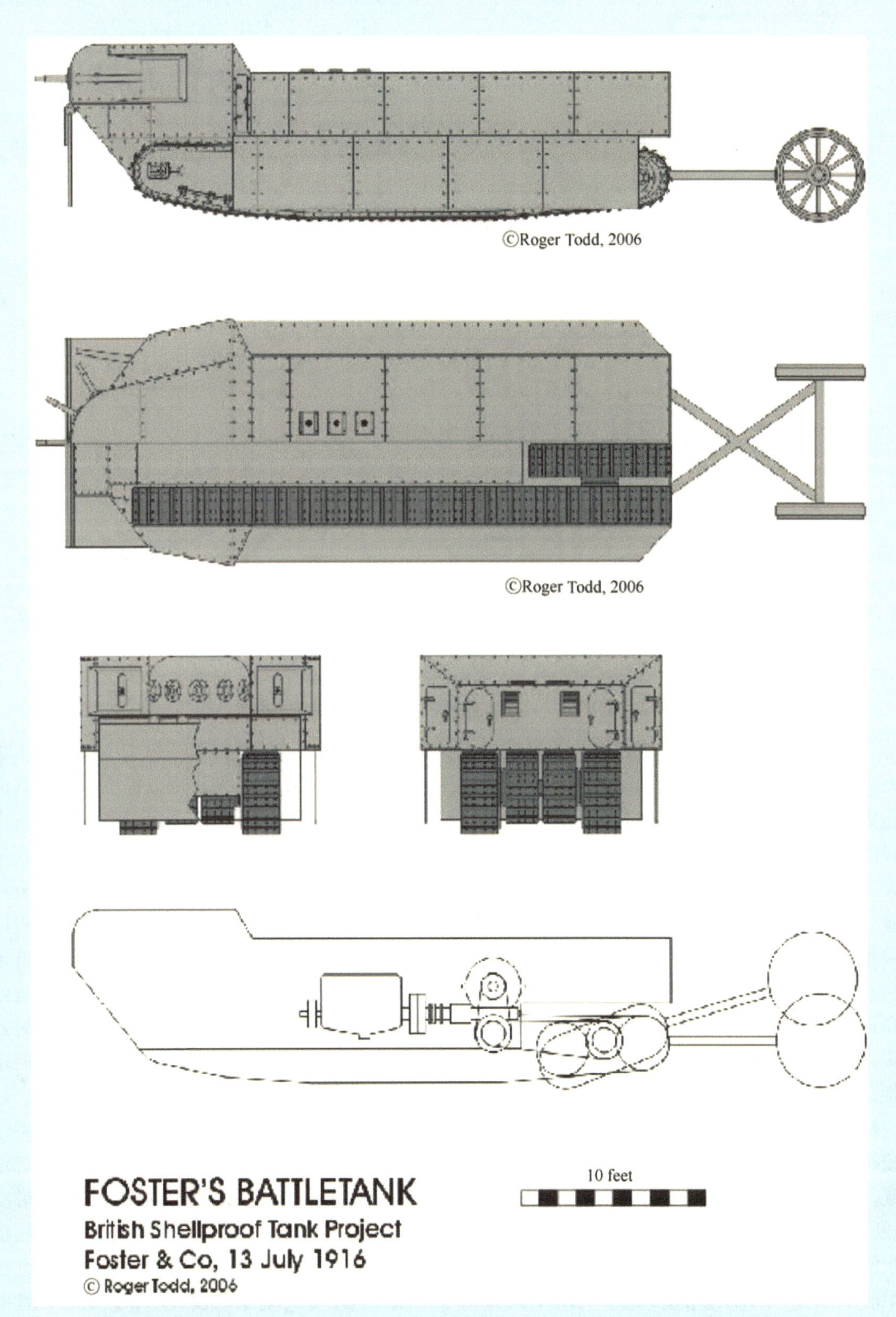

“福斯特战斗坦克”这个方案本质上不过是之前那个“陆地装甲舰队旗舰”初始设计的改进

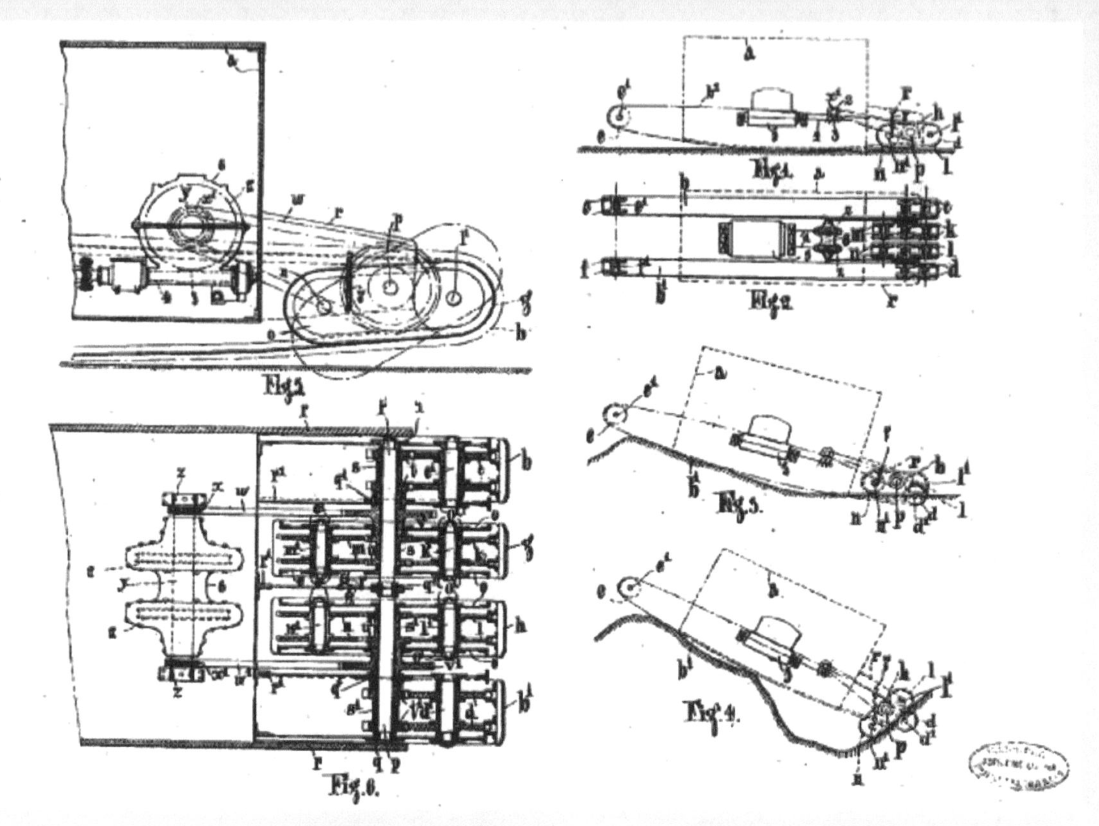

作为“陆地装甲舰队旗舰”的一个改良版本，“福斯特战斗坦克”在底盘部分的创造性设计被认可，但这也增加了对机械可靠性方面的困扰

也正因为如此，为了增强作为一种突破工具的战场效能，“福斯特战斗坦克”在设计上最大的特色在于底盘后段增加了两条与尾轮做刚性连接的内侧辅助性履带，用以提高越壕和转向能力。两条履带的设计相当有创意。其整体结构由一套液压机构控制，既可以升降（在路况良好的平地行驶时升起，以提高行驶速度），也可以实现在 0 ～ 30° 之间的转动，从而达到增大离去角、提高越壕和跨障能力的目的。同时，这两条履带对于改善坦克的转向性能也大有裨益。正是由于这两条辅助履带的存在，“福斯特战斗坦克”在传动 / 转向系统的设计上，得以采用机械拉杆控制大小制动带和闭锁离合器相结合的方式来实现较为理想的转向性能。松开小制动器并结合闭锁离合器时，传动系统只与外侧履带主动轮铰接，转向机整体回转，底盘直线高速行驶。松开大制动器、制动小制动器并使闭锁离合器分离，传动系统与内外侧履带同时铰接，转向机起减速器作用，可以增大内外侧主履带的主动轮扭矩。制动大制动器、松开小制动器并分离闭锁离合器，内外侧履带的主动轮均不输出功率。转向操纵杆有第一和第二位置。一侧操纵杆拉到第一位置，并配合相应的大小制动器和离合器动作，转向机与外侧履带行动系统铰接，底盘能够实现以 2.9 倍履带中心距的转向半径向操纵侧不稳定转向；操纵杆拉到第二位置，并配合相应的制动器和离合器动作，转向机与内外侧履带行动系统同时铰接，底盘能够实现以 0.89 倍履带中心距的转向半径向操纵侧精确转向。显然，巧妙的传动 / 转向系统与液压控制的内侧辅助履带是“福斯特战斗坦克”真正的亮点所在，但这也增加了这艘改良版“陆地装甲舰队旗舰”的制造难度和生产成本，此外对于机械结构上如此复杂的设计所导致的可靠性问题，帝国防御会议也持审慎的保留态度。这个方案在被沃尔特·戈登·威尔森少校这样的技术专家仔细研究后被建议“继续改进”。

1916年9月15日，在索姆河会战期间，第一次使用了坦克。由于机械故障和战场上恶劣的地形，投入战斗的坦克很少，但它还是显示出一种可能：只要有了改进的机器，增加它的数量，并集中使用，而不是分散出去，僵局就能打破。德国人的记录证明，“人们面对坦克时，感到无能为力”。也就是说，他们觉得自己被解除了武装。遗憾的是，英军的高级将领并没有认识到这一点，结果，直到康布雷之战为止，坦克仍然都被零星地消耗掉了

值得注意的是，不久后战场上的实践表明，帝国防御会议对于“陆地装甲舰队旗舰”两个方案的不满和顾虑是相当理智的。凡尔登战役这部抗击进攻的史诗，是第一次世界大战伤亡最多的战役之一。在一定意义上，这次战役消耗了法国许多最勇敢和最优秀的战士——法军伤亡46万人。于是，1916年上半年，索姆河进攻战役的设想从企图实施突破争取胜利逐步转变为实施反攻，企图部分减轻对凡尔登的压力。原定由法军担任的主攻，改由英军担任。然而，索姆河地段的防御工事经过了德军两年施工和加固。正如道格拉斯•海格爵士在他的电文中所述：德国人“不辞劳苦地把这些防御工事变成坚不可摧的堡垒”。设防的村庄、石灰岩下深深的地下掩蔽部、纵横交错的铁桩和带刺铁丝网组成的障碍、地下室、地下单人掩体和通道，这一切使索姆河地段成为“世界上最坚固和最完备的防御工事”之一。1916年6月24日，英军的攻击照例以到当时为止最密集的炮火开始。西线历次战役的炮火总是一次比一次更为猛烈。但是，德国人只不过是躲在他们安全的地下掩蔽部里用潜望镜观看英军“跳出堑壕”，一旦炮火停息，他们立即把机枪搬到阵地上。英军分几个波次实施攻击，“每个波次的士兵几乎都是肩并肩地排成整齐的队列”，“斜举着步枪，步履缓慢地”行进。于是，一场大屠杀开始了——一天之中英军有6万人阵亡、受伤、被俘和失踪，这是英军战争史上最糟糕的一天！结果，这种骇人听闻的伤亡促使英国人下决心出动手里最机密的突破武器——马克Ⅰ型过顶履带坦克。

1916年9月15日这一天，英国以21个步兵师的兵力，在18辆坦克的支援下，在10公里宽的正面分散攻击，5个小时内向前推进了5公里，这个战果以往要耗费几千吨炮弹，牺牲

几万人才能取得。然而，这些被寄予厚望的履带式装甲机械的战场表现还是低于英国人的预期。隆隆作响的钢铁怪物的确给交战双方都留下了极深刻的印象，但是数量太少，而且机械运转太不可靠，以至不能取得决定性的胜利。特别是从机械状况的可靠性上来看，这些初出茅庐的陆地战舰根本是不堪使用的“铁棺材”——早在运抵法国参战之前，在英国本土训练坦克乘员时，第一批制造出的坦克中多数实际上就已经损坏，以至于后来预定参加索姆河会战的只有区区60辆。而在这60辆坦克中开出车场的只有49辆，其中36辆到达了进攻出发线，在步兵前面或和步兵一起发起了冲击，但只有9辆依靠自己的能力最后开了回来，其余都因为机械故障或翻在沟里而动弹不得，白白损失掉。比“陆地装甲舰队旗舰”要轻大约1/3的马克Ⅰ型过顶履带坦克的表现尚且如此，那么更大、更重、更复杂的“陆地装甲舰队旗舰”也就可想而知了。所以，无论是初期的“陆地装甲舰队旗舰”，还是后来改进版的“福斯特战斗坦克”，不但改进是必需的，而且必须大改特改，或者干脆推倒重来。

“A方案”（如上图）与同一时期的法制圣•沙蒙在设计理念上有相似之处，但仅从底盘与车体的协调程度上，就能看出“A方案”在设计上的谨慎远不是仓促推出的法国坦克所能比拟的

有意思的是，此时陆地战舰委员会的人员成分已经发生了显著的变化，陆军人员越来越多地参与进来，而海军人员的影响则开始减弱。再加上在不久前的索姆河前线，马克Ⅰ型坦克作为陆上装甲舰队的先遣舰只已经率先投入了作战使用，对于陆上装甲舰只的认识开始由纸面转向实实在在的战场。所以，当归属帝国防御会议框架的陆地战舰委员会于1916年8月7日再次开会时，对于“大飞象”项目的定位、用途乃至设计理念都与之前有了相当大的区别，出现了更多的想法、更多的细节及更贴近实战的构想。事实上，在陆军人员看来，“陆地装甲舰队旗舰”或者说其改良版“福斯特战斗坦克”的舰体本身——底盘部分的设计十分令人感兴趣，对于引擎的选择也有其现实的合理性，问题的关键在于这些陆地主力舰的“上层建筑”完全是按照海军思路来的：它们在直线性思维下被设计得过于高大，贪大求全的堆砌式风格在海上或许行得通，但在动力水准薄弱的陆地上就显得过于粗枝大叶。而陆军需要的是比马克Ⅰ型过顶履带坦克更大、更有压迫感，但整体设计较为紧凑、防护性能更优、火力配制适度而战斗全重却大幅下降的重型突破战车，所以有必要在拉长履带的同时也把车身缩短，这样车身与履带融合在一个防弹外形优异的流线型车体中，较利于装置炮塔且车身装甲整体较为严密，而其他主次系统的设计与安装也更容易整合在一起。不过，流线型装甲车体需要的形状复杂，用轧制均

质钢不容易制造，必须使用浇铸装甲。

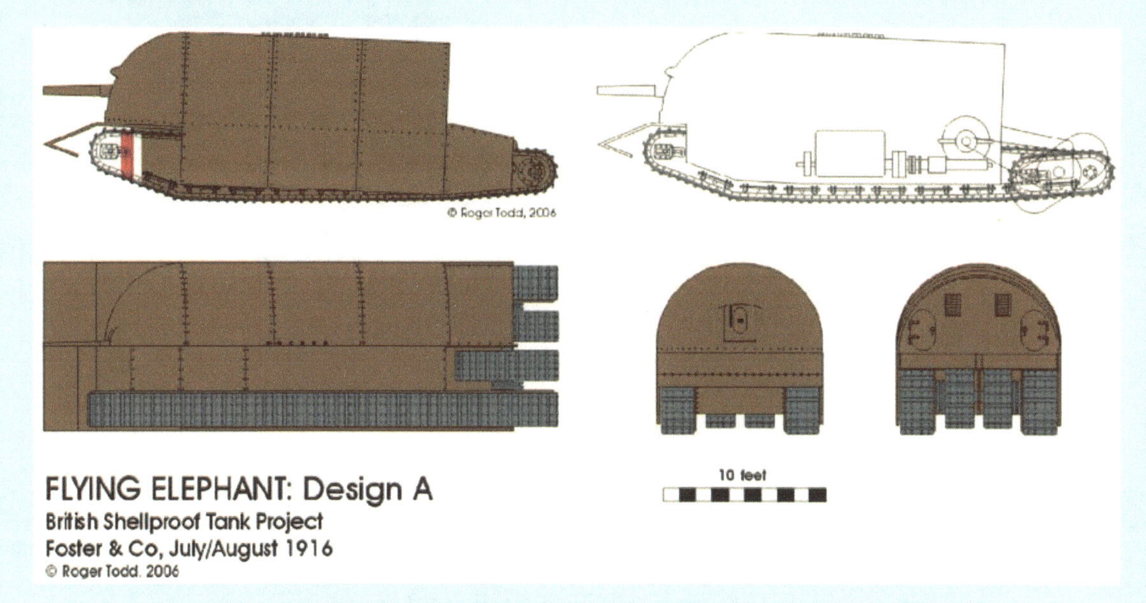

“大飞象”项目能够进化到相对务实的“A方案”已经说明，在陆军人员眼中，雄心勃勃的陆地无畏舰只是个脱离陆地战场实际的海军式笑话

也正因为如此，“大飞象”项目继“陆地装甲舰队旗舰”和“福斯特战斗坦克”之后的第三个方案看起来的确有些“大象”的模样了。这个被称为“A方案”的设计，战斗全重48t，除了取消尾轮外，底盘部分基本沿用了“福斯特战斗坦克”（包括发动机和传动系统）的设计，只有车体是完全重新设计的——一个鲸鱼状的流线型铸造装甲外壳被严丝合缝地扣在了履带式底盘上。当然，由于体积的原因，这个平均厚度5.08cm的流线型铸造装甲外壳不可能是一次性铸造成型的，而是从头到尾被分成4部分浇铸，然后用铆钉+焊接的方法将它们制成一个整体。此外还值得注意的是，用浇铸装甲制造车体对于制造工艺来说是一大挑战。在不久之前，浇铸装甲几乎只是用来制造海军炮塔，而现在却要连形状复杂的车首也要用浇铸装甲来制造。虽然能够浇铸出的铸件具有复杂的形状，其厚度和曲率也各式各样，在防弹外形上较之垂直的轧制钢板占优，但要控制准确的厚度却比较困难。鉴于铸造工艺的性质，一定厚度提供的防护力就不如相同厚度的轧制均质钢装甲，并且由于气泡和沙眼的关系，也无法像轧制装甲板那样随意割开几个射击口（这将以装甲强度的下降为代价）。所以，“A方案”不再是一种百货商店式的移动武器库，干净洗练得令人诧异，只在车体正面安装了一门75mm炮——这实际上反映了一种比“福斯特战斗坦克”更为彻底、务实的突破理念：“对进攻来说，只有两件事情是必要的，即了解敌人在什么地方和决定应该怎么干，至于敌人想干什么是无关紧要的”。事实上，通过索姆河前线的实战经验，陆军军官们比皇家海军更清楚这类陆上战舰对于敌人的真实威胁来自什么——究竟是在于“舰载”火炮和机枪的数量还是在于庞大舰体迫近的事实本身（这种设计目标在本质上是追求精神效果，因为自身的火力导致敌人的死伤并不能使敌人退却）。对此，一名德军俘虏的话可谓一语道破天机：“在多数情况下，官兵们都认为战车的迫近，即可算是中止战斗的良好借口，他们的责任感可以使他们面对着敌人的步兵，挺身而斗，但是一旦战车出现之后，他们就会感觉到已经有了充分的理由可以投降了”（当面前的对手不能用步枪或机关枪阻止时，他们就本能地夸大危险，以减轻他们投降或逃跑行为的耻辱）。更何况，“A方案”作为舰队核心，主要用途在于带领小型舰只完成最艰难的突破，并在突破达成后停止前进，以舰载大口径火炮对继续前行的小型舰群进行火力支援，因此用于近距自卫的机枪和

小口径火炮都是不必要的累赘。

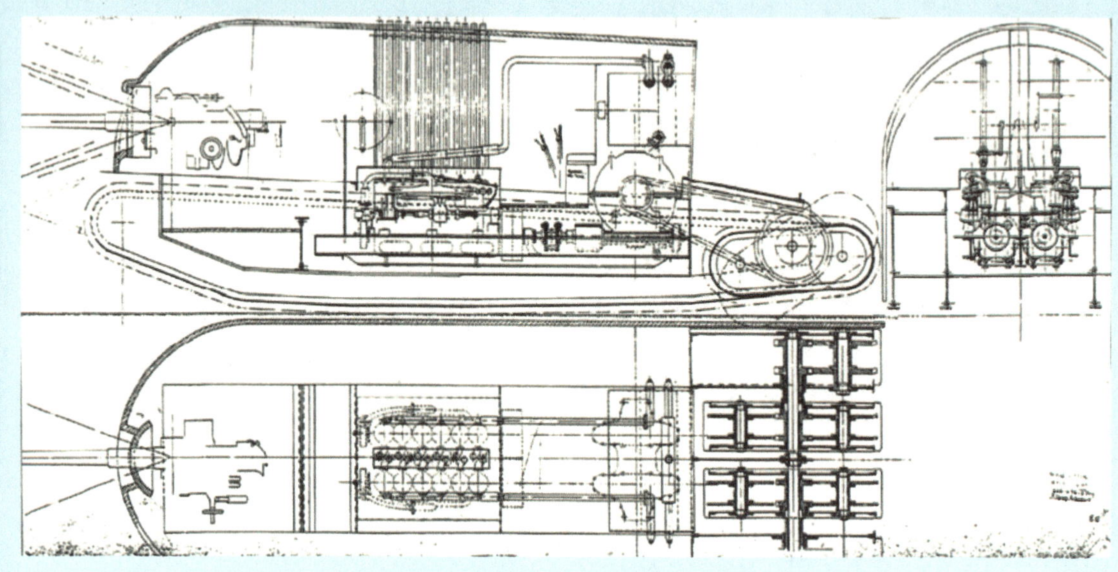

“大飞象”项目“A方案”结构示意图

不过，到了1916年11月，“A方案”经历了再一次修改，演变成了所谓的“B方案”。英国企图将之作为一种标准型号，取代并不那么成功的马克I型。与“A方案”相比，“B方案”的显著特点在于，两条内侧辅助履带长度被按比例拉长到外侧主履带的2/3，底盘整体长度却被缩减到8.23m——与马克I型已经相差无几（主要意图是增加坦克履带接地面积，降低单位压强，提高通行性能），至于车体装甲外壳则保持了“A方案”的流线型铸造式风格，但为了有效抵御德军77mm野战炮的攻击（这已经在之前的战斗中被证实），前装甲厚度被提高到了7.62cm，战斗全重因此又上升到了60t。为了平衡因前装甲厚度增加而引起的重心偏移，整个车体外壳的安装位置被后移了，并且在车体四周和尾部开了6个机枪射击孔。同时，借鉴马克I型坦克投入实战以来的使用经验，“B方案”车体内部战斗室的设计要比之前完善许多——乘员室内装有比较好的通风设备，在车辆顶部和两侧设有安全门，引擎的冷却问题也得了重视，能够通过尾部散热器把热气排出车外，并且车上还增设了消音器，降低车辆噪声，从而改善了乘员的工作条件。

2.4 难以修成的正果

“B方案”的出现，实际上预示着曾经雄心勃勃的“陆地装甲舰队旗舰”已经回归平淡——无畏舰的概念被放弃了，剩下的只是一个用于打头阵的重装甲突破工具（毕竟发展坦克有其单一而特殊的目的——即为步兵在前沿向战壕和铁丝网后的步枪、机枪冲击时开辟道路）。然而，这并不意味着“B方案”走下绘图板的前景就是坦途一片了。事实上，从索姆河开始，已经制造出来的陆地战舰——马克I/III型过顶履带坦克——就没有得到正确的使用，之后更是出现了进一步被误用的情况。英国未能在干燥天气、在未受炮击没有弹坑的地面上、在容易使用坦克进行突然袭击的地区同时使用全部坦克（事实上也做不到这一点，因为机械故障而无法使用的坦克总是很多），而是把它们作为步兵辅助物三三两两地投入沼泽地与弹坑地里。敌人已对这种零零散散使用坦克的方法习以为常，何况这些坦克自身已陷入泥泞动弹不得。结果到1916年年末，英国陆军中的许多高层单位几乎已经认定坦克毫无用处，坦克的机械性能不能维持长期战斗，要实施计划之外的大规模战场机动是完全不可想象的。而西线战争计划的特点却恰恰在于其整体效果取决于其实施的速度——假设纵深穿透与外向运动之间出现两或三天的间歇，则敌人防线势将从豁口的两侧迅速反扑合拢，一整套新的防御工事网将阻挡自己军队继续向前推进。于是，坦克给人留下的最深印象不过在于对士气的巨大影响。此时的坦克当然是一种物质性武器，但更应该说是一种心理性的武器。富勒在评论这一时期的坦克作战时就曾说过：“坦克的主要价值在于对士气的影响，其真正目的是威慑而不是摧毁敌人。”这确实是一个深刻的教训（也就是说，攻击敌人的神经系统，进而瓦解敌方指挥官的意志，这比粉碎敌方士兵的肉体更有效），但在这种武器刚刚登上战场之际不免失之过窄。于是，那些华而不实、自以为是的人又开始老调重弹，对这种非专业的应急手段大加指责。即便是丘吉尔这样的怀有热情者，也认为自己过高估计了坦克的能力，“对于这种武器的使用原则是大胆而激进的，但它所依据的理论还未被证实，而且战争的实际情况也是千差万别”。

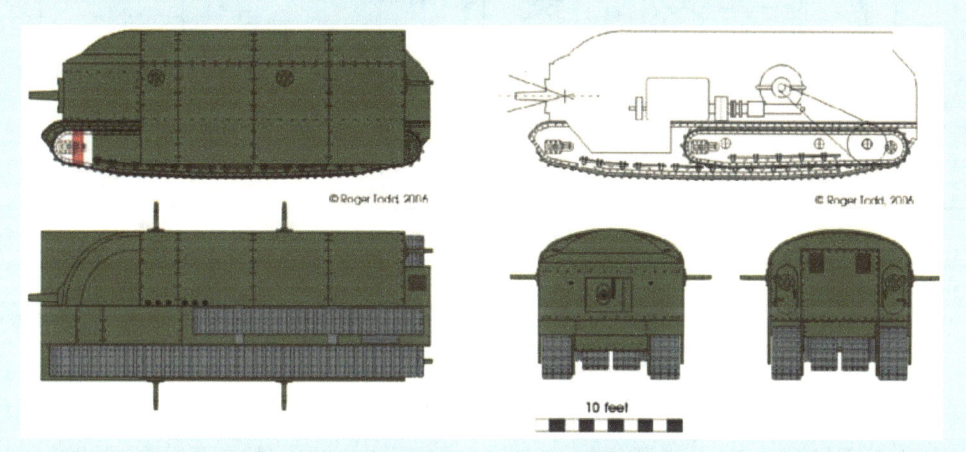

“大飞象”项目“B方案”（发展坦克有其单一而特殊的目的——即为步兵在前沿向战壕和铁丝网后的步枪、机枪冲击时开辟道路，所以“B方案”的出现，实际上预示着曾经雄心勃勃的“陆地装甲舰队旗舰”已经回归平淡）

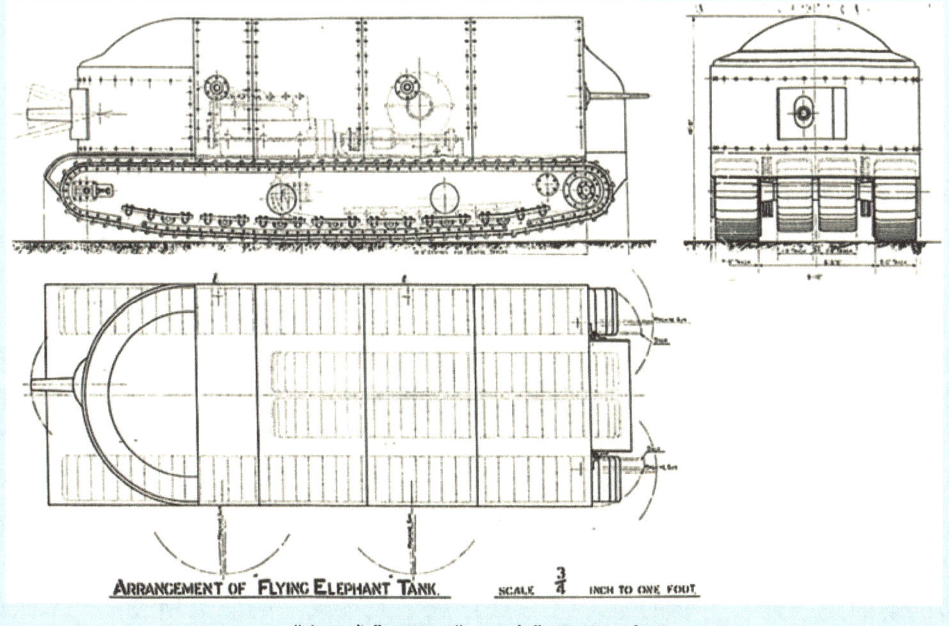

“大飞象”项目“B方案”结构示意图

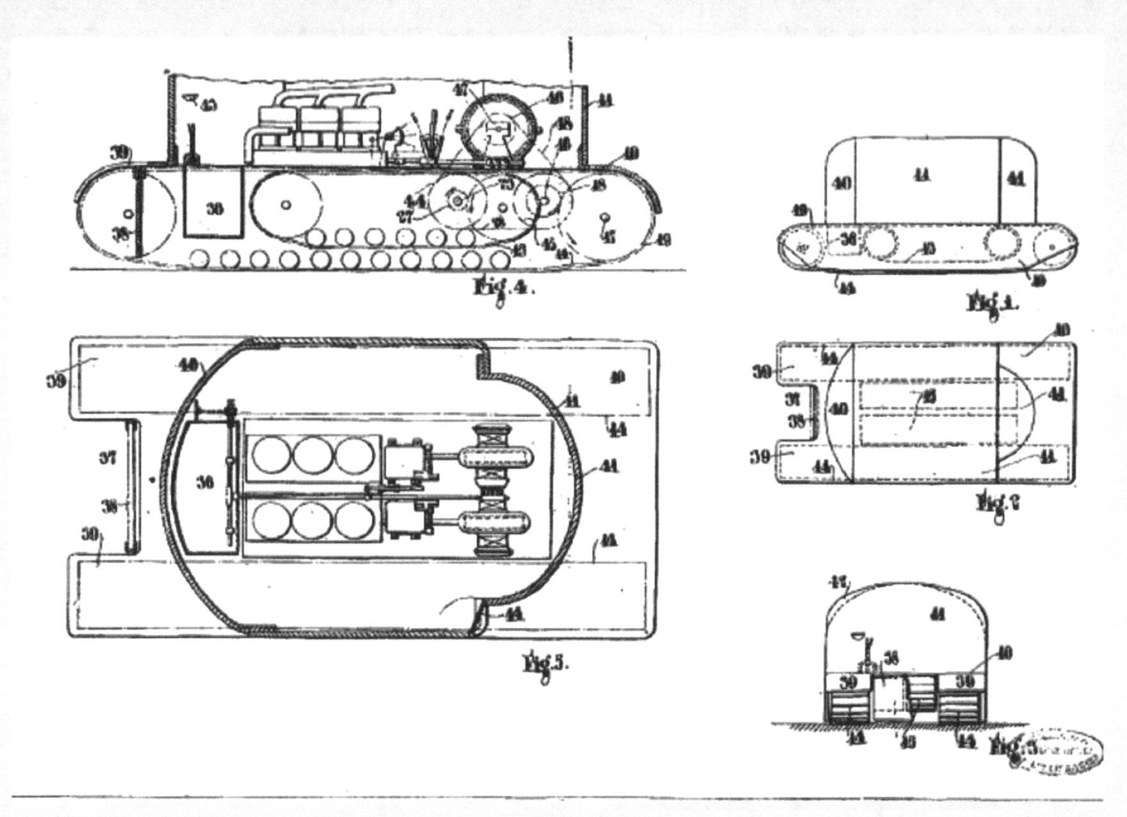

"大飞象"项目"B 方案"底盘的一个改进设想

这些负面看法综合在一起最终对"大飞象"项目的继续造成了致命的威胁。远远低于预期的使用效果，使得英国军方对比马克 I 过顶履带坦克更大更重的"大飞象"项目始终顾虑重重，并理智地意识到无论是 100t、60t 还是 48t 的陆地战舰都将是机械可靠性上的一场灾难（这种看法后来被证明相当具有前瞻性，1917 年 11 月 20 日在康布雷，英国坦克兵在 9.66 公里宽的阵线上对有限的目标发动了进攻，这是一次把理论放在实践中加以检验的机会。但在 450 多辆坦克中，只有 300 辆到达进攻出发线。开始的 12 个小时战斗中，已有一大半伤残毁损，所剩坦克，大部分不是因机械故障而未能坚持 24 小时，就是因驾驶员精疲力竭而无法开动）。而帝国防御会议与陆地战舰委员会也在详细研究了自 1916 年 9 月 15 日陆上装甲舰投入使用以来的作战经历后，产生了将陆上装甲舰加以放大也不会对战局产生决定影响的悲观结论——大兵们仍然挺立着直至战死，部队仍然推进缓慢、蠕蠕而动，而用来制造这种大型陆上装甲舰的资源对于消耗战来说只能是一种可怕的浪费。结果，几易其稿的"大飞象"项目最终永远沉睡在了绘图板上——1917 年 2 月中旬，一纸命令宣告了项目的终止。大飞象的故事就这么虎头蛇尾地结束了。

不过，对于这种结局不必过于悲观，因为这只是一个时代的末尾和另一个时代开端的交界时刻必然要经历的阵痛罢了。从技术的角度看，陆地战舰是内燃机时代的产物；从军事的角度看，陆地战舰则是为了打破由机枪、堑壕、铁丝网和速射火炮组成的盾而产生的矛，是第一次世界大战堑壕胶着战的必然结果。但绝大多数人在这种怪物出现后的十多年中也没有意识到这绝不是矛，也不是盾，而是三大要素——火力、防护和机动的统一体。不幸的是，这一点正是"大飞象"的悲哀所在——军队的摩托化和机械化必然要改变组织战斗的程序和思想方法，而此时军队的组织形式却还没有为机械化时代的到来做好准备。

因机械故障在战场上抛锚而被德军缴获的大批英制马克Ⅰ过顶履带坦克正在被装车运回德国（对于不到30t的马克系列过顶履带坦克来说，相比德军77mm野战炮，其自身的机械可靠性问题才始终是个最大的威胁）

第3章

蹉跎的钢铁——二战法国未投产的装甲战车

采用深绿色迷彩的 SAu 40 突击炮原型车侧视图

1940 年 6 月 22 日，德法两国代表在上次大战签订停战协议的地方，贡比涅森林的一节火车车厢里签订休战协定。不过这次胜利者和失败者的位置换了一下。法兰西会战终以德国的闪电式胜利、法国的全面崩溃拉上了帷幕。战前拥有 87 万兵力、85 个师、2700 辆坦克，号称欧洲第一的法兰西陆军，在这场仅仅 43 天的战役中声望一落千丈，自身也在战后烟消云散。而对于这场战争，有人说，法国统帅部准备了一场 1918 年水准的战争，德国人却准备了一场针对 1918 年水准的新型的机械化战争，这是法兰西会战成败的全部关键所在。当然，如果仅仅从战争指导思想来看，这种说法的确一语中地，但如果用来形容法国陆军的装备水准却大错特错。

3.1　背景

法兰西陆军在法国战役中的表现令人失望，但很少有人意识到，其装甲部队技术装备的表现却可圈可点——在 43 天所发生的无数次中小规模坦克交战中，哈其开斯 H.39、雷诺 R-35 与索玛 S.35 被认为性能普遍优于（或者至少持平）德国装甲部队的 PzKpfwI/II/III/ Ⅳ，而猛犸式的巨兽夏尔 B1 则在德军装甲部队中根本没有与之匹敌的型号。事实上，法国装甲部队一度在比利时痛击了深入的德国装甲部队，最后由于缺乏步兵和炮兵的协同及空军的掩护，人员和装备损失惨重得不到补充才被迫撤退。而戴高乐指挥的第 4 轻机械化师，更是凭借性能优良的技术装备与有效的战术指挥，从 5 月 22 日起，在 5 天内机动 180km，在步兵和炮兵的支援下进攻驻阿布维尔的德军，俘敌 500 人，取得了法军装甲兵抗击德军作战中独一无二的战绩。如果仅仅从装备角度着眼，我们会惊奇地发现，法军机械化装备的质量水平实际上是要略高于日耳曼对手的。可以说，要不是法军统帅部在一般的战略战术方面犯了一系列错误，比如，对阿登山地的忽视，指挥系统的不合理，通信不灵，时间概念的陈旧，过时的阵地战形式以及刻板僵化的军事教条等许多方面的一错再错，法国战役根本就不应该如此“戏剧性”地收场。更令人吃惊的是，对于法国陆军装甲机械化装备的质量优势，这些还远远不是事情的全部——作为一个军事工业大国与强国，当法兰西第三共和国轰然崩塌时，法兰西陆军的武器库中却还有一些杀手锏并没来得及亮出……这不由令人在感慨的同时浮想联翩。而作者撰写本章的目的，正是希望将尘封的历史揭开一角，让这些蒙尘的战车有机会重见天日。

3.2 ARL V39

尽管在一战中，法国曾经是紧随英国之后的第二坦克大国，甚至在战争末期还设计出了雷诺 FT-17 这种具有划时代意义的革命性型号，为现代坦克设计提供了最基本的框架，但由于军界上层长期为保守派所把持，结果在坦克设计思想上，法国人一直没能挣脱将其视为步兵支援武器的桎梏——无论是英国的利德尔哈特、富勒还是本国的戴高乐等人的大声疾呼，都没能使这一点有丝毫改变，保守派的顽固程度远远超过了英、德、苏、美等国。但也正因为如此，在两次大战之间，突击炮这种用途专一的装甲战斗车辆，其概念原型会首先出现在法国而非德国或是苏联也就不会过于令人吃惊了。

1940 年参加法国战役的雷诺 FT-31 轻型坦克（法国曾是引领坦克设计潮流的坦克强国，仅仅凭借 FT-17 便足以奠定其在坦克发展史上的位置）

ARL V39 突击炮的起源实际上可以追溯到 1929 年。当时，为了配合正在修建中的马其诺防线，法国国防部认为有必要为要塞驻留部队配备一种具有自行能力的中口径要塞炮，并且进一步指出，在必要情况下，这种中口径自行要塞炮还要有能力驶出筑垒，在步兵的伴随下实施一定程度的野战追击，将敌人彻底击溃。这个概念不久便演化成了一种货真价实的“突击炮”雏形——一个一战风格的过顶履带式中型底盘，与一门 1897 式 75mm 步兵炮的组合，为世界履带装甲兵器揭开了新的一页。值得注意的是，在那个坦克与自行火炮界限非常模糊的年代，人们之所以能够将其清晰地界定为突击炮而非坦克，根本原因在于法国工程师们为其赋予了创造性的设计思想。事实上，法国人对这个设计的着眼

最初的 ARL V39 突击炮样车

点完全在于为步兵提供近距炮火支援，火炮本身将以直瞄射击方式为主，也正因为如此，在当时的技术条件下，其采用的过顶履带式底盘，虽然由于刚性悬挂速度慢，但越障能力很强，按其设计意图来讲，不失为一种明智的选择。不过，任何事情都有其两面性，过顶履带底盘也不例外，在获得良好越障能力的同时，外形高大的缺陷却无可避免，如果像 FT-17 那样，执意将 1897 式 75mm 步兵炮置于车体上方一个可 360° 环形旋转的炮塔中，那么被弹面之大将令人难以接受。而面对这个问题，法国工程师们选择了妥协，但妥协的方式却不失创造性——75mm 主炮被置于车体内部，身管穿透首上装甲板，同时在车顶为炮长设计了一个可 360° 旋转的单人装甲指挥塔，以解决观测能力不足的缺陷。

可以说，法国人设计的这种自行步兵炮，尽管外形丑陋，但设计理念的确令人耳目一新，而且与坦克相比在造价上无疑拥有显而易见的性价比优势。到现在也很难说得清，日后大红大紫的 STUG III/IV、SU-85/100 等型号的出现乃至成功，究竟在多大程度上受到了它的影响（当然，有些已经属于坦克歼击车的范畴了）。不过，受当时主导法国的绥靖主义思想影响，如此优秀而富有实用性的设计，直到 1938 年 9 月才被国营 ARL 兵工厂变为现实。有意思的是，由于时间已经过去了 9 年，所以当首批 3 辆样车走下装配线时，尽管底盘部分仍然乏善可陈，但很多细节已经不同了。首先，原先设计中陈旧的 1897 年式 75mm 步兵炮被新型的 APX 75mm 步兵炮所取代，虽然出于底盘承受能力的考虑，这门炮的身管被截短了 175mm，但在发射减装药的 1915 年式高爆弹与 1915 年式穿甲弹时，初速仍然能够分别达到 400m/s 与 570m/s（1000m 距离上可以穿透 50mm 厚的均质钢装甲板），最大直瞄射程超过 2000m，远远超出了老式 1897 年式 75mm 步兵炮所能带给人们的期望；其次，原先的设计中，步兵炮实际上采用了全固定式设计，除了有限的高低射界外，方向射界基本为零，只能靠车体的方位移动来实施瞄准，精度可想而知。而在 ARL 生产的样车上，这个明显的设计瑕疵被剔除了，固定于车体首上装甲板的 APX 75mm 步兵炮，除了在高低向上拥有 -10° ～ 30° 的射界外，在水平向上也拥有左右各 7° 的方向射界，火力机动性和射击精度自然大幅提高；最后，也是最值得提及的，根据一战中对采用类似设计的圣•沙蒙坦克的使用经验，为了避免穿透首上装甲板伸出车体的火炮身管对车辆的越壕能力造成负面影响，火炮身管被别出心裁地设计成了可伸缩式——在行军状态中，火炮身管将全部缩入车内，整辆战车将以一种“干净”状态获得最佳越野性能。当然，火炮伸缩机构不可避免地增加了设计和生产上的复杂性，由此带来的机械可靠性问题也很值得探讨，但巨大的战术价值还是受到法国人所青睐。

1940 年 6 月，法国战役中被德军缴获的 ARL V39 突击炮样车

这种在设计上具有强烈实用主义风格的自行火炮样车一经问世，便以其令人印象深刻的高性价比与多用途性能（拥有一定程度的反装甲能力，在一定程度上可以代替坦克），引起了法国军方高层的广泛关注。在当时绥靖主义的幻想基本破裂、战争的可能性已经是一个时间问题的情况下，同很多类似项目一样，ARL 兵工厂的两辆样车被很自然地被视为一根救命稻草。1939 年 1 月 8 日，两辆样车未经严格的工厂测试，即通过了国家验收，定型为 ARL V39 型自行火炮。1939 年 3 月，为了武装首批组建的 4 个所谓的“预备队装甲师”（即 DCR，实际上是由普通步兵师仓促改编而来），法国国防部要求 ARL 工厂在 10 月底之前，至少生产出足以组建 8 个轻型自行装甲火炮营的 72 辆 ARL V39（每个预备队装甲师建制内拥有 2 个这样的所谓轻型装甲火炮营，每营 2 个连，每连 3 辆 ARL V39）。到了 1940 年 5 月 9 日，法国国防部又要求用一个月时间再生产出 108 辆 ARL V39。然而，无论是 72 辆也好 108 辆也罢，生产上的混乱使得一切都成了不切实际的空谈，上面这些数字最终没有一个落实，而仅有的 3 辆样车中的 2 辆也在开战后被转移到了摩洛哥，并在那里最终沦为了一堆毫无用处的废铁。

3.3 SOMUA S40/SAu 40

1940 年，法国陆军第 1 龙骑兵团装备的索玛 S35 中型坦克

如果从火力、机动和防护三大性能的平衡程度来看，索玛 S35 堪称战前法国设计并投入量产的一种综合性能最佳的中型坦克。当其在 1936 年正式服役于法国刚刚组建的两个轻型机械化师时（每个轻机械化师由 10400 名官兵、约 3400 辆三轮摩托、卡车、半履带车和各种装甲车、174 辆坦克组成，这是在当时法国军队中唯一可以与德军的装甲师抗衡的单位，与后来由步兵师改编而成的预备队装甲师相比，无论是火力还是机动性显然都更强），这是世界上最好的中型坦克。与稍后出现的德制 III/IV 早期型或苏制 T-34/76 早期型相比，索玛 S35 在主要性能上不但毫不逊色，甚至由于出现的时间较早，所以还享有一定程度的技术缓冲期（索玛 S35 在样车和量产时间上，均要比德苏两国的同型车领先 12 ～ 20 个月）。所以尽管今天已经鲜有人知，但法国人实际上并没有浪费这段难得的窗口期，而是对其得意之作进行了不遗余力的改进，并由此出现了索玛 S35 两款最重要的改进型。

除了炮塔外，这是一辆已经十分接近 S40 的后期生产型 S35

从左至右：后期型索玛 S35、S40、SAu 40

索玛 S40 是两种改进型号中较早出现的一种。它实际上是在对 S35 进行了一系列小步快跑式的改进后，最终集其大成者。也正因为如此，与其前身相比，这种改进型号在细节上的变化是相当繁杂的。比如，为了简化生产工艺、提高车体强度，将车体由原先的铆焊混合结构改为全焊接（S35 的车体连接处强度不足是一个主要缺陷），并对部分车体装甲板进行了修形，还去掉了一些不必要的附件；发动机功率从原先的 190 马力提高到 220 马力，最大公路速度因此提升到了 45km/h。为了提高传动效率，并在一定程度上增强越野机动性，前置的主动轮进行了重新设计，安装位置也向前上方移动了 270mm。虽然索玛 S40 与 S35 一样，仍然采用 3 人车组，在一定程度上影响了战斗效能（车长既要指挥坦克，又要负责火炮和机枪的装弹、瞄准和射击，这样必定影响射击速度，以致不能发挥该坦克应有的效能），但在保留原始设计框架的前提下，为了尽可能改善人机功效，法国工程师们还为 S40 换装了内部空间更大的 ARL 2C 型单人炮塔（不过，索玛 S35 原先的 SA35 型 47mm 炮仍然被保留了下来），使战斗效能有所改进。最后值得一提的是，此前生产的索玛 S35 中型坦克中，完备的电台设备仅仅安装在排以上级别的指挥型号上，普通的 S35 坦克仅有电台接收设备，但这种情况到了 S40 后终于彻底改变——每一辆 S40 都安装了完整的电台收发设备。

SAu 40 突击炮原型车侧视图（注意，炮塔上的 SA 35 47mm 炮被换成了 7.62mm 机枪）

最早的一辆 SAu 40 样车是利用一个 S35 底盘改装而来的（实际上早在 1937 年，索玛公司就已经着手在 S35 基础上发展一种类似于迷你版夏尔 B1 的“步兵全能坦克”）

而与索玛 S40 风格谨慎的改进相比，SAu 40 的变化则要大刀阔斧得多，并且充满了戏剧性。事实上，最初的 SAu 40 只是由于 ARL 工厂产能不足，而由索玛代工生产的 ARL V39 突击炮。不过，在 1939 年 9 月接到首批 36 辆的订单后（要求 1940 年 5 月 1 日之前交货），原本就心有不甘的索玛公司改变了主意，企图将用于 ARL V39 的 APX 75mm 步兵炮与自己的索玛 S40 底盘结合在一起，为军方提供一种性能更好的突击炮。尽管军方对索玛公司自作主张的举动感到恼火，但由于在设计中借鉴了大量 ARL V39 的相关设计（包括那个特别的身管伸缩机构），索玛公司仅仅用了不到 40 天时间就拿出了一辆 SAu 40 突击炮样车。如此迅速的动作最终取得了军方的谅解——当然，最重要的是 SAu 40 的性能明显要好于 ARL V39，而且部件通用性的优势更是显而易见的。简单来说，SAu 40 实际上就是将一门 APX 75mm 步兵炮塞入一辆索玛 S40 车体的产物（车顶的 ARL 2C 单人炮塔和 SA 35 47mm 炮都被保留了下来，但在几辆原型车上，SA 35 47mm 炮被机枪所取代），这使后者凭借这门大口径车体炮，实质上成了一辆简化版夏尔 B1，从而令底盘技术相对陈旧的 ARL V39 相形见绌（SAu 40 底盘源自索玛 S40，而 S40 又继承了 S35 先进的“尼德尔（Naeder）”液力差速器。这是一种双差速器，夏尔 B1 上也采用了这种装置）。这使 SAu40 可以在任意一个变速齿轮上获得任意的转弯半径并且可以实现微调，这样驾驶员就可以利用“尼德尔”系统精确调整火炮方向射界。仅此一点，便令 ARL V39 的老式底盘自愧不如。不过与夏尔 B1 一样，SAu 40 由驾驶员兼任车体炮的炮手，这虽然使乘员人数仍然得以保持在 3 人，整个底盘结构无须进行大幅度的调整，但代价是战斗效能进一步下降了。

SAu 40 突击炮样车

1940 年 6 月，法国战役中被德军缴获的 SAu 40 突击炮样车

SAu 40 非常符合法国军方对于坦克贪大求全的心理定位，于是之前的不愉快全被一笔勾销。1940 年 2 月，法国国防部向索玛正式下达生产指令，要求该厂要在 3 个月的时间内，向法国陆军提供 72 辆 SAu 40 和 132 辆 S40，用以装备计划中将要组建的第 5 和第 6 轻机械化师（DLM）。然而，当战争于 1940 年 6 月 22 日“意外”中止时，除了孤零零的几辆原型车外，上述生产计划仍然停留在纸面上。不过，值得一提的是，到了 1945 年，法国军械研制局 (Direction des Etudes et Fabrications d’Armement，DEFA) 又曾经企图将 90mm 或 105mm 高炮搬上 S40 底盘，发展出一种采用固定战斗室设计、类似于 Su100 风格的坦克歼击车。

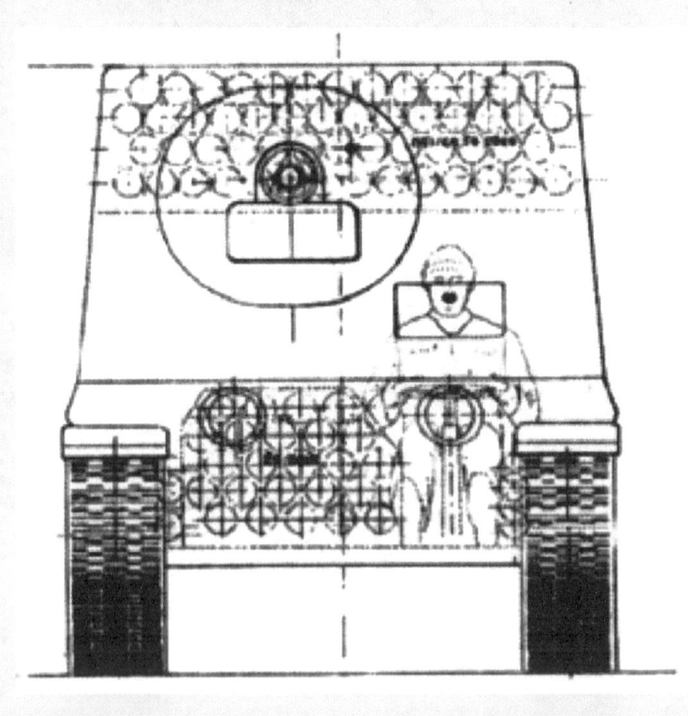

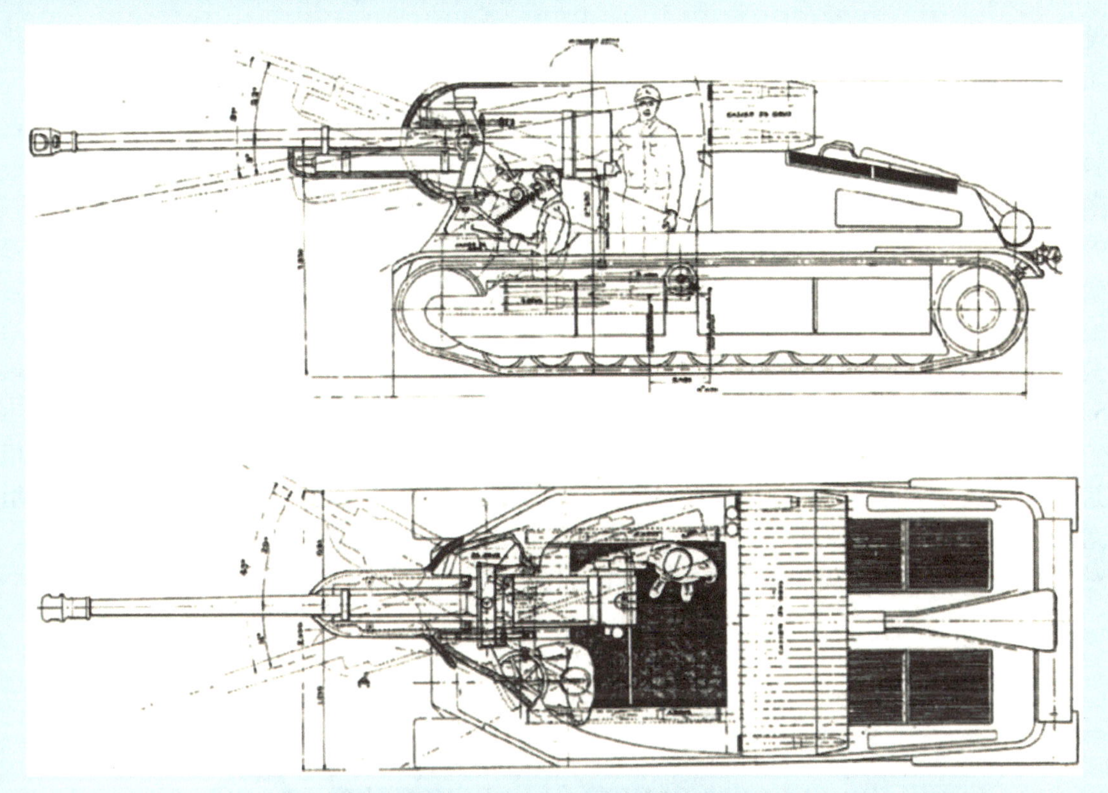

1945年，戴高乐政府国防部所属的法国军械研制局
企图利用S40底盘发展出一种90mm或105mm口径坦克歼击车

3.4 FCM F1

1940年5月30日，法国陆军第349坦克团装备的夏尔B1 Bis重型坦克

1940年时的法国陆军装甲力量精华，基本上由500辆索玛S35中型坦克和403辆夏尔B1重型坦克构成——它们中的大部分被分配给了3个轻机械化师。就轻机械化师的坦克数量和质

量而言，应该说与德军的装甲师相当。法军轻机械化师采取 2 旅 4 团的编制，由 2 个轻机械化旅（法文缩写是 BLM）组成，但是注意这两个旅的装备是不同的。其中，轻机械化旅 A 实际上是一个坦克旅，下辖两个装甲骑兵团，在法军中，他们的名称是“胸甲骑兵团（RC）”或者“龙骑兵团（RD）”；每个团的标准装备是 47 辆霍奇基斯 H39 轻型坦克和 48 辆索玛 S35 中型坦克。轻机械化旅 B 是一个机械化步兵旅，下辖一个装甲侦察团（RC）和一个机械化骑兵团（RDP），每个装甲侦察团的标准装备是 43 辆潘哈德 178 装甲车（其中包括 1 辆无线电通信车），而每个机械化骑兵团的装备则是 69 辆 MR33/AMR35 ZT1 装甲车。至于夏尔 B1 重型坦克，则通常编为统帅部直属重型坦克团，战时加强给轻机械化师或预备队装甲师。无论是从数量还是从质量来看，这都是一股相当可观的力量（后来的战争实践也多少证明了这一点）。事实上，索玛 S35 在火力、机动和防护性上的均衡与夏尔 B1 的坚不可摧都在那场短暂的战役中给对手留下了难以磨灭的印象。如果不是因为过于笨拙的指挥艺术，这些坦克本应成为德国人的梦魇。但其实，尽管索玛 S35 与夏尔 B1 已经达到甚至超出了同类装备的水平，但法国人早在这两种坦克刚刚投产的 1936 年，就开始了新一轮的装备更新计划，企图以一些全新的型号取而代之，对德国人形成压倒性优势，只不过后来的战争打乱了这一节奏。

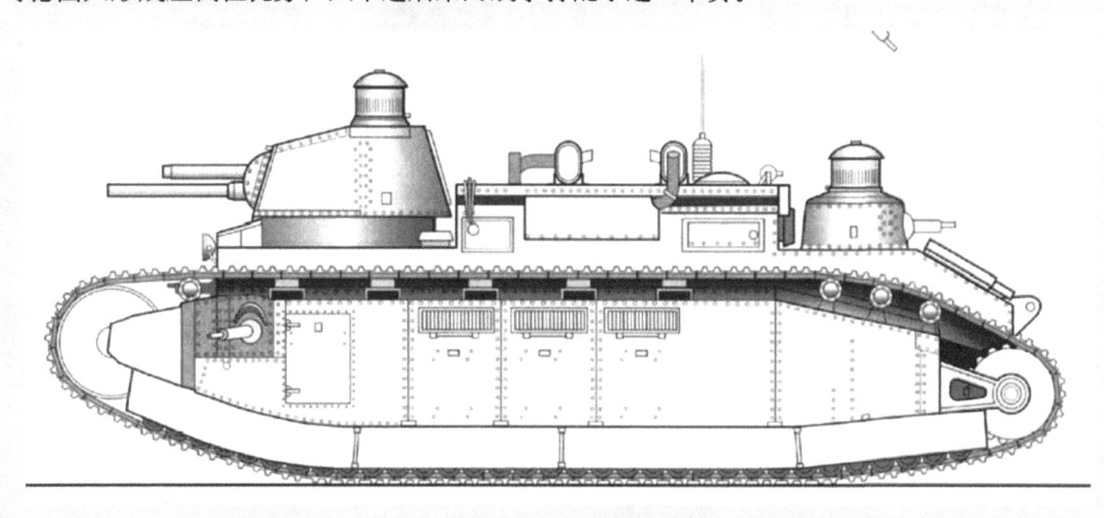

在夏尔 B1 之前，法国人还造出过这种战斗全重超过 70t 的夏尔 2C 超重型坦克

鉴于第一次世界大战初期，战争双方只强调进攻而造成具大人员伤亡的惨痛教训，此次战前的法国军方认为在未来的战争中，防御一方将占优势，所以集中财力、物力和人力在法德边界开始修筑坚固的马奇诺防线。执行防守战略、坚持以步兵为主的政策，不仅使法国陆军只有很少的资金研制、试验和装备坦克，还直接影响了坦克的发展方向。既然坦克的作用只是支援步兵，或是像骑兵那样进行警戒、侦察，坦克就没有必要有很高的速度和较大的行程，而只需有很强的装甲防护能力和火力。也正因为如此，在法国坦克部队普遍缺乏火力支援的情况下，夏尔 B1 重型坦克以其厚重的装甲、既能用于反坦克又能用于火力支援的齐备火力，全面超越了当时任何一款德军坦克，在成为法国装甲部队手中全能型王牌的同时，也成为德国装甲兵眼中不可战胜的“猛犸”。然而，很少有人注意到，在 1936 年法国工程师的图纸上又出现了更为可怕的巨型装甲怪物。要知道，夏尔 B1 只以 32t 的战斗全重便令德国人手足无措。夏尔 B1 bis 在火力和防护上比较出色，它的 47mm L35 炮比德军的 Pz.Kpfw. III 和 IV 威力更大，它的 75mm 车体炮炮口初速度为 490m/s，使用的 1915 型高爆榴弹装有 740g 高爆炸药，按当时的标准威力惊人，发射 1910 型穿甲弹时可以在 400m 距离上以 30° 角贯穿 40mm 厚的装甲，射速 15 发 /min。其 47mm L35 炮发射 1932 型高爆榴弹时初速为 590m/s，发射 1935

型被帽穿甲弹时初速则达到了700m/s。由于该车防护坚固，比当时德军坦克外形更加高大威猛，在二战初期遇到夏尔B1 bis的德军冠之以绰号“巨人（Kolosse）”，德军只能采用射击其履带或者其左侧的发动机散热格栅的办法予以摧毁，有时甚至要使用88mm Flak-36高炮才能奏效，而法国工程师绘图板上的这种巨型怪物却重达140t，这个数字意味着什么可想而知。

FCM F1超重型坦克侧视图

事实上，这种后来被命名为“FCM F1”的超重型坦克，属于1920年著名的70t级FCM 2C超重型坦克的延续，所以我们从FCM F1的设计中，依然能够看到浓烈的多炮塔主义风格——前后纵列配置的两个炮塔中（主炮塔在后，副炮塔在前），分别安装有一门90mm高炮（在发射穿甲弹时初速710m/s，1000m距离内能够穿透100mm厚的均质钢装甲板）和一门SA35型75mm坦克炮，而在两个炮塔的顶部或侧面，则分别装有一门20mm高平两用机关炮作为辅助武器。至于FCM F1的底盘结构则类似于夏尔B1，采用轮轴架结构小直径负重轮的独立螺旋弹簧式悬挂装置，每侧有多达21个小直径负重轮。主动轮在后，诱导轮在前，前面的诱导轮带有外齿，和履带啮合，并可以通过诱导轮来调节履带的张紧度。后部的主动轮内带有行星齿轮排，兼有侧减速器的功能。FCM F1行动部分的另一个特点是履带外侧有侧护板及排泥槽。这种设计的最大优点是造价较低、结构简单、易于生产，即使个别负重轮被击毁也能继续行动。不过，它的缺点也是显而易见的，过小的负重轮也造成悬挂行程太小，越野时的舒适性太差，也就是颠得特别厉害（就像没有减震装置的汽车）。当然，在法国人的脑海中，除了种类齐全、威力巨大的各种武器外，厚重的装甲对一辆多炮塔风格的超重型坦克而言是最具威慑力的重要指标，所以按照时代标准FCM F1的装甲厚度十分惊人——正面120mm，侧面100mm——基本没有任何一种坦克炮或反坦克炮能够对其造成实质性威胁。不过，也正因为如此，虽然法国工程师为FCM F1准备的两台550马力潘哈德发动机，按时代标准功率已经相当可观，但在140t的战斗全重下，公路速度只能达到可怜的24km/h（不过对于一辆超重型坦克来说，这已经足够了）。令人遗憾的是，当法国国防部于1940年4月27日下令将FCM F1投产（首批订单12辆），企图以此挽回败局时，战争的形势已经恶化到了无法挽回的地步，如此仓促的投产命令自然不了了之。这个庞然大物最终只有一个全尺寸木制模型留存于世（事实上，即便一切顺利，FCM F1最早也要到1941年6月才能完成生产准备）。

相比于 FCM F1，上面的 T-28 多炮塔坦克的典范只能是小巫见大巫了

3.5 雷诺 G1R

尽管按照 1940 年初的标准，索玛 S40 的设计已经十分令人称道，但这种坦克却并非法国人在中型坦克领域的巅峰之作。要知道，索玛 S40 说穿了不过是 S35 的深度改进型，一些 S35 固有的缺陷在 S40 上并未得到克服——比如 3 人车组负担过重、人机工效不佳的问题在索玛 S40 上同样存在。此外，S40 基本沿用了 S35 的半刚性悬挂装置，尽管这使其拥有了极高的行驶平稳性，但公路速度和越野机动性能却受到了很大的影响。最后，S40 的车体轮廓依然过于高大，再加上防弹外形并不理想（没有采用倾斜式装甲），这使其厚达 60mm 的装甲防护设计没能得到充分发挥。不过，法国人对于 S35 系列的这些固有缺陷其实是了然于胸的，所以他们一边对生产线上的 S35 进行改进，一边结合自身所获得的宝贵经验，对未来中型坦克设计的发展趋势进行了一些大胆探索。

雷诺 G1R 全尺寸木制模型侧视图

1936 年 7 月，也就是第一批 40 辆索玛 S35“战斗坦克”进入第 4 骑兵师不久（整编后，该师番号改为第 1 轻机械化师），法国陆军部就开始向国内各厂商招标，要求研制一种战斗全

重20t、最大速度与索玛S35持平（40km/h），但拥有夏尔B1级别的火力与装甲防护的新型“战斗坦克”（夏尔B1拥有一门17.1倍径的75mm车体炮，以及炮塔内的一门SA 35型47mm坦克炮），作为索玛S35未来的接替者。由于条件过于苛刻，起初雄心勃勃的几个竞标者都打了退堂鼓，最终只有雷诺一家勉强坚持了下来，其方案设计代号为“雷诺G1R”。有意思的是，雷诺在中标后，很快就将其原始设计改得面目全非，最终，出现在绘图板上的是一个全新概念的设计——战斗全重35t，乘员4人，首上装甲60mm，侧装40mm，全车流线型设计，行动部分由僵硬的半刚性结构改为革命性的6个大直径负重轮的扭杆式悬挂，再加上450马力的潘哈德发动机与其510mm的宽幅履带，这一切为良好的机动性提供了保证，至于大口径车体炮+小型单人炮塔的陈旧框架也被抛之脑后，取而代之的是一个锅底式双人炮塔中的一门APX 75mm主炮，另有一个附加于主炮塔炮长舱口的单人全封闭机枪塔提供辅助火力。令人惋惜的是，1940年5月14日，由于与官方要求“相距甚远”，这个本来足以与T-34/76媲美的革命性设计被无情否定了。此后，由于法国战败，有关雷诺G1R的资料大部分被销毁了，除了几张全尺寸木制样车的照片外，什么也没有留下。

雷诺G1R全尺寸木制模型正面视图

3.6 潘哈德AM40P

战前的法国坦克设计思路主要是基于一战经验——当时的坦克速度慢、防护差、火力弱，故障率高并缺乏合适的通信设备。而且要把这样严重缺乏可靠性的履带式装甲怪物作为陆军的核心，自然要涉及坦克兵特有的技术维修、油料补给、部队训练等一系列问题，为此必须将坦克兵变成与步兵、炮兵和骑兵并列的一个独立兵种，其结果是一直在陆军中居统治地位的步兵和骑兵地位将大大下降，那些靠步骑兵发迹的大小军官势必失去许多晋升的机会，失去其传统的地盘。这种兵种集团利益至上的思想决定了法国装甲兵的命运。最终法国军方认为步骑兵仍是陆战的主力，坦克只起支持作用。法国坦克发展思路在这种情况下自然受到了很大程度的负面影响，尽管列装的很多型号也达到了相当先进的程度，但从长远的发展趋势来看，法国坦克的总体发展思路是背离主流的。不过，令人颇感意外的是，与履带式坦克的逆境中发展形成了鲜明对比，轮式装甲战车的发展在法国却处于一枝独秀的地位，无论是战技性能、先进程度还是设计思想都在当时处于顶尖水准。原因很简单——轮式装甲战车的发展，一直由骑兵主导。

以 Citroen-Kegresse 16P 龙骑兵战车为代表，法国骑兵部队在 1929 年后，开始大踏步地迈向了机械化进程

事实上，在一战末期，法国骑兵师中就开始向装甲机械化方向发展：当时通常在每个师中编组 2 ～ 3 个“怀特”装甲汽车中队。但对于骑兵部队，真正大规模换装机械化装备则要始于 1929 年。此时，骑兵师中的炮兵部队也开始逐步实现摩托化，而原来的轻骑步兵营则编组为“摩托化龙骑兵营（BDP）”——他们装备了带拖斗的三轮摩托和 Citroen-Kegresse 半履带装甲车。这时所谓的“1932 型骑兵师”由两个普通骑兵旅和一个“轻机械化旅（BLM）”组成，另外，工兵和其他的支援分队也同时实现了摩托化。所以到了二战前夕，法国骑兵部队已经成为传统和现代的混合体：部分骑兵部队仅仅延续了其历史上的编制和番号，实际上已经完全成为机械化部队，但也有很多部队仍然同时保留了马匹和装甲车。但不管怎么说，法国骑兵部队向机械化或者说装甲化的发展已经是大势所趋了。而与法国骑兵部队机械化发展相适应的是，非常适合骑兵部队的轮式装甲侦察车的研发也受到了重视。

1940 年 5 月，法国陆军骑兵部队装备的潘哈德 178 枪骑兵战车（由于在所谓骑兵战车领域的大力投入，战前法国的轮式装甲车技术达到了世界一流水准）

由于有了军方骑兵势力背景的大力推动，所以与坦克领域冷清的发展节奏相比，各种轮式装甲车的研发堪称火爆，这最终导致了潘哈德 AM40P——战前法国轮式装甲车领域最高成就的出现。潘哈德 AM40P 的起源可以追溯到 1938 年，当时法国骑兵部队向工业界提出需要一款高机动性、重装甲、重火力的重型骑兵装甲侦察车来应对可能的战争威胁，并特别指出这种轮式装甲车需要拥有一定程度的反坦克能力，而且装甲防护不应低于索玛 S35 的水平。如此苛刻的要求，实际上是在寻求一辆轮式坦克。但好在法国军工企业在轮式装甲车领域浸淫多年，有足够的技术积累和想象力去迎接这个挑战。最终，潘哈德公司以 8×8 结构的 AM40P 做出了完美回应——这是一辆集当时世界轮式装甲车领域先进技术之大成的杰作，并且充满了非凡的想象力。如果说 60mm 厚的前装甲防护与 SA 35 型 47mm 坦克炮对于一辆轮式装甲车来讲已经足以令人吃惊，那么这种装甲车的另一特点便是采用了前后双驾驶舱配置。车体采用焊接钢结构，驾驶员居前，战斗舱居中，副驾驶员兼无线电操作员位于后部，发动机置于车体中央甲板战斗舱下面，通过两个串联的变速箱输出动力至中央差速器，在狭窄路面上不用掉头即可变向行驶（前后驾驶员都有全套驾驶操纵机构，车辆向前、向后行驶速度相同。顶部左舱盖上有一个、右舱盖上有两个潜望镜）。还有一点值得注意，该车虽然采用了 8×8 驱动结构，但公路行驶时，中央两对实心轮胎（中间两轴）可根据路面情况选择着地或离地，从而减轻行驶摩擦力，提高公路行驶速度并降低油耗（这种极富创造力的设计，战后也为苏联 BRDM-2 轮式装甲侦察车所借鉴）。

潘哈德 AM40P 原型车

如此优秀的设计自然令人大喜过望，只可惜下订单的时间有些晚了——1940 年 5 月 1 日的 600 辆大单尽管十分可观，但每个人都知道这不会再有任何实质意义了。唯一的一辆潘哈德 AM40P 原型车在 1940 年 5 月底被转移到了法国南部，并在那里准备装船运往北非，然而一场空袭最终毁灭了法国人的努力。不过值得欣慰的是，战后的 1946 年，急于借助提升军事实力恢复大国威望的法国政府，将 AMX-50 重型坦克、AMX-13 轻型坦克与潘哈德 EBR 轮式装甲车作为陆军重型技术装备的三个重点项目，其中的 EBR 实际上就是浴火重生的 AM40P 改进型。该车几乎完全继承了战前 AM40P 的基本结构设计，同样采用 8 × 8 驱动方式，中间两轴可根据路面情况着地或离地。车体同样采用焊接钢结构，驾驶员居前，战斗舱居中，副驾驶员兼无线电操作员位于后部，前后驾驶员都有全套驾驶操纵机构，车辆向前、向后行驶速度相同。横置变速箱有 2 个齿轮箱（高速和低速），依靠两侧的伞齿轮接合。低速齿轮箱用于越野，有 3 个前进档（一、二、三档）和 1 个倒档。高速齿轮箱用于公路行驶（此时，低速齿轮箱处于额定驱动情况），有第三～六档。变速箱和分动箱中带有潘哈德球形差速器，以防齿轮打滑。变速箱之后是 2 个分动箱，动力经过分动箱后的齿轮传至后轮，再经驱动轴传到前轮。各轴均为独立悬挂，轮胎不再是实心但具有泄气保用性能，充有膨胀的聚氨酯，即使燃烧弹击中也不会起火。当然，与 1940 年的 AM40P 相比，1946 年的 EBR 在火力上被大大强化了。车体中央安装有一个装 D921 F1 90mm 线膛炮的 FL-11 型炮塔，火炮带 35° 楔形炮闩、液气后座系统、热护套及炮口制退器，炮塔顶前部还安装有抽气风扇，主炮左侧有 1 挺 7.62mm 并列机枪，炮塔两侧各有向后电动发射的烟幕弹发射器。火炮左侧并列安装 1 具 PH9A 探照灯，炮塔前部还有 1 具探照灯由车长控制。车长在左侧，有 1 个潜望镜，炮长在右侧，有 1 个望远镜和 3 个潜望镜。从 1950 年开始，共生产了 1174 辆 EBR 侦察车和 28 辆 EBR-ETT 装甲人员输送车，直到 1979 年才开始为更新型的 AMX-10RC 装甲侦察车所取代。这一切足以说明潘哈德 AM40P 在设计上的非凡成就。

潘哈德 AM40P 在战后得到了继续发展，最终以潘哈德 EBR 的面目修成正果

3.7 结语

法国既是一个盛产哲学家和思想家的国家，也是一个盛产工程师的国家，同时法国还是一个有着高度民族自豪感的国家，他们对自己的文化、语言、思想、葡萄酒等都有着强烈的迷恋。但就其整体国民性格而言，常常是过于务虚而不甚务实，想得太多，做得太少。更可惜的是，在二战中，号称欧陆第一陆军的法国人将他们在文化上的自恋带到了阵地上，这导致在闪电战之前法军统帅的轻敌和缺乏准备。他们战前花费了太多的时间在相互扯皮，争辩，甚至以不切实际的幻想来逃避战争——有如此众多的先进技术原型车迟迟没能转化为量产型号，恐怕就是对此最好的写照。但不管怎么样，这些原型车的存在至少向我们清晰地指明了这样一个事实——在 1940 年，法国拥有当时世界上一流水准的装甲技术储备。当然，有和正确使用是两个概念，况且武器本身并不能说明一切，法国战役的结果也证明了这一点。

英国博文顿坦克博物馆馆藏的索玛 S35 中型坦克

不过，同样应当看到，这些没有投产的试验型号，作为一种宝贵的技术储备资源，在战后法国军事工业的迅速复兴乃至大国地位的重新确立过程中起到了无可替代的关键作用。要知道，在法兰西的民族传统中一向贯穿着强烈的国家主义、民族主义和现实主义风格，尽最大的努力维护法国的大国地位并实现法国的“天定命运”。所以自诺曼底登陆后，戴高乐在国防方面就开始奉行“在国防领域内保持法国的独立自主”的指导思想。然而，当 1945 年战争结束时，法国的社会经济和工业基础却陷入了严重的混乱和衰退之中。由于德国的占领和维希政府的统治，再加上大战后期多次军事行动在法国本土进行，法国经济受到了严重破坏。尚未结束的战争使法国经济遭受的损失高达 47930 亿旧法郎。全国有 100 多万公顷的耕地因战火而荒芜，有 1/5 的房屋被毁坏，牲畜减少了一半，电报、电话及无线电台均不能运转，铁路几乎瘫痪，全国 12000 台铁路机车仅剩下 2800 台，3000 多座桥梁被摧毁，300 多万辆汽车只有 30 万辆可勉强使用。最重要的是大批工厂被摧毁，战前的军工企业，虽然在被占期间因为德军的订单维持了生产，但也因此成为无数次盟军空袭的目标，再加上德军撤退前又进行了一定的破坏，使这些工厂被收复时大多已是残破不堪。戴高乐为此感叹说：“光明大道已经打开，但法兰西却成了一个破烂摊子”（由于国力衰弱，法国一度被排斥于安排战后世界命运的雅尔塔体系支配核心之外，对战后世界大势的规划无权置喙）。显然，要以这样的一种国家状况马上恢复一流军事装备的研制和生产，仅仅凭借勇气和魄力是远远不够的。于是在这一过程中，以 AM40P 为代表的战前技术储备的价值便马上凸显了——虽然这些方案能够利用的都是相对过时的技术，难以掩盖在被占领的 4 年时间里造成的时间断档和技术落差，但它们却使法国的军事科研保持了一种难得的连续性（法国工程师们再一次站到绘图板面前时，多少感到还有些底气），并因此能够在战后的短时间内迅速转化成为生产线上的实物。更何况，通过对这类项目的回顾和技术吸收，法国将收获一批极为宝贵的工程师队伍，而这个收获或许要比这些技术储备本身更“重要”（戴高乐深知，如果现在不着手进行这项工作，不去雇佣这些人，那么流失的将不仅仅是大批的工程师，往日法兰西的大国荣耀更有可能真的一去不复返）。

第 4 章

画猫成豹——德国对苏联 T-34/76 坦克的仿制

艺术家笔下的 T-34/76(r)

但凡对装甲武器发展史稍有了解，那么 T-34 与 PzKpfw V 便是两个耳熟能详的名字。所以笔者撰写本章的目的，并不是要将“如此冷饭”再冷炒或是热炒一番，而是另有立意：德国人如何从最初的“T-34 恐慌”中恢复过来，如何与 T-34 从“相对到相知”，最后又如何干脆发展出一款德国版 T-34——PzKpfw V？相信如果能弄清这中间的来龙去脉，将会是极有意义的一件事情。

4.1 背景

T-34 是苏联红军打赢伟大卫国战争的本钱之一，也给敌人以巨大启发

有人说，德国军队在东线的战争似乎就是一个个分散在漫长战线上的德国士兵和铺天盖地、咆哮而来的大群 T-34 坦克间的战斗，此话不无道理。不过有意思的是，后人每每提及 T-34，“倾斜式装甲、长身管高初速火炮、强劲的动力与宽幅履带……”，这几点特征便陡然现于脑海，殊不知，同样的评价也可以用于“黑豹”。毋庸置疑的是，T-34 这种苏联乃至全世界最成功的坦克，却在对手的 PzKpfw V 身上留下了难以磨灭的印记，这一点无论是从后者的出现时间还是设计风格中都得到了大量的佐证。那么为了对 PzKpfw V“黑豹”坦克的身世进行追根溯源，显然有必要先从德国军队与 T-34 的一段不解之缘说起，以此方能解开最终 PzKpfw V“黑豹”为何如此设计的谜团。

当 1940 年 6 月 T-34/76 从生产线上大批开出时，苏联红军得到了世界上最好的坦克

大名鼎鼎的 T-34/76 基于战前 T-32 中型坦克原型车的基本设计稍做修改而来，而 T-32 则是更早的 A-20、A-30 两款轮履两用坦克原型车的纯履带版衍生型（放弃轮履两用式行走装置的原因有两点：其一是简化坦克设计，便于战时的大规模制造；其二则是可将行走系统节省出来的重量用于加强装甲防护）。无疑，克里斯蒂独立式垂直弹簧悬挂系统、B-2（БД-2）柴油机与 41.5 倍径的 76.2mm F-34 加农炮是 T-34/76 获得成功的三个最重要因素，再加上宽幅履带与倾斜式装甲的运用，使苏联人在“不经意”间就达到了装甲战车发展史上的一个巅峰——人类此前从未造出能在火力、机动、防护上取得如此平衡的装甲车辆。重要的是，这一切早在 1940 年就已经成为现实。T-34/76 的小规模试生产是在 1940 年初开始的，但由于 1940 年夏季，法西斯德国军队向法国军队和驻法英军发起猛烈攻击，法国崩溃，德国军队的强大攻势使苏联领导人非常担忧，所以苏联立即改变了坦克生产计划，把最初生产 200 辆 T-34 坦克的计划增加到 600 辆，其中 500 辆在哈尔科夫共产国际机车厂生产，100 辆在斯大林格勒拖拉机工厂生产——T-34 的全面生产开始了。

当 1940 年 6 月 T-34/76 从生产线上大批开出时，苏联红军得到了世界上最好的坦克：划时代的机动性和打击力、良好的装甲防护、低矮的侧影、高可靠性及低廉的生产成本使它全面超越了世界上的任何一个同类，甚至此前令整个欧洲颤抖的德国战车都在其面前相形见绌。虽然在东线最初阶段的战斗中这种红色战车的数量不多，使用也不得章法（犯了很多原则性错误，如没有摩托化的步兵、炮兵的密切配合，在没有空中掩护的情况下贸然使用大规模坦克集群进行反击），但首次遭遇 T-34/76 的德军仍慑于其强悍的战斗力而不知所措：

“非常令人担忧！”——海因茨 · 古德理安上将（德第二装甲军司令官）

“我们没有能与之对应的……”——F•W• 默尔勒辛少将

“世界上最完美的坦克……”冯 · 克莱斯特元帅（德第一装甲集团军司令官）

能获得众多德军装甲部队将领的一致认同，这件事本身就说明了 T-34 的成功。另一方面，在东线进行的残酷鏖战也使大量的装备互落敌手成了一件无法避免的事情，就数量与质量而言，T-34 算是首当其冲的。事实上，在历史中还从来没有哪一种坦克像 T-34 那样拥有被敌人——德国国防军和武装党卫军——大量使用的记录。在 1941 年～ 1945 年的东线战场上，德军缴获了数百辆各种型号的 T-34 坦克，其中数量最多的是在 1941 年～ 1943 年早期德军攻势中缴获的 T-34/76（战争后期还有数量相当稀少的 T-34/85），并且在修复后其中的大部分被德军纳入了自己的装备序列。由于数量过多，T-34 在德军中甚至被分配了制式编号：Panzerkampfwagen T-34 747(r)。这样一个戏剧性的史实使人们看到，德国人对 T-34 的感情是“恨之深，爱之切”。

早在“巴巴罗萨”作战刚开始的 1941 年夏季，德国第 1、8、11 装甲师就首先使用了 T-34/76

4.2　落入敌手的红色精骑

早在“巴巴罗萨”作战刚开始的1941年夏季，德军第1、8、11装甲师就首先开始使用T-34/76，此后德军各单位纷纷效仿。前线德军部队做出这种选择并不是没有缘由的：虽然此前在西线，难对付的敌装甲车辆并不是没有遇见过，但它们不是太慢（如法国夏尔B1/B1 bis重型坦克或英国“马蒂尔达”步兵坦克），就是装甲太薄（如十字军战士巡洋坦克），而且火力普遍不强（英制52倍口径两磅炮是这些坦克的反装甲能力上限）。总之只要战术得当，以德军现有的主力装备PzKpfw III F/G/H（装备短身管50mm或者37mm火炮）与PzKpfw IV E/F（装备短身管75mm火炮，但至苏德战争开始时，Ⅳ号坦克装备数量不过数百）完全能够应付。但这一次在东线事情却完全不同了，德军装甲兵对T-34/76基本上无计可施，PzKpfw III与PzKpfw IV的坦克炮通常只有在500m距离内凑巧击毁其行动装置才能让这个“横冲直撞的伊万”停下来，而T-34/76的F-34 76.2mm 41.5倍径加农炮却能从1000m外轻松地在PzKpfw III/IV身上的任何位置开洞……在吃够了T-34/76这个能打、抗打又能跑的俄国装甲怪物的苦头后，横扫欧洲的德装甲兵对自己的装备第一次产生了完全的自卑感。

有人说，德国军队在东线的战争，似乎就是一个个分散在漫长战线上的德国士兵和铺天盖地、咆哮而来的大群T-34坦克间的战斗

但同时另一方面，虽然装备质量不尽如人意，不过战略战术上的巨大优势却使德军在初期的苏德战场接连获胜，大批T-34/76以这样或那样的方式落入了德军手中——主要是在“巴巴罗萨”作战以来的一连串大规模合围战中，训练不足且缺乏无线电设备联络的苏军坦克车组往往在耗光油料弹药后选择弃车，而德军的战线却总是向前推进的，所以大批战损或本身完好但遭遗弃的苏军坦克自然也就成了德军的战利品（如在占领哈尔科夫时，德军一次就在市内的修理场内缴获T-34/76 22辆）。因而在现实面前，面对大批这种在各方面都要远强于自己现有装

备的战利品，德军东线装甲部队官兵岂有不动心之理？事实上，对于苏联人的 T-34/76，没有人比德军一线装甲部队更清楚它们的价值了，这一点甚至还要超过其原主人苏联红军（RKKA）。总之，自从 1941 年 6 月 22 日第一次遭遇 T-34 后，这种俄国坦克就对德军坦克手留下了极深的印象，所以，德国人将 T-34/76 纳入麾下是顺理成章的事情——许多乘员对 T-34/76(r) 的期盼甚至超过了当时德国最新的四号坦克 F 型。不过，最初德军指挥部对前线部队的这种做法却不置可否，这一方面是高傲的日耳曼自尊心在作怪，另一方面则是基于实战考虑——实战中大部分炮手是依据目标的侧影轮廓而不是识别标志开火射击的，虽然为了避免被自己人误伤，使用 T-34 的德国车组往往在最醒目的位置（如炮塔顶部）喷涂铁十字识别标志，以向自己人特别是德军空军标志身份。不过，由于装备缴获的 T-34/76 确实能大幅提升部队战斗力，所以官方的基本态度是睁一只眼闭一只眼，“既不鼓励，也不禁止”。

德国国防军第 10 装甲师第 7 装甲团装备的 T-34/76(r)（坦克本身被重新涂成德装甲部队标准的德国灰，并在炮塔舱盖及车体标有明显的国籍识别标志）

德国国防军第23装甲师装备的T-34/76(r)

虽然德军将缴获的T-34/76纳入麾下服役的事情大都是没有官方记录的，但即便如此，在不多的战史资料记载中，我们还是会发现T-34(r)在德军中的数量已然不少。如1941年10月15日，国防军第1装甲师第1装甲团有6辆T-34/76（1940或1941年型）在役；国防军第2装甲师有12辆T-34/76（1940或1941年型）在役；国防军第9装甲师第33装甲团有4辆T-34/76（1940或1941年型）在役；国防军第10装甲师第7装甲团有15辆T-34/76（1940或1941年型）在役；国防军第11装甲师有6辆T-34/76（1940或1941年型）在役；国防军第20装甲师第21装甲团有3辆T-34/76（1940或1941年型）在役；国防军第23装甲师有1辆T-34/76（1940或1941年型）在役。在1942年，德军甚至计划将装备T-34(r)与KV-2(r)各一辆的第66特别装甲连用于攻占马耳他的作战行动。

而到了1943年7月库尔斯克战役前夕，根据德军后勤部门的库存记录，德南方集团军群与中央集团军群的仓库中分别保有28辆与22辆状态完好的T-34(r)。1943年7月10日～14日，中央集团军群第6装甲师使用2辆T-34(r)成功击毁了11辆T-70。1943年9月，由苏军叛徒组成的伪“俄罗斯解放军（RONA）”还在红军叛将梅谢斯拉夫·卡敏斯基（Mieczyslaw Kaminski）的指挥下使用24辆T-34/76(r)疯狂扫荡白俄罗斯地区的红军游击队。此外在1943年夏天，有少数T-34(r)被德军作为“礼物”送给了在东线作战的意大利俄罗斯远征军（CSIR），另有3辆T-34(r)在1944年夏被德国人卖给了芬兰人（芬兰靠缴获的各型苏军坦克，几乎装备了一支完整的小规模装甲部队）。另一点需要说明的是，德军相当部分的T-34/76战利品被装备到了普通的步兵团而不是装甲部队以作为火力支援武器使用，这就使其遭到误击的可能性被大大降低了，也有效弥补了StuG III号突击炮的数量不足，如第18装甲掷弹兵师及第98步兵师就在编制外装备了部分T-34(r)（由于除装甲部队外的德军单位对缴获的T-34/76往往采取临时利用的态度，所以绝大部分没有记录在案）；而在1944年12月，第2 SS“帝国（Das Reich）”装甲掷弹兵师也向第100雪地轻步兵师移交了一批T-34/76(r)。

改装 PzKpfw IV 坦克指挥塔的 T-34/76(r)

随着战争的继续，官方也只得逐渐接受了越来越多 T-34/76 为前线部队所用的事实。从 1941 年末开始，德军对俘获的 T-34/76 的一般处理流程是，先根据车况评估是否有再利用价值，然后将符合标准的苏联坦克送往位于里加的修理厂进行检修及必要的改装。而从 1943 年起，梅赛德斯·奔驰（Mercedes-Benz）公司位于柏林玛瑞恩菲尔德区的工厂，以及格尔利茨的乌玛格工厂也开始承接修理和改装 T-34 的任务。事实上，所谓对俘获 T-34 的改装就是将其按德军标准进行制式化，如安装车长指挥塔（其来源通常是战损的 PzKpfw III/IV），添加此前没有的无线电台（苏军只在连长车内安装无线电设备，所以大多数车辆间是使用旗语进行联络的）、储物箱、装甲围裙、探照灯等，如此完成改装的 T-34 方能被称为 T-34(r)（全称是“Panzerkampfwagen T-34 747(r)”）。当然，无论是哪个国家，前线部队官兵的创造力向来是无穷的，德军一线部队也是如此，对于分配到手的 T-34(r)，德军士兵从来不会有什么“意识形态”上的偏见，也不会吝惜想法与力气，因为无论这车是血统纯正的本国货也好，缴获的外国货也罢，战车就是战车，自己的身家性命可全靠它了，所以由车组即兴发挥的改进在重返前线的很多 T-34(r) 上不胜枚举。

令人深感意外的是，就连一贯被认为是德国武装力量“精锐中的精锐”的武装党卫军（SS）部队也欣然接受了缴获的 T-34。如第 2 SS“帝国”装甲掷弹兵师、第 3 SS“骷髅（Totenkopf）”装甲师均装备了大量的 T-34/76。其中第 2 SS“帝国”装甲掷弹兵师获得一批 T-34/76 的过程颇为戏剧化：那是在 1943 年 2 月 22 日的隆冬时节，“帝国”师作为第 4 装甲集团军的先锋重新冲进了此前于 2 月 16 日刚刚被苏军夺回的哈尔科夫，由于苏军刚收复该市几天，根本没料到德军的侵犯如此凶猛迅速，结果大批在“小土星”战役中受损的 T-34/76 来不及转移就落入了“帝国”师手中。而除了在市内苏军车辆修理厂内发现的 22 辆外，“帝国”在这个 T-34 的诞生地总共掠获了约 50 辆以上稍加修理便能使用的 T-34/76。这批堪称意外之财的坦克很快就在市内的拖拉机厂内得到了修复并悉数投入战斗，其中 25 辆甚至被统一组编成第 2 SS“帝国”装甲掷弹兵师第 2 装甲团的第 2 营（此前的战斗中该营的所有装备已经打光了）。

在 1943 年 7 月 4 日库尔斯克战役开始前，第 2 SS“帝国”装甲掷弹兵师拥有 18 辆状态良好的 T-34(r)，另有 9 辆处于修理状态；第 3 SS“骷髅”装甲师也有数量不明的 T-34(r) 投入了次日的进攻，如第 3 SS“骷髅”装甲师的著名坦克王牌，拥有 69 个坦克击毁战绩的 SS 高级小队指挥官伊米尔·希鲍尔德（Emil Seibold）就曾在库尔斯克战役进行中的1943年7月～8月间短暂使用过一辆T-34(r)（1945年5月6日，伊米尔·希鲍尔德被授予骑士勋章）。不过至1943年8月17日作为库尔斯克会战尾声的别尔哥罗德—哈尔科夫战役结束时，第2 SS“帝国”装甲掷弹兵师与第3 SS“骷髅”装甲师的全部T-34(r)已经消耗殆尽。需要提及的是，除了上述两个SS装甲师外，还有分属在其他德军单位的22辆T-34(r)参与了在库尔斯克的作战行动。甚至在1943年11月，大名鼎鼎的502重装甲营也将两辆缴获的T-34/76“据为己有”，作为虎式坦克的侦察车使用。

第3 SS“骷髅”装甲师装备的T-34(r)（时间：1942年9月）

国防军大德意志装甲师装备的T-34(r)（这辆车从细节上看属于T-34/76 1943型，但加装了PzKpfw IV的指挥塔）

值得注意的是，德军将缴获的 T-34 投入使用并非权宜之计。事实上，只要条件允许，大多数 T-34 747(r) 一直服役到了战争结束，德军甚至为 T-34(r) 专门编写了使用手册。而与通常的认识差异颇大的是，在德军中服役的 T-34(r) 备件来源从来就不是个棘手的问题，这主要是由于战场上落入德军战线一侧数以千计的苏联坦克残骸，从这些残骸中获得的零件有效地支持了 T-34(r) 的运转。直到 1944 年末，退役和战场损坏的 T-34(r) 坦克零件仍然被拆下作为 T-34(r)、SU-85(r)、SU-100(r) 和 SU-122(r) 的备用零件使用，车体则作为实验和打靶的目标（截止到 1944 年 12 月 30 日，东线德军共装备完好的 T-34(r)29 辆）。事实上，从 1941 年末到 1945 年战争结束止，包括 SU-85(r)、SU-100(r) 和 SU-122(r) 等变形车在内，德军中的 T-34(r) 总量一直保持在 300 辆左右，足足可整编成一个装甲师。即便到了风雨飘摇的 1945 年 3 月，德军中还有超过 300 辆 T-34(r) 在斯洛伐克与东普鲁士与苏军作战，这些 T-34(r) 主要属于第 23 装甲师，这是一个自 1941 起就装备 T-34/76 的老部队。甚至此时穷途末路的大德意志装甲师（Grossdeutschland）也接收了部分 T-34(r)。

1944 年 6 月于东线作战的 Flakpanzer T-34(r) 自行高炮

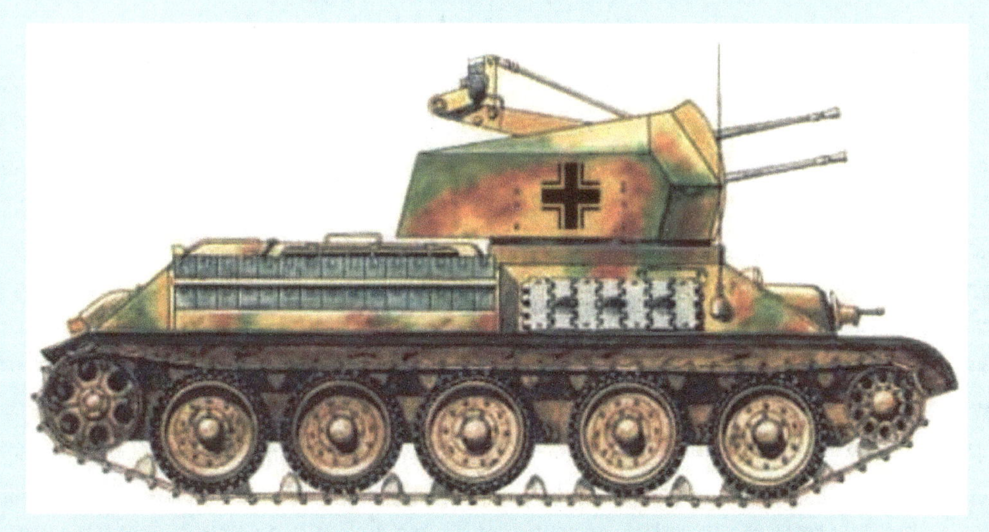

Flakpanzer T-34(r) 自行高炮侧视图

事实上，德军对缴获 T-34/76 的利用范围远比人们想象中宽广，甚至残骸也不放过，可谓物尽其用。很多战损严重但底盘部分仍可使用的 T-34/76 被广泛用作炮兵牵引车或装甲弹药运输车（即 Munitionspanzer T-34(r)），最著名的一种 T-34(r) 变形车则是装备一门 20mm Flakvierling 38 4 管射炮（由 4 门 L/115 20mm 高射炮并联而成）的 Fahrgestell T-34(r) 自行高炮（防空坦克），它是由第 653 重坦克歼击营的前线修理厂就地将 Flakvierling 38 与 T-34/76 的底盘组合后制成的，该车的特色在于以几块战损半履带车上的装甲钢板焊接成了一个顶部敞开式简易炮塔，弹药也被储存在车体后部装具架的钢盒内，至于底盘的其余部分则保持不变。其实 Fahrgestell T-34(r) 并不是德军利用 T-34 底盘改装的唯一自行高炮，很多类似的装备常常在德军野战机场中能够看到，不过由于它们都是临时拼凑出来的产物，所以这些自行高炮的具体数量无从统计。事实上，后来所有以 T-34 底盘改装的小口径自行高炮都被统称为 Fahrgestell T-34(r)，虽然只有第 653 重坦克歼击营改装的那批能算是“正宗”。另一些行动部分被击毁但上半部车体大致完好的 T-34/76 被作为装甲碉堡或是取其炮塔装于装甲列车（Panzerzug）、铁路护卫列车（Streckenschutzug），及装甲车头（Panzertriebwagen）之上（如著名的德军装甲列车“迈克尔”号）。还有资料称，1945 年退守萨克森（一说是东普鲁士）的德军部队还将“战场多面手”88mm Flak 36 高射炮搬上了一辆 T-34 底盘，制成了一辆奇特的坦克歼击车，直至在最后的战斗中被摧毁。

T-34(r)/ Flak 36 坦克歼击车

1943 年 12 月 15 日，苏联更新型的 T-34/85 被批准投入大批量生产，这种拥有 3 人大型炮塔及一门 54.6 倍径 85mm 加农炮（起初是 M1943，即 д-5T 式，但很快就换成了 M1944，即 З и с -C-53 式）的型号与此前的各型 T-34/76 相比，在火力性能得到大幅提高的同时装甲防护与机动性仍然保持了原有的水准，这款如此优秀的车型当年只生产了 283 辆，到 1944 年产量则猛增至 11000 辆。虽然客观地说 T-34/85 的战斗力不及 PzKpfw V，不过由于 PzKpfw V 的生产数量从来就是不敷使用，所以 1944 年绝大部分德军装甲部队装备仍以 PzKpfw IV 为主力，这就使情况与 1941 年时有些类似了——即便是经过改进的各种长身管型 PzKpfw IV（H/G），要想对付 T-34/85 也是力不从心。因而很自然地，就像手中的大量 T-34/76 一样，德军坦克手们同样希望得到 T-34/85。

不过 1944 年的战场形势已是时过境迁，处于全面战略守势的德军此时已经不可能再像 1941 年～ 1943 年那样大批地缴获苏军装备了。在被德国缴获的战利品中，T-34/76 而不是 T-34/85 占了绝大比例是与两个原因分不开的。首先，绝大多数 T-34 被缴获的情况发生在 1941 年～ 1943 年，这个时期德军在东线总体上处于攻势，苏军在后撤中往往来不及对战损车辆进行回收；其次，1940 年～ 1944 年的 5 年中，各型 T-34/76 的生产数量（因生产地域及时间不同，T-34/76 形成了 6 种没有本质变化的主要型号：A(model 1940)，B (model 1941)，C (model

1942)，D(model 1943)，E(model 1943)，F(model 1943)）居然达到了 35119 这样一个令人恐怖的数字。这个数字一方面说明了苏联红军对其的依仗程度，另一方面也为上述事实做了铺垫——如此庞大的装备规模自然也使 T-34/76 被缴获的数量随之增大，而 T-34/85 的生产却是从 1943 年末才开始的，此时苏德双方的攻守形势已然发生了逆转，自然也使 T-34/85 落入敌手的机会无多（1940 年 9 月至 1945 年 6 月，苏联总共生产了 53000 辆 T-34 坦克和 5000 辆以 T-34 坦克作为底盘的中型自行火炮）。

德军对缴获的 T-34/76 利用范围远比人们想象中宽广

当然，凡事也有例外：1944 年 6 月，第 5 SS“维京（Wiking）”装甲师在华沙附近的维斯瓦河前线缴获了 5 辆 T-34/85，在喷涂德国标志后随即便投入了战斗；第 252 步兵师则在东普鲁士也俘获了 5 辆 T-34/85 并同样纳入麾下。另外，有资料称第 7 装甲师也使用了至少 1 辆被缴获的 T-34/85。但总的来说，与 T-34/76 不同，落入德军手中的 T-34/85 数量极为有限，而且在大多数情况下，T-34/85 一经缴获就要上交，用于后方陆军武器局装甲兵器研发部门的各种测试。

令人啼笑皆非的是，直到 PzKpfw V 也就是真正的 T-34/76 终结者出现前（虽然全面优于各种苏制坦克的 PzKpfw VI，也就是“虎”早在 1942 年 6 月就出现了，不过那是重达 56t 的重型坦克，与 30t 左右的 T-34/76 显然并不对等），事实上 T-34(r) 都是德军装甲部队装备序列中综合性能最优秀的中型坦克——尽管从遭遇 T-34/76 的那一刻起 PzKpfw IV 的各种改进型（从 F1 开始到 H/J 等）就一直在急起直追，但先天设计上的不足使二者间在整体性能上的差距终究是无法消除的，这也就为德国人日后“由恨到爱”——仿造 T-34/76（T-34(r)）的故事埋下了伏笔。

4.3 VK3002(DB)——德国版 T-34/76 的仿制

作为苏德双方公认最优秀的中型坦克，T-34/76 的优点是显而易见的（以 1941 年型为准）。如果说其 41.5 倍径 F-34 76.2mm 坦克炮的威力还在德军心理承受范围之内的话（发射 3.05kg 重的 BR-354P 次口径穿甲弹时炮口初速达 950m/s），那么该车的动力传动 / 行动部分及车体装甲板的设计绝对是划时代的，且充满了原创性。

作为苏德双方公认最优秀的中型坦克，T-34/76 的优点是显而易见的

首先，单凭 T-34/76 上的 B2-34 柴油引擎，T-34/76 便拔了头筹。B2 柴油机是至今所有苏式坦克柴油发动机的始祖，也是世界第一款坦克专用柴油机（波兰的 7TP 轻型坦克与日本的 89 乙式中型坦克是用汽车柴油机凑合的，不算数）。它属于 4 冲程 12 缸设计（V60°），净重 874kg，在转速 1800r/min 时功率达 500 马力，燃油消耗率低于 252g/(kW•h)，而且除扭矩大、输出功率强、工作故障率低外，最重要的是它与德式坦克上普遍装备的汽油机相比，在战场上的最大优点是柴油机中弹后不易着火，这就极大提升了 T-34/76 的生存率。

其次，采用独立式垂直布置的螺旋弹簧悬挂装置是 T-34/76 设计中的另一得分点。该悬挂装置最初由美国人克里斯蒂发明，具有结构简单、行程大、可靠性高的优点（缺点是占用了车内空间），后由苏联购买其专利，大量用于 BT 系列快速坦克，所以当 T-34/76 继续延用克里斯蒂悬挂系统时，其技术已十分成熟。至于 T-34/76 行动部分的设计则充分体现了简约、实用的风格——车体每侧有 5 个双轮缘挂胶负重轮、1 个前置诱导轮和 1 个后置主动轮。诱导轮曲臂上装有蜗杆式履带张紧度调整器，特别考虑到为适应本土恶劣自然环境，设计者莫洛佐夫上对 500mm 左右宽幅履带的大胆运用更是有效地降低了接地压强，提高了可通过性（每条履带由 36 块有导向齿的履带板和 36 块无导向齿的履带板以及 72 根履带销组成，两种履带板交替安装，用履带销连接。不带导向齿的履带板上有孔，可安装防滑齿，使坦克能在冰雪上行驶）。

T-34/76 的技术优势主要就体现在机动性及与之相称的防护性上

再次，T-34/76 的传动装置是按照 35t 车重设计的，其主要由主离合器、变速箱、转向离合器及制动器和侧减速器等部件组成。主离合器位于发动机和变速箱之间，由主动部分、被动部分和分离机构组成，主被动部分都有 11 片摩擦片。变速箱为机械固定轴式，由主动轴、中间轴、主轴以及齿轮系组成，可提供 4 或 5 个前进档和 1 个倒档。有两套结构完全相同的转向离合器及制动器分别安装在变速箱与两个侧减速器之间，用以结合、分离和制动两侧履带，为履带传递动力，实现坦克转向、减速和停车。侧减速器为一级固定轴式减速齿轮对，位于车体尾部两侧的转向离合器与两侧主动轮之间。主离合器的结合与分离、变速箱排档的更换以及转向机构的分离与结合，均由驾驶员通过机械拉杆操纵。而 T-34/76 自身车重在 26t 左右，这就使其与 B2 柴油发动机及行动部分的配合相当游刃有余。

最后，在 T-34/76 获得成功的诸多因素中最重要的（也是决定性的）一点却是采用了车体倾斜装甲技术这种“雕虫小技”。早在 1914 年前的海军造舰竞赛中，列强（特别是作为竞赛主角的英、德）就注意到了倾斜装甲板具有事半功倍的效果，并将其付诸实践——仅仅付出一定空间的代价便能以同等厚度的装甲获得与倾斜角度成正比（当然是在一定范围内）的额外防护能力。然而令人深感意外的是，人们却再没能在这两个国家此后的任何一辆坦克上发现任何一块倾斜装甲板（这句话有些夸张，但在英、德的量产车型上绝对没有采用倾斜装甲技术却是史实），直至 T-34/76 的出现（车首装甲板厚 45mm, 最大倾角达 42°—T-34/76 1943 型），人们才如梦初醒——原来坦克也是可以这样造的。所以，适当厚度的倾斜装甲作为 T-34/76 上最闪光的设计着眼点之一当之无愧。其实说穿了 T-34/76 的技术优势主要就体现在机动性及与之相称的防护性上。至于向来以出产质优火炮而著称的德国军火工业使德国坦克对 T-34/76 火力优势的赶超并不是想象中那么困难。试想，如果没有倾斜装甲在保证防护优势的前提下将车重降下来，引擎与传动装置的负荷也因此都在能承受的范围之内，T-34/76 的下场只怕比索玛 S-35、马蒂尔达之类的战场“慢跑者”好不了多少。然而对于红军中另一款同样采用倾斜装甲设计的 KV-1 重型坦克（其发动机与火炮基本与 T-34/76 并无二致），却恶评如潮，批评主要集中在其笨拙的机动性及因车体超重带来的传动装置可靠性下降，主要原因在于科什金没有将其前助手莫洛佐夫的“手艺”学到家，对于取舍二字没搞懂——装甲板倾斜设计的立意就是以车内空间换装甲减厚，装甲没必要那么厚。

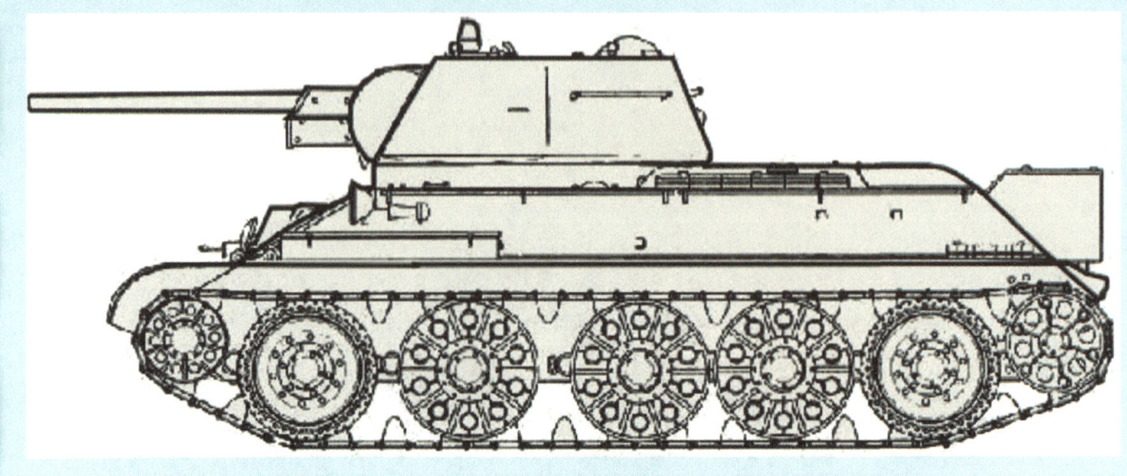

T-34/76 1943 型

戴姆勒·奔驰公司 VK3002(DB) 样车

无疑，1941 年在苏联遭遇的 T-34/76 让德军装甲部队蒙受了巨大的“耻辱”，最终基层官兵过人的战术素养及高层高超的指挥艺术才让德军战战兢兢地度过了 1941 年～ 1942 年中的“T-34 危机”（准确地说是 T-34/76 危机）。虽然期间长身管 PzKpfw IV 的出现让德军装甲部队稍微减少了几分装备劣势，然而痛定思痛，在初步稳住阵脚后德军装甲部队与后方研发部门就开始反思德国在坦克技术装备研发领域是否出现了某些原则性偏颇。事实上，对于解决“T-34 危机”，德军最高统帅部的反应是非常迅速的，早在遭遇 T-34/76 不久的 1941 年 11 月 25 日，希特勒就要求陆军武器局启动新型坦克研制计划，将装甲兵的技术装备优势从苏联人手中夺回来。1941 年 12 月 1 日，MAN（奥格斯堡 - 纽伦堡机器制造公司，Maschinenfabrik Augsburg Nuernberg）与 DB（戴姆勒·奔驰公司，Daimler-Benz）同时接到陆军武器局发来的新一代主力坦克 Spec（需求规格说明书），要求两家各自拿出一个装有 KwK 42 L/70 75mm 加农炮的 30 吨级坦克方案（样车代号 VK3002），以作为对“T-34 危机”的最终回应。

有一句话是这样说的：“战争中，敌人从来就是自己最好的老师”，此话不谬。刻板的德国人很快发现，在自己坦克上所缺失的，恰巧在 T-34/76 身上都能找到。为此，MAN 与 DB 不约而同地放下了架子，同时打起了 T-34/76 的主意，开始仔细剖析哈尔科夫共产国际机车厂副主任设计师莫洛佐夫的这款旷世杰作，而战争初期的众多战利品又恰恰能让德国工程师们得偿所愿，于是武器装备发展史上似曾相识的一幕上演了。

为了缩短时间、节省资金和避免技术风险，DB 决定对新的 30 吨级坦克项目走一条渐变发展的道路，不过这个渐变却颇有些独辟蹊径的味道——干脆直接仿出了一辆 T-34/76。当然，战争中仿制敌方装备的事情并不鲜见，比如日本就曾仿制过自中国战场缴获的 ZB-26 机枪与 Flak 36 88mm 高射炮，但一个工业强国要仿制敌方大型主战装备的事情这还是头一次，DB 可谓敢先吃螃蟹者。其实，DB 如此选择是有其充分理由的。首先，自然是 T-34/76 的自身魅力难以抵挡。DB 的德国工程师们在将几辆缴获的 T-34/76 大卸八块后，虽然苏联坦克那粗糙的制造工艺实难入其法眼，不过其简约有效的设计理念却震撼了他们，要知道在德国人那直线性的头脑中从来也不曾冒出过火力、机动、防护达到如此平衡的方案。狂喜之下，DB 工程师发现如果拿陆军武器局对新 30 吨级坦克的指标要求对号入座的话，单就基本设计而言 T-34/76 已经没有什么好改的了。其次则是前线装甲部队官兵要求仿制 T-34/76 的呼声甚高。东线的德军装甲部队吃够了 T-34/76 的苦头不假，但同时他们也从敌人手里缴获并装备了相当数量的 T-34/76（即德军自己所谓的 T-34(r)），正反两方面的经验使他们比谁都清楚自己手里这辆苏联坦克的价值（据说私下里，古德里安上将就是仿制 T-34/76 的坚决拥护者）。结果，两方面原因一结合，DB 高层就做出了直接仿制的决定。

T-34 这种苏联乃至全世界最成功的坦克，在对手的 PzKpfw V 身上留下了难以磨灭的印记

1942 年 5 月，DB 公司先于对手一步完成了他们的 VK3002 样车（由软铁制造），据说当陆军武器局看到该车时曾有这样一个评价："他们（DB 工程师）大概是在苏联人的图纸上用德国铅笔又描了一遍"。这样的趣闻想必足以说明 VK3002 与其苏联兄弟 T-34/76 之间血缘关系的远近了：车体分为驾驶室、战斗室、动力室三大部分，各个面均为整张轧制钢板（车体首上装甲板 60mm，首下 45mm，两侧 50mm），用特别工序切割、成形并模仿 T-34/76 的车体设计以一定角度焊接在一起（VK3002（DB）样车是第一种采用倾斜装甲板的德国坦克），炮塔置于车体前部——这显然又是一个 T-34/76 的典型特征。简单来说，除车体外形与 T-34/76 相差无几外（设计上的细微差别不外乎就是 VK3002 的车体前装甲板倾角为 45°，而 T-34/76 为 30°；炮塔前装甲倾角为 75°，而 T-34/76 为 65° 等，剩下的就是一些无关紧要的细节，比如

把手、工具箱等），就连传动系统（变速箱、分动箱、最终减速装置）和驱动轮与动力系统都被一同后置——这又是一个克隆 T-34/76 的明显痕迹，发动机室与战斗室间由装甲隔板隔开，迈巴赫 HL 210 P45 型汽油发动机在发动机室内被横置（该引擎属于 12 缸“V”型水冷发动机，排量 21.3L，最大输出功率 650 马力（3000r/min 时）），而不是像 PzKpfw IV 那样，动力与传动装置前后分开，然后再由一根长长的传动轴贯穿整个车体底部，将之交联在一起（这也造成德式坦克车体过高，被弹面积陡然增大）。总之，VK3002（DB）的一切都与此前的德式坦克传统风格迥然不同。

德国人有机会对对手的杰作进行深刻入微的研究

其实 VK3002（DB）样车还是在此前被拒绝的 VK3001 木制模型基础上做了部分“德国化”修正的版本，VK3001（DB）被拒绝的主要原因就是被指责全盘照抄 T-34/76。当然，虽然 VK3002（DB）与 VK3001（DB）都是德国版本的 T-34/76——无论是远观还是近瞧，只要稍具判断力便会发现这是个不争的事实——但它们之间还是有区别的。与 VK3001（DB）和 T-34/76 相比，VK3002（DB）的最大特色在于行走装置明显不同——每侧 4 对负重轮以交错方式排列，采用纵置式扭杆悬挂、无托带轮；VK3001（DB）则完全照搬了 T-34/76 的 5 只单排大直径负重轮（无托带轮）+ 独立弹簧悬挂的设计（在纸面上还有一个采用扭杆悬挂的 VK3001（DB）方案，可以视为向 VK3002（DB）过渡的一种设计，不过该方案并未造出样车或全尺寸模型）。需要说明的是，VK3002（DB）上的这种负重轮交错排列方式是陆军武器局第 6 处（Wa Pruf 6，负责管理战车设计与开发）工程师尼伯坎普（Kniepkampf）的发明（神秘的第二代黑豹——E 系列战车的主要设计者），这种布局除了能均匀分散重量，提高越野能力外，还有利于行驶的平稳性与乘坐的舒适性，从而大大降低了乘员的战斗疲劳，同时也降低了各种机件因震动造成损坏的可能性，并在一定程度上减弱了火炮射击的后坐力，间接提高了火炮的射击精度。也正因为如此，这种布局被广泛应用于大部分德军装甲车辆上，形成了德国独特的“负重轮交错排列情结”。

Pak 41 75mm 膛压炮（KwK L/60 Waffe 0725 型膛压坦克炮在技术上与之同源，不过这种膛压炮可以发射一种仅重 283.5g 的榴弹，虽然没有什么实战意义，但总算是突破了膛压炮在弹种上的限制）

接下来就要说一说 VK3002（DB）的炮塔了。从 PzKpfw I 到 PzKpfw IV，历来德式坦克的炮塔都是多面体形状，每个面都不大，并保持一定倾角，以提高防弹能力，但焊接起来很麻烦。VK3002 车体上的炮塔则与它们明显不同，该炮塔是由莱茵麦塔 - 博尔西希公司（Rheinmetall-Borsig）进行研制的，外形全面模仿 T-34/76，突出简洁的概念，以利于生产。从俯视角度，这个炮塔宛如一个巨大的马蹄，侧面和后面是由 3 块 60mm 厚均质钢装甲板以内倾 10° 的方式焊接而成，正面装甲板则为 100mm 厚，倾角 75°，并开口用于安装火炮防盾（开始时，莱茵麦塔 - 博尔西希公司曾提出铸造式炮塔方案，以提高生产速度，但随即被陆军武器局否决，主要是因为以当时的制造工艺会导致铸钢内出现砂孔，降低装甲的抗弹性）。炮塔内部布局与 PzKpfw IV 坦克类似，加装了 T-34/76 所没有的吊篮，巨大的炮栓和弹壳收集器将炮塔内部空间一分为二，左为车长和炮长，右为装填手，并在装填手上方设有换气扇。另外，得益于此前从 T-34(r) 的改装中所获得的经验，该炮塔一开始就安装了 PzKpfw IV 坦克的指挥塔，该指挥塔带有单扇舱盖及 5 个潜望镜，内侧设有时钟式方位指示仪，与炮塔回旋机构同步转动能够进行独立 360° 旋转，并和炮长方位指示仪间接联动，便于正确判定目标方向和本车主炮指向。

VK3002（DB）与 T-34/76 在整体设计风格上高度类似

当然，该炮塔或者说 VK3002（DB）与 T-34/76 的最大区别还有武器系统——一门 70 倍径 PaK 40 L/60 75mm 加农炮，这也是陆军武器局从 T-34/76 手中夺回坦克技术优势的最大本钱。事实上，陆军武器局起初最为中意的并不是 PaK 40 L/60，而是 KwK L/60 Waffe 0725

型膛压炮，这种火炮具有一些新颖的特点。它的身管由两部分组成，后半部分是一根普通的等口径身管，前半部分是一根滑膛的锥膛身管，射击时，由于等口径炮弹弹带紧贴内膛，因此能可靠地密封火药气体，防止外泄。随着弹丸向前运动，膛径逐渐缩小，弹带不断受到挤压，到弹丸飞离炮口时即变成一个直径为 65mm 前面带有一颗沉重的碳化钨弹芯的金属长棒体，同时膛线的缠度也逐渐增大，这就使得这种火炮的炮口初速与精度均有大幅提高。但这种锥膛火炮只能发射穿甲弹，不能发射榴弹，而且它的身管寿命也只有大约 500 发左右，超过 500 发后，身管即告报废（磨损和烧蚀最严重的是炮口）。至于其弹丸自然还是通常那种周围带着“裙形”弹带的碳化钨弹芯结构，实际上就是口径为 75mm 的普通弹丸，所不同的是在其周围安置了一个用轻合金制作的金属软壳和两条用软质材料制作的环形弹带，以便与锥膛炮的起始膛径相适应。与普通弹丸相比，制造这种弹丸所需要的生产周期要长得多，技术难度也高得多。正是这种弹丸导致了这种火炮的衰亡，因为当时钨材料供应十分短缺，而膛压炮的身管和炮弹都需要大量的钨合金，但德国几乎没有钨矿，战时进口也不易保障，以致在 1942 年 9 月，希特勒明令禁止膛压炮装备坦克。

无奈之下，DB 只好退而求其次，为 VK3002（DB）选择了威力稍逊一筹的 PaK 40 L/60 75mm 加农炮装车。不过从东线的战场形势看，即便是 PaK 40 L/60 75mm 加农炮也足以对 T-34/76 形成绝对的火力优势，而与两年后的 T-34/85 基本旗鼓相当（更何况，长径比达到 70 倍径的 KwK 42 L/70 75mm 甚至 100 倍径的 KwK 44 L/100 75mm 坦克炮也已经定型或在样炮测试阶段了），对此做一个简单的比较可一目了然。

火炮型号	苏联 76.2mm F-34 L/41.5（T-34/76）			德国 75mm PaK 40 L/60（VK3002（DB））			美国 75mm M3 L/37.5（M4A2）	
战斗全重（kg）	1155			750			405.4	
弹药型号 / 弹种	OF-350 HE	BR-350A AP	BR-354P AP（次口径脱壳穿甲弹）	SprGr 39 HE	PzGr 39 AP	PzGr 40 AP（次口径脱壳穿甲弹）	M 48 HE	M72 AP
弹丸重量（kg）	6.23	6.50	3.05	5.72	6.80	4.10	6.67	6.32
炮口初速（m/s）	680	662	950	590	790	1060	464	619
对 90° 垂直均质装甲的穿透能力（mm）								
500m	-	71	100	-	114	143	-	66
1000m	-	51	51	-	85	97	-	60
2000m	-	40	-	-	64	-	-	50

总的来说，VK3002（DB）完完全全就是一辆精致化的德版 T-34/76，其对 T-34/76（乃至后来的 T-34/85）的主要优势多得益于制造上的精密性而非设计。1942 年 5 月 11 日，DB 与 MAN 公司的 VK3002 样车被同时提交陆军武器局进行评估，两辆样车的测试于 14 日全部完成。然而，最后的结果对夺标呼声甚高的 VK3002（DB）来说完全是场灾难，希特勒最终选择了德国风格更为浓郁的 MAN 样车，虽然 T-34/76 在 VK3002（MAN）上留下的印记同样清晰可见。

VK3002（DB）存世的唯一一张照片（该车于1945年在柏林被苏军缴获。虽然身处废品堆积场，不过仍能从其明显靠前的炮塔座圈将这辆T-34/76的德国复制品与其他战争垃圾区分出来，可惜该车最后不知所终）

4.4 VK3002（MAN）获胜的原因

客观来说，VK3002（DB）与VK3002（MAN）在试验场上的表现不相上下，从射击精度到防护性都在伯仲之间。但有一些具体方面VK3002（DB）要略占上风。首先，由于VK3002（DB）的重量（34t）较VK3002（MAN）（35t）足足轻了1t，这使其跑起来更快一些——其变速器档位划分十分精细，共有8个前进档和4个倒档，6档时38.5km/h，7档时45km/h，而在挂前进8档时极速可达58.4km/h，且带有液压助力器的迈巴赫L600C操纵装置设计十分精良，这一切加在一起的综合效果使VK3002（DB）的机动性要小胜VK3002（MAN）（虽然从纸面上看，两者最大速度相差不多，不过衡量一辆坦克的机动性并非只有最大速度一个指标，这个概念更是一个综合评定的结果——如接地压强、爬坡度、过垂直墙高等，而且VK3002（DB）较轻的战斗全重使传动系统负担较少，所以1t的重量差别到了真正的战场上跑起来还是有些不同的）。其次，由于VK3002（DB）的动力/传动装置与主动轮全部后置，这使其不像传动装置/主动轮前置的VK3002（MAN）那样需要借助一根贯穿整个底盘的长传动轴来传递动力，从而降低了VK3002（DB）的整车高度，虽然因为采用双扭杆悬挂装置的原因VK3002（DB）的车高（至指挥塔）仍达2.81m，这一数值要高于T-34/76（1939年型）的2.489m，但低于VK3002（MAN）的3.00m，不要小看这不到0.2m的差距，在实战中还是有用的——较低的车高也就意味着更小侧面投影及被弹率；最后，大概是DB对苏联人的设计理念体会较深吧，全面模仿T-34/76的VK3002（DB）在可生产性上也继承了T-34/76的优良传统（从某种角度讲，这一点可以说是 T-34 系列的最大闪光点，甚至意义还要在其技术性能之上）——制造工时仅 10 万小时，虽然仍比 T-34/76 高出许多（T-34 系列的平均制造工时仅约 2 ～ 3 万工时），但只相当于 VK3002（MAN）的 2/3 不到（15 万工时），这可是一个大数字，足足能让德国多出几千辆仍比 T-34/85 略胜一筹的坦克出来。

这样一来就涉及一个问题，为什么 VK3002（DB）仍然在竞争中惨遭淘汰？原因既复杂又简单，甚至令人哭笑不得。第一，DB 的工程师过于实在。考虑到陆军武器局在规格说明书中要求的战斗全重，30 ～ 35t 的车体根本无法承受 70 倍径 75mm 火炮的射击需求，如果强行装车其结果只能是射击精度大幅下降，因而 DB 就自作主张将 75mm KwK 42 L/70 换成了较为“温合”的 75mm PaK 40 L/60（VK3002（DB）自重 34t），然而，这样一来却冒犯了长官意志，也就是违背了希特勒本人。希特勒向来是大威力火炮的忠实拥护者，在陆军武器局最初制定新一代重型坦克的性能指标时（VK3001 与 VK3002 实际上是属同一个重型坦克计划的两种不同车型，只不过 VK3002 是稍轻些的主力重型坦克，VK3001 则是更重一些的突破重型坦克，二者作战时互相配合，其关系类似于 PzKpfw III 与 IV），希特勒曾经希望在各家公司的 VK3002 样车上能安装 100 倍径的 KwK 44 L/100 75mm 坦克炮。KwK 44 L/100 75mm 坦克炮的威力十分惊人，可在 1000m 距离轻松击穿 150mm 厚的装甲，火力毁伤性能还在 PzKpfw VI（虎）的 KwK 36 88mm 坦克炮之上。虽然后来经多方劝说，希特勒总算放弃了这个不切实际的想法，勉强接受了威力略逊一筹的 KwK 42 L/75（75mm），然而 KwK 42 L/75（75mm）已经是一个下限了，所以 DB 的自作主张理所当然地激怒了希特勒，VK3002（DB）的下场自然不会太妙。相比之下，MAN 就要“鬼”得多，为了满足火力性能，干脆把 VK3002（MAN）的车重以变相的方式自行放宽——虽然该车战斗全重 35t，不过那是将装甲板厚度特意减小后的结果（炮塔正面装甲仅 60mm）。MAN 就精明在这里，尽管明知陆军武器局肯定会因此来找麻烦，不过只要火力上满足了希特勒的要求，即便是后来因增补装甲厚度而使车重大幅攀升也定无大碍（当然，也不能说希特勒对坦克火力的偏执就完全没有道理，事实证明，即便是 T-34/85 出现后，KwK 42 L/75（75mm）还是对 З и с -C-53 保持了相当程度的火力优势，不过代价就是真正的 VK3002（MAN）量产型战斗全重很快便突破了 44t）。第二个原因要从 VK3002（DB）本身来找。DB 的确是将 T-34/76 的里里外外学到家了，单从外形就可以看出两辆车就是从一个模子里出来的，然而问题也就出在这里。真的上了战场，究竟该如何区分“T-34/76”到底是自己的还是敌人的？事实上，前线部队一直就这个问题束手无策，为手里的那几百辆 T-34(r) 头痛不已，直到战争结束也没找到很有效的解决办法。第三，德国人强烈的民族自尊心也是个不容忽视的因素。将一种全面仿自别人的坦克大举装备部队显然与纳粹奉行的“人种优势理论”不符——“优秀的日耳曼军队，怎么可能去接受一种源自劣等人种的技术装备”。因此，VK3002（DB）的存在对纳粹而言不仅是面子问题，更涉及了所谓的“民族尊严”。

然而多说无益，历史终究没能让我们看到分别产自苏德两国的 T-34/76 捉对厮杀的场面，最终的胜利属于 VK3002（MAN），这辆样车不久后便有了自己的军方制式编号——PzKpfw V（Sd. Kfz. 171），也就是今天为人所熟知的“黑豹”。至于“黑豹”的正史，作者不想过多赘述，仍将视角转向其与 T-34/76 的渊源。

PzKpfw V（A）、（D）、（G）三兄弟（由上至下）

其实同样作为“T-34 危机”下的产物，VK3002（MAN）与 VK3002（DB）的设计都与 T-34/76 脱不了干系，不过是血源远近的程度不同罢了。如果去除历史所落在“黑豹”上的层层光环，扒开它的日耳曼外壳，我们就会发现 PzKpfw V 仍是莫洛佐夫设计理念的延续。在 T-34/76 的“三魂六魄”中，至关重要的无非三点：大功率发动机、倾斜式装甲与长身管加农炮——只要抓住了 T-34/76 的这个“神”，其形反倒是次要的。所以 MAN 并没有像 DB 那样对 T-34/76 采取全盘照搬的态度，而是以曲径通幽的方式将来自苏联设计师的设计理念灌注到了一个日耳曼躯壳中——当然这也更容易得到纳粹高层的好感，毕竟孩子还是自家的好。具体体现在设计中，VK3002（MAN）与 VK3002（DB）最大的区别在于其动力 / 传动系统继承了德式坦克的一贯做法，传动装置与引擎前后分开（主动轮前置），以一根贯穿整个底盘的传动轴互相联结。再加上炮塔位置位于车体正中，就使 VK3002（MAN）从外形上与 T-34/76 拉开了一定距离——人们只会觉得 VK3002（MAN）有一种似曾相识之感，但又不能明确指出 VK3002（MAN）与 T-34/76 到底有什么直接瓜葛。总之，高大威猛的 VK3002（MAN）从一开始就在人们心中树立了一种“纯日耳曼血统”的观念。

但另一方面，只要是 VK3002（DB）身上有的零件在 VK3002（MAN）身上就几乎都能找到，从发动机、传动系统到交错式重叠负重轮排列、双扭杆式悬挂系统再到炮塔设计莫不是如此（完全一样）。说 MAN 是德国军火商中最大的滑头也不为过。通俗地讲，如果 DB 是以德国部件按照苏联图纸装配出了 VK3002（DB），那么 MAN 便是在苏联图纸上稍微涂改了几笔再用同样的德国部件将 VK3002（MAN）装配了出来。所以要做一个客观评论的话，VK3002（DB）是输在非技术 / 性能方面。

装备 PzKpfw IV 坦克炮塔的 PzKpfw V（D1）（这种奇怪的“黑豹”是作为 PzKpfw V 坦克初期产量不足的一种应急方案出现的，有意思的是以指挥坦克的名义生产的少量该坦克同样装备给了第 653 重坦克歼击营，该营的装备五花八门，甚至包括奇怪的 Fahrgestell T-34(r)，堪称一个大杂烩）

历史总是惊人地相似，战争初期所有发生在 T-34/76 上的事情现在又开始在 PzKpfw V 身上重演。“黑豹”第一次正式抛头露面正赶上德国处于整体战略攻势阶段的末尾，也就是库尔斯克战役。首批生产出来的 250 辆 PzKpfw V（D）（使用最大功率达 700 马力 的 HL 230 P 30 发动机）大部分装备了一个直属南方集团军群的独立装甲团（包括第 51 及 52 两个装甲营，各装备 96 辆“黑豹”），并被寄予厚望。战斗中，“黑豹”们表现出了一件设计精良但又未经战场磨合的新技术装备所应有的一切：在甲坚炮利让苏军大吃苦头的同时，也因技术磨合度不足而自身损失惨重。事实上相当多的 PzKpfw V（D）是由于发动机自燃或是其他原因（集中在齿轮箱、悬挂系统）非正常地损失了，尽管这些 PzKpfw V（D）已经比最初的预生产型 PzKpfw V（A）（正面装甲只有 60mm 的薄皮坦克）在机械可靠性上完善很多。至于库尔斯克一役之后，虽然以 PzKpfw V（G）系列的出现为代表，“豹子”们变得越来越成熟，然而德国的整体战略态势却在走下坡路，装甲消防队员的角色与不断后撤收缩的战线使大批 PzKpfw V 落入敌手，情况与 1941 年时的 T-34/76 简直如出一辙。

苏联军官参观库尔斯克战役中缴获的 PzKpfw V（D）。库尔斯克战役是德军各种新式装备悉数亮相的“舞台”，但同时也是苏军大量收获它们的风水宝地。从这张照片中，除了 PzKpfw V（D）外，还可以看到一辆 StuG III 突击炮、一辆 PzKpfw IV（H）、一辆 PzKpfw VI 虎、甚至还有一辆令人印象深刻的象式坦克歼击车

有趣的是，苏联人对 PzKpfw V 的威力从来都是敬畏有加的。1943 年库尔斯克战役后苏联人用一辆主动轮被摧毁的豹 D 来测试抗打击能力，某苏军大尉驾驶一辆 T-34/76 在 100m 距离上向其正面射击。首上装甲受弹 30 发，无一贯穿。首下 20 发，仅在被摧毁的主动轮附近（此处装甲变形）造成一发贯穿，而“黑豹”上的 75mm 坦克炮却可以在 1000m 外的安全距离轻易撕裂 T-34/76 的任何一处装甲外壳。在场的苏联人无不震惊。也正因为如此，一旦有 PzKpfw V 被缴获，除一部分被后送用于研究外，只要情况允许，前线的红军部队便会将还有使用价值的“豹子”修复后加入战斗。事实上，苏军指挥员往往会将缴获的 PzKpfw V 作为一种奖励发给最优秀的车组使用，这与德国人当初对待 T-34(r) 的态度是完全一样的。

从 1943 年库尔斯克战役起，就不断有各种型别的 PzKpfw V 整车落入苏军手中，这种情况一直持续到 1945 年德国投降为止，一般认为这批 PzKpfw V 的数量有 600 ～ 700 之多。当然，作为搂草打兔子的战利品，在苏军中服役的 PzKpfw V 的具体数量及使用情况即便是苏军自己也没有准确的说法，有关的官方正式资料更是凤毛麟角。

在使用 PzKpfw V 的红军部队中，肖特尼科夫（Sotnikov）中尉的近卫坦克连是比较典型的一个，他们于 1945 年春天在华沙城下的维斯瓦·奥得河战役中缴获了 3 辆 PzKpfw V（G）（是完好无损的新车，只因缺乏燃料而被德军抛弃），随后肖特尼科夫中尉便带着这 3 辆“黑豹”从华沙一直打到了布拉格。随着 1944 年夏以来部队中使用战利品 PzKpfw V 的情况越来越多，为了维持这些德国坦克的正常运转，苏军不但在集团军一级的后勤保障部门组建了专门的分队用于收集整理战场上所能找到的任何 PzKpfw V 部件，甚至还向部队下发了“黑豹”的俄语版使用手册，并规定了严格的 PzKpfw V 涂装样式，以免误击情况的发生——按照条例，任何一辆准备投入使用的 PzKpfw V，其所属部队都要将其重新涂成苏军装甲车辆标准的深草绿色，并在炮

塔两侧等显著位置绘制大号的白色战术编号及五角星，否则不允许参与作战行动。

然而，苏军武器研发部门却并不推荐将缴获的 PzKpfw V 或 PzKpfw VI 纳入部队装备序列，在其提交苏联最高统帅部的一份报告中指出，这些德国重型坦克（PzKpfw V 的战斗全重约 44t，甚至超过了 IS-2，所以苏军称 PzKpfw V 为重型坦克是有道理的）因重量过大而并不适合欧洲的大部分路况，而且使引擎、传动系统与悬挂装置负担过重，备件与弹药的补充也很成问题，这导致 PzKpfw V、VI 之类的坦克对苏军的使用价值非常有限，但在该报告中却认为相比之下将缴获的 StuG III、PzKpfw IV 等坦克加以适当程度的利用是值得鼓励的，因为这些坦克战斗全重与苏军类似装备相近，而且备件也在以往的缴获中多有储备，这使其使用价值相对较高。

肖特尼科夫中尉的 PzKpfw V（G）

当然，除德国外的 PzKpfw V 使用国并非只有苏联一家，事实上在西线也有一些“黑豹”在战斗中被缴获并为盟军所用。英国、加拿大、法国、美国的部队均有在西欧将缴获的 PzKpfw V 作为战利品投入使用的情况发生。这其中有史料可查的就有：①英国第 6 近卫装甲旅曾在 1944 年 8 月～1945 年 4 月间使用一辆 PzKpfw V（G）达 8 个月之久，这辆坦克是在失败的荷兰阿纳姆地区进攻战役约一个月后，英国第 6 近卫装甲旅第 4 坦克营奉命攻占一个荷兰小村庄时在谷仓中缴获的。从战术编号及标志上看，该车原先属于德第 107 装甲旅（此时的德军装甲旅实际上是由原先的独立装甲营扩编而来）第 2 连，由于该车状况良好，所以很快便在修改涂装后装备给了旅部。后来这辆被命名为“布谷鸟”的盟军“黑豹”在攻击麦由斯（Meuse）城堡的战斗中发挥了重大作用，当时英国步兵及炮兵对城堡的攻击都以失败而告终，英军坦克上的美制 75mm 或是英制 6 磅坦克炮虽然能够击中城堡，然而由于这些火炮威力过小且精度欠佳，并未使城堡内的德军伤筋动骨，这时英国人想起了“布谷鸟”——据当时的英国老兵回忆“我们原先认为 95mm 炮已经不错了，然而‘布谷鸟’上的德国炮却令所有人大吃一惊，在其准确地对城堡的窗口逐一进行点名后，德国人很快便挂出了白衬衣……”②法国地下抵抗组织也在 1944 年 7 月缴获了少量 PzKpfw V，并将这些“黑豹”用于 1944 年 8 月 30 日解放鲁昂的战斗，其中两辆抵抗组织的“黑豹”在鲁昂效外被德军第 102 重装甲营的 PzKpfw VI 虎式坦克击毁，这大概要算是 PzKpfw V 所卷入的最为“有趣”的战斗了；③华沙起义中的波兰抵抗者也使用了 3 辆缴获的 PzKpfw V（G），然而这些坦克最后都被前来镇压的德军“粉碎”了。

需要提及的是，与很多战利品 T-34/76（T-34(r)）的下场一样，在战争后期，德军也将相当多的 PzKpfw V 上部车体或炮塔拆下来作为碉堡使用，当然，这些炮塔的来源多是战损严重的“黑豹”而不是新生产的，充分体现了其废物利用的特色。从这件事情来看，T-34(r) 从头到尾都与 PzKpfw V 有着剪不断理还乱的关系，在作为碉堡的问题上，苏、德两军又算是殊途同归。

英国第6近卫装甲旅的坦克手与他们的“布谷鸟”（有意思的是，从照片上看，盟军对战利品“黑豹”坦克的涂装方案与苏军如出一辙，特别是那个大大的白色五角星）

“黑豹”坦克炮塔碉堡结构示意图

第5章

“皇家防空坦克”的艰难诞生史

装有博福斯 M34 40mm 高炮的“十字军战士”MKI 防空坦克侧视图

两次世界大战之间，在利德尔·哈特、富勒等人的诸多著作中，已经就装甲机械化部队的伴随性野战防空问题，或清晰或模糊地阐述了类似的观点——缺乏有效的伴随性野战防空能力，机械化部队就难以成为战场上独立的主导性力量。然而由于种种曲折复杂的原因，直到 1939 年又一次卷入全面战火，英国陆军仍未在机械化防空火炮领域有实质性建树。战争的考验是残酷的，在付出了不小的代价后，到战事正酣的 1943 年，这种局面才以一种近似于妥协的方式得到了些许改观……那么在这个漫长的过程中，又经历了怎样的曲折呢？

5.1 草率的理论、机械化防空火炮与冷漠的严寒

克劳塞维茨有句话曾在两次世界大战之间被经常引用：“杀戮是一种可怕的图景，这个事实必须使我们更加认真地对待战争，而不是为我们提供一个以人道为名不去厉兵秣马的借口。”

于是，在通常的观点中，人们更加一厢情愿地相信，第一次世界大战后20年间，各国军队似乎都在忙于将战争中出现的技术进步加以消化吸收，以免堑壕战中尸横遍野的可怕图景重演。不过，英国陆军对待野战防空装备的态度却十分消极。当然，两次大战间，在装甲机械化部队的建设中，英国陆军之所以对配套的野战防空装备采取一种令人吃惊的淡漠，背后的原因是复杂而多层面的。

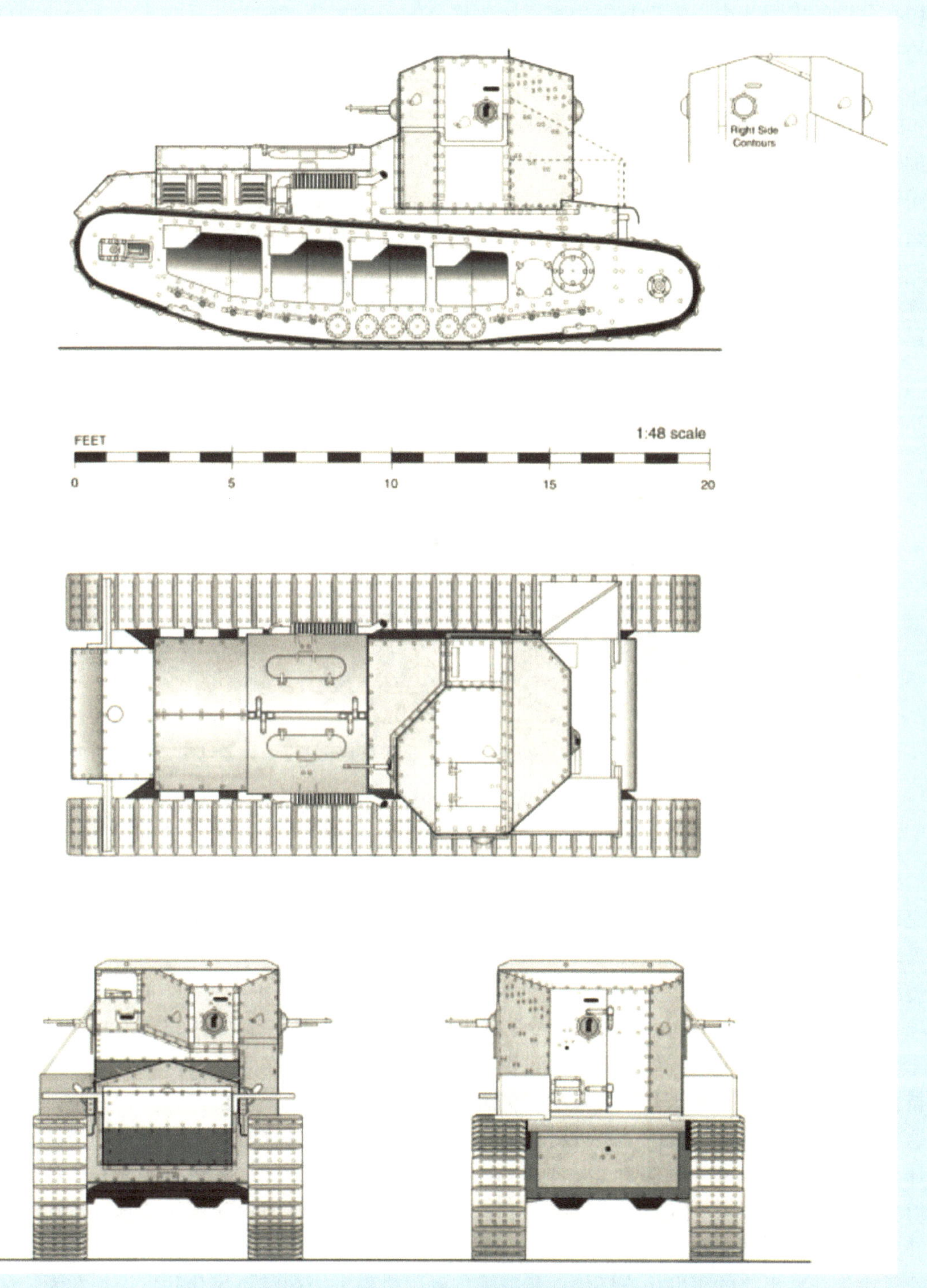

1917年年底出现的英制赛犬中型坦克

一方面，两次大战之间，西方各国关于陆军机械化建设的军事指导思想存在着矛盾心理，英国军方就是一个很典型的代表。尽管英国著名的富勒少将及其信徒利德尔·哈特和法国的J. B. 埃斯蒂安纳少将等热情支持者都明确预言装甲兵和机械化陆军将有巨大作用，但他们的理论却多少有些言过其实。事实上，上述三位军人作风细致，但脾气急躁，在陆军装甲机械化方面所提主张，往往过于轻率而容易引起争议。举例来说，整个20年期间，在各种非正统和有争议的出版物中，富勒都是担当机械化战争的激进提倡者们的头号喉舌（富勒此前已经作为革命性的“1919年计划”的制定者享有显赫名声，该计划设想在近距空中支援下，使用约5000辆重型和中型坦克纵深突进约30公里，那将使得德军指挥体系陷于瘫痪）。他在1919年的一篇获奖论文中断言，坦克能够彻底取代步兵和骑兵，而且各种大炮——既包括榴弹炮、加农炮，也包括迫击炮和防空炮——为了自身的生存也必须发展成某种形式的坦克。他预计，需要五年时间将陆军改编为一个个机械化师，此后再需要五年来克服各种偏见。他如此预言显然是太激进了，而且不可避免地触犯了一些固有机构的利益，树敌不少。结果，这种情况既可能影响了他们的上级，从而低估了装甲机械化陆军的潜在能力，也让相当一部分高层军官感到难以理解，或者说是不愿意理解坦克部队为什么需要一些配套的机械化火炮，特别是感觉起来最为复杂、陌生而昂贵的机械化防空火炮（面对一个不熟悉的新生事物，他们的已有权威将受到严峻挑战，这一点在下面会更为深刻地提及）。

英制维克斯“E”6吨轻型坦克

更何况，在两次大战之间的大部分时间里，英国并未感到有任何明显的、较近期的未来敌人，而严重的财政压力加上厌倦战争的普遍心理状态（因为第一次世界大战中牺牲惨重，厌战情绪遍及四方，形成了强烈的和平主义潮流。尤其在英国和美国，许多人直截了当地主张国际交往应排除与战争的任何关系），促使很多英国人相信，依靠其海空军力量就能够避免卷入未来的欧洲大战，保证其岛国安全，而英国陆军则应该充分伸展于海外，行使其维持帝国治安的传统职能。这一职能的优先地位由《十年准则》的规定提供了保证。《十年准则》是内阁的一项指令，起初在1919年为下一个财政年度发给各军种部，但是后来被当作滚动式的（从而这十年的最后期限永远不会到来），一直保持到1932年为止。该指令说：“为做出最新评估，特设定大英帝国在未来十年不会从事任何大规模战争，无须为此目的组建任何远征军。”而在这个大背景下，耗资巨大的陆军机械化计划自然备受争议——任何为陆军添置昂贵技术装备的计划几乎都会遭到两院的否决。结果，1914年～1918年空前的国家战争的主要经验教训没有得到任何系统的总结和记录，直到1932年为止，英国的年度国防预算和编制不断削减，军事开支和人员数量遭到急剧砍削，大多数军工企业被关闭或转为民品生产——作为一个直接后果，除了少量新型坦克的研发生产还被以最低限度勉强容忍外，包括机械化防空火炮在内，任何坦克配套装备的研发生产都是不切实际的奢望（但问题在于这些装备对一支能够独立作战的机械化陆军来说却是至关重要的）。

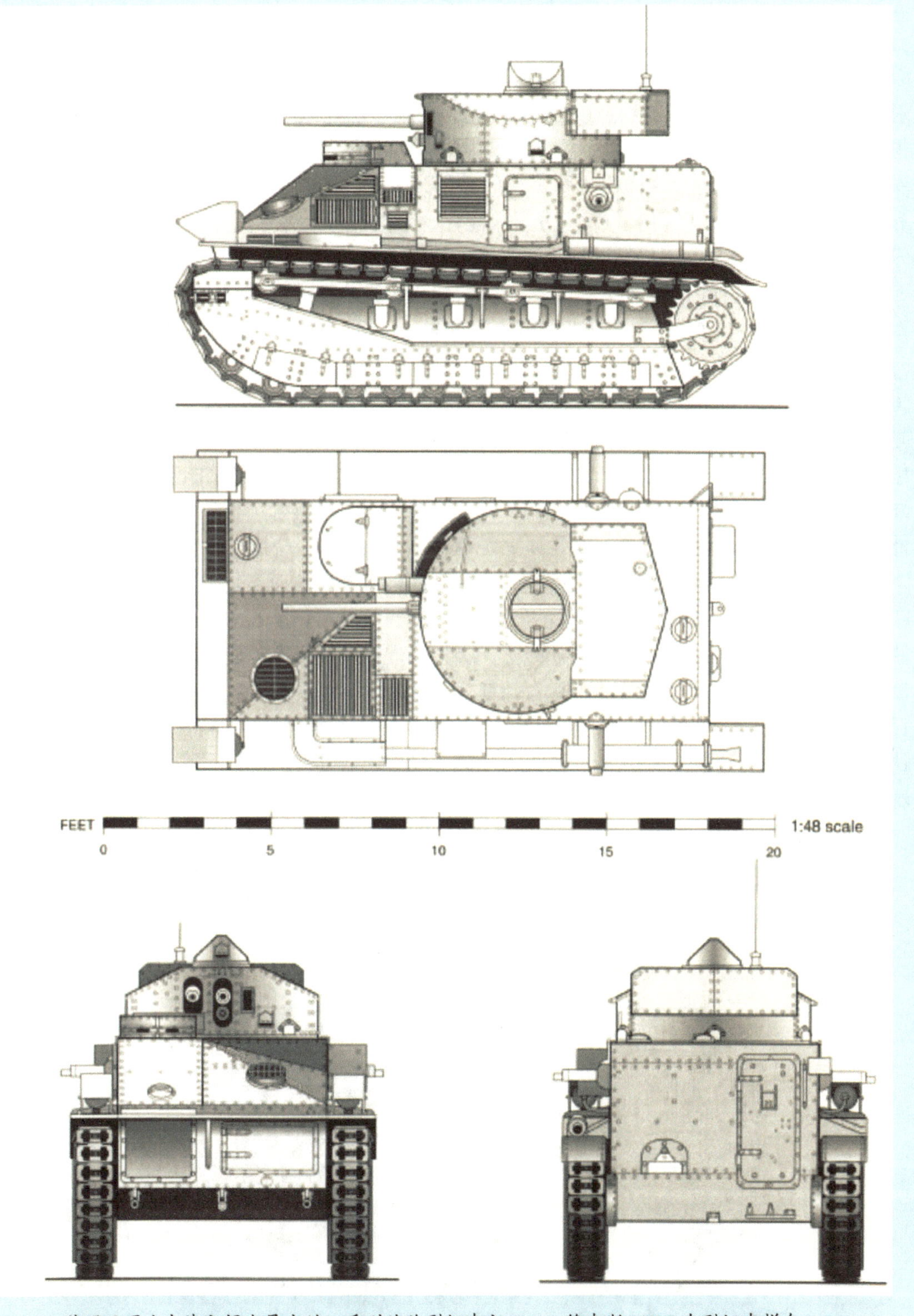

英国于两次大战之间发展出的一系列试验型坦克之一——维克斯 MKII 中型坦克样车

另一方面，则是完全有关人的因素，或者更准确地说，是来自英国陆军内部的深层因素，而这一点恰恰是最为致命的。的确，英国人以惨重的代价成为第一次世界大战的“胜利者”（幸存者还是胜利者的界限有时并不那么清晰）。但讽刺的是，第一次世界大战中，军事科技以令人目眩的速度发展着，然而当战争结束后，对战争中军事技术变化的强制性适应，却在一些英国高级军官的头脑中产生了一种逆反式的僵化，而这种现象在英国陆军中表现得尤为明显——一种奇怪的“战争衰退症”发作了。与海军相比，技术对陆军的冲击并不那么具有戏剧性，所以与当时大部分国家一样，英国陆军军官对于军事技术进步的感触远没有海军军官那么强烈，对新生事物和技术革新也就存在着一种本能的抵触，这种抵触情绪在军衔越高的军官身上体现得越强烈，直至铸就了一颗颗“僵化的头脑”。不幸的是，率领部队于 1914 年参战的英国陆军高级军官们大都顶着这样的头脑，他们大部分是在 19 世纪 80 年代入伍的，而 1914 年前的和平，使这些高级军官们中的大部分人未能完全理解技术与军事残忍结合后的影响，他们的技术观念更接近纳尔逊时代而不是 20 世纪。

结果第一次世界大战对英国陆军而言，就成了这样一个痛苦的分水岭：1914 年的英国陆军本质上仍保有 19 世纪的那些战术和作战概念，但机关枪、榴弹炮和飞机时代的严酷现实，却表明这支军队用以参战的每个战术概念和技术常识都是过时的，而在这场战争的大部分时间里，大部分英国陆军的高级军官们只能在因技术进步而变得越发残酷的战场上被动应对，规划这些作战的军方领导人和批准它们的政治领导人始终是麻木不仁的。至于对军事技术进步缺乏敏感性的恶果，则是数以百万的士兵生命在战场上被成片收割，然而如此惨痛的代价却并没有令陆军高层那些“榆木脑袋般的僵化头脑”开窍，他们当中没有哪个指望不经受非常重大的损失便能赢得战争，至于坦克的出现与其说是一种惊喜，不如说是一个意外（1916 年出现在索姆河战场上的这种革命性战场突破武器——坦克，其创意来自皇家海军而不是陆军，陆军方面实际上只是在一种懵懵懂懂的状态下被动地接受了这一“礼物”），在整场战争中，他们对于军事技术进步的排斥心理实际上没有太多的改变。当然，英国人最后还是赢得了战争的胜利，然而这在很大程度上是因为其他国家的职业军人们做得比他们的英国同行还要糟糕。更糟糕的是，当这场伤亡上百万人的战争结束后，这些军官中的大部分不仅依然身居高位，而且保持着对军队的关键性影响力，这就使在战争中已经初露端倪的一些技术变革在战后的继续发酵受到了阻碍——本应顺理成章出现的机械化野战防空装备就是如此。

为准备打破堑壕战的僵局而准备的德军利器之一，

用于“贝克”原理样炮试验的戈塔战场攻击机（Gotha-Ursinus G.I）

第一次世界大战中出现了三种很有意义的新武器，即飞机、毒气和坦克。不过毒气和坦克都未能成为赢得战争的决定因素，因为技术不完善、数量不足，使用时又没有适当战术，而且因为缺乏预备队，这两种武器首次使用时获得的短暂优势，未能加以充分利用并扩大。然而，军用飞机在这场战争中的情况却完全不同了。到了1918年，一些拥有大功率引擎，并被良好装甲和军械系统装备起来的军用飞机开始用于对地面部队进行直接支援，成了地面战斗的重要参加者，其表现出来的战场活力和战斗效能足以震惊哪怕是最顽固保守的“传统”陆军军官——海军送给陆军的那件神奇礼物，即被称为“坦克”的陆地战舰，其战场突破效能很可能因为军用飞机表现出的日渐成熟而被抵消（事实上，坦克在大多数英国陆军高级军官看来，不外乎是一种海军搞出的新鲜玩意儿，要不是这种故障频出的海军机器在打破陆地战场的僵局上的确有些作用，早就被陆军高层扫地出门了）。在这种情况下，为装甲机械化的陆军提供一两件具有伴随机动能力的野战防空火炮的想法自然在某些头脑中迸发出来。然而，由于战争在1918年年底的“意外”结束，这个想法没能利用战争机会迅速地变为现实，以至于被缓过神来的陆军高层一脚踢进了“冷宫”。

当然，英国陆军高层并非没有意识到现代武器杀人的威力——新型战场飞机的毁伤效率是令人震惊的，即便仅仅保证坦克发挥其战场突破效能，制造一些保护这些昂贵车辆免遭空袭毁坏的机械化防空火炮也是理所当然。但英国陆军的将军们发现，他们实际上很难估计技术和学说变革所带来的影响——为了适应战争的新情况，无论是自我调整，还是再来一番革新，都不是一件容易的事情。这就像已经几十年没做过手术的外科医生们，他们不得不在寒冷、潮湿的手术室里做上千次手术，不仅不吃不睡，还要承受对手从手术室阳台上射过来的冷枪。事实上，对于相当一部分掌握大权的英国陆军高级军官来说，尽管坦克能够被勉强接受，毕竟作为一种战场突破工具的有效性已经在战争中得到了验证，但是他们对于机械化防空火炮的态度却完全不一样了。一个冠冕堂皇的理由是这样的，尽管以汽车为底盘的“气球炮”在大战之前就已经存在，但与坦克一样昂贵而复杂的机械化防空火炮却是不折不扣的新生事物，这种武器在大战中没有被制造出来，更没有参加过任何战争，而富有责任心的军事领导人往往并不应该将尚在试验中的东西贸然取代成熟的武器及理论——毕竟“武器就像‘黑匣子’，只有在战斗中实际使用才能显示其优劣”。

德国 Rumpler GIII 战场攻击机

从当时坦克技术的状况来看，这些陆军将军们的“谨慎”也似乎不无道理——他们把坦克仅仅看作突破的工具，起到辅助步兵的作用。这个观点不仅为第一次世界大战的经验所证实，而且还留下数以千计的剩余坦克可以证明。当时坦克速度慢(每小时 8 ～ 15km)，限制了行程（30 ～ 50km），机械性能不可靠，装甲防护力弱，武器不足，这样就把装甲兵的发展局限于与步兵同步，并接受了步兵的战术思想。而从这个视角来看，制造一些与坦克一样昂贵而复杂的机械化防空火炮也就毫无必要了：既然独立作战的装甲机械化陆军只是个不切实际的空谈，那么现有的步兵防空装备已经完全能够满足需求，足以掩护那些缓慢的步兵突破坦克了。此外应该指出的是，两次大战间，英国皇家空军在装备方面所享有的技术优势，也似乎为英国陆军高层有意忽略机械化部队的野战防空问题找到了一个“合理”的借口。第一次世界大战虽然对英国造成了重创，“日不落帝国”的衰落已经不可避免，但这个过程在两次世界大战之间的步伐还是缓慢的。以航空技术为代表，大英帝国的军事科技实力在整个世界上仍然首屈一指，这就使英国陆军高层有了充分的借口对外宣称，在皇家空军提供的坚固保护伞下，为装甲机械化部队提供一种昂贵的机械化防空火炮完全是一种浪费金钱的愚蠢行为（在军费紧缩的情况下，昂贵的机械化陆军意味着部队规模的缩减，而部队规模的缩减则意味着组织基础的动摇）。

一战时期的牵引式 QF-3 76mm 高炮在英国陆军中一直服役到 1944 年

然而，上述的一切其实不过是种种托词。英国陆军的将军们排斥机械化防空火炮的最真实原因是令人难以启齿的：慢吞吞的步兵突破坦克已经是他们容忍的极限了，至于机械化防空火炮的问题则远远超过了他们思维所及的范围——这意味着组建独立作战的机械化陆军将被默许，他们的权威将受到挑战，而这一点是绝对不能容忍的。所以，英国陆军高层为什么对于与坦克配套的机械化防空车辆持冷漠态度也就并不难以理解了——尽管制造这种技术装备的一切技术基础都是现实存在的。于是，两次大战之间的岁月呈现出这么一种图景：一小群才华横溢的、后来被证明是正确的偶像破坏者进行了一场英勇但徒劳的斗争，败于占据多数且抱成一团的异常守旧、顽固不化的骑兵钟爱者，最终的牺牲品就是机械化防空火炮这种坦克机械化部队在战场上不可或缺的重要装备迟迟无法诞生。

5.2 逆境中的初步尝试

我们可以将两次大战间英国军方高层对陆军机械化的冷漠态度视为严寒，不过即便是刺骨的寒风有时也挡不住一些顽强种子的悄然萌发——英国陆军关于机械化防空火炮的初步尝试就在这样的一个逆境中蹒跚起步了。必须提及的是，在这一过程中利德尔·哈特作为一个关键人物所起的作用不容小觑。在 1921 年利德尔·哈特那本著名的小册子《巴黎》中，他第一次将自己关于未来战争方式的思想概述出来，并且勾画了机械化部队令人振奋的前景：一旦认识到坦克不是一种额外的武器或步兵的单纯辅助，而是现代形式的重骑兵，它们的真正军事用途就显而易见了，那就是以尽可能大的规模予以集中使用，决定性地打击敌军的阿基里斯之踵——构成其神经系统的交通线和指挥中心。如此，我们不仅可以见到机动性被从堑壕战的陷阱中解救出来，而且由此可以见到与单纯的机械原理相反的指挥才能和战争艺术的复兴。显然，这本在当时影响力相当广泛的小册子中，利德尔·哈特的观点已经十分明确——独立使用装甲兵力突破敌人防线、切断其交通联络并打乱其后方。然而，要做到这一点，机械化的陆军就必须是全面而均衡的，而非性格暴躁的富勒少将所鼓吹的那样，要建立一支“全坦克军”。恰恰是在这一方面，利德尔·哈特的观点要比其老师富勒将军成熟得多（他们两人通过经常会面和大量书信交流，彼此帮助提炼和发展他们的思想，称为师徒并不为过）。

事实上，尽管与富勒少将相比，利德尔·哈特是一个年轻 17 岁、经验也少得多的军人，但在性格上却较为沉稳，而且作为一个军事评论家不那么浮华，更容易博得人们的好感（性情和专业上的挫折使得富勒言谈行文越来越尖刻，越来越虚张声势）——虽然他同富勒少将一样，并不完全体谅财政部设置的严厉限制，而且在其陆军机械化理论中，也将坦克放在优先地位，但同时却更强调机械化部队需要伴随的步兵（或曰“坦克陆战队”）、机械化炮兵作为其有机的组成部分。也正因为如此，机械化火炮，特别是机械化防空火炮在利德尔·哈特的陆军机械化理论中占有重要地位，对此他曾经有过这样一针见血的评论：“当坦克可被飞机的炸弹击毁时，这不会导致坦克部队过时，而是会导致拥有良好机动性和一定装甲防护能力的防空坦克的出现……深入敌人战线后方的坦克群，必须由自己撑起防空保护伞，而不能完全指望皇家空军，由此才能拥有一支以最小代价赢得胜利、甚至能防止或遏阻战争的远征部队。”

一战末期由德国汉诺威公司研制的 CL-III 全金属战场攻击机。一战德国的轰炸机就偏向轻型化和对地支援任务，英国陆军的基层军官担心这样的飞机在携带专用炸弹后将成为比反坦克炮更为致命的坦克克星并不是没有道理的

得益于对 1914 年～ 1918 年痛苦经历的关切，利德尔·哈特较为健全、温合的小型职业化机械化陆军的观点，一经抛出就获得了相当大的公众推动力（这样的军队在理论上能够满足大众对伤亡、成本和胜利信心的全部期望）。更重要的是，与保守、僵化的高层不同，此时英国陆军中大部分中低级军官，不但亲身体验了第一次世界大战中作战的低效和浪费，而且还深信不久便会有一场新的大战，对国际条约或国际联盟几乎不抱半点信心，念念不忘汲取一战的“正确教训”，急于检讨军队的框架结构，恢复作战的机动性，而利德尔·哈特不但在年龄上与他们相近，思想上容易沟通，其新颖而且较为成熟的机械化陆军理论更是引起了中低级陆军军官的强烈共鸣。事实上，英国陆军的中低级军官承认坦克之类的机器将在未来战争中发挥一种愈益重要的作用，不过他们倾向于强调存在的问题和不确定性。例如，在远离基地时，装甲部队如何得到补给和整修？难道它们不会不久就碰上克星即反坦克炮？在面对更为强有力的战场飞机时，坦克群是否无能为力（一战德国的轰炸机就偏向轻型化和对地支援任务，英国陆军的基层军官担心这样的飞机成为比反坦克炮更为致命的坦克克星并不是没有道理的）？最重要的是，鉴于经费和装备的短缺以及军兵种相互间的传统不和，装甲部队在整个军队里将扮演什么角色？而利德尔·哈特的理论无疑对这些疑问一一做了回答。

一战时期，英国陆军装备的卡车底盘 QF-3 3 76mm 气球炮

结果，在利德尔·哈特及其拥护者造成的诸多压力下，再加上战后裁军的力度过大，陆军部队在规模上不断减小，直接威胁到了陆军高层在政府中地位，到 1920 年末，陆军部愈加担忧英国陆军兵员减少、装备恶化，无力履行可能的义务承诺。同 1914 年以前相比，计划中履行欧洲以外义务的远征军在规模上小得多，随时开赴战场作战的准备程度也较差，这一切都促使陆军高层不得不对利德尔·哈特等人的理论有所反应——1927 年～ 1931 年间进行了一系列引人注目的机械化混成部队尝试性演习，以求唤起公众和政府对陆军建设的重视。不论陆军部对这些小规模演习所抱的真实意图是什么，这些演习都对机械化防空火炮的初步探索带来了极为有益的一些东西。比如，1927 年 8 月在索尔兹伯里平原进行首轮正式演习的所谓机械化部

队是个拼凑的大杂烩，由装甲车、轻型和中型坦克、骑兵、拖拉机牵引炮、卡车和半履带车运送的步兵等拼凑而成。旅长杰克•柯林斯上校根据各种运载工具的公路行进速度，将全旅分成“快速”“中速”“慢速”三个分队，然而这种做法仍然不符合它们参差不齐的越野能力。正如利德尔•哈特在《每日电讯报》描述的那样，结果是一个蜿蜒达32公里的超长队列，常常在瓶颈地带挤成一团。缺乏无线电通信和有效的反坦克炮(由彩旗代替)只是这支拼凑出的机械化部队诸多严重缺陷中的两个，更为严重的缺陷则是关于火炮，特别是防空火炮——无论是卡车还是拖拉机牵引的火炮都难以跟上坦克的越野能力，而对坦克群来说，缺乏地面支援火炮或许还能忍受（坦克炮客串支援火炮勉强可以应付），而缺乏防空火炮则将是彻头彻尾的灾难，毕竟谁也无法保证皇家空军会每时每刻都在坦克群头上绕圈子。显然，机械化防空火炮之于坦克部队的重要性，即便不是这次演习的主要收获，也足以在一些有心者的脑海中打下一个清晰的烙印。

1920年～1930年中期，一战时期的牵引式QF-3 76mm高炮仍然是英国陆军机械化部队的主要防空手段

至于1928年演习的情况与1927年8月类似，再次证明了采用汽车、拖拉机运输的步兵和炮兵仍然无法在越野时跟得上坦克，不过作为这一系列演习的高潮，英国皇家坦克第一旅在1931年举行的演习从另一个侧面证明了包括机械化防空火炮在内的机械化配套装备对于独立坦克群的有效性和可行性。与其所有的前身不同，这支部队完全由履带车辆组成。通过将无线电台和彩色旗结合起来作为坦克互相之间的联络方式，查尔斯•布罗德旅长使用了一种操练方法，可以使得全旅约180辆坦克按照他的命令作为一个整体迂回机动。布罗德指挥该旅在大雾中行进穿过索尔兹伯里平原，准时出现于观摩现场，并且以“出神入化的精确性”列队驶过进行检阅的陆军委员会，演习大获成功。显然，这次成功的演习预示了这样一个前景：任何以廉价方式（如农用拖拉机和卡车）为坦克群提供配套装备的企图都将遭到破灭，只有为榴弹炮、迫击炮和防空火炮认真配备合适的履带式底盘，或者干脆就以货真价实的坦克底盘作为平台，

演习场上的大获成功才能转化为战场上的胜利。

从当时的技术条件来看，虽然坦克技术的发展水平还远未达到预想的要求，1920年末～1930年初的英国坦克底盘也远非利德尔·哈特所想象的那样理想，但与1918年笨拙的军用履带式装甲战斗车辆相比，已经拥有了诸多技术上的进步，其中坦克悬挂装置、装甲、发电和传动装置以及车辆自身之间的通信联络最为重要，车速、行程，通行性能、机件的坚牢度、机动性等方面都日益提高，再加上1928年～1931年间进行的一系列演习从正反两方面证明了包括机械化防空火炮在内的辅助性作战装备之于坦克群的重要性，人们开始认真思考起利用这种技术上的进步研制一种直接以坦克为底盘的机械化防空火炮。事实上，就像1906年的无畏号战舰是1862年班长号的改进型一样，这一时期出现的一些新型坦克尽管试验味道浓厚，但显示出了设计和性能上改进的成果丰硕——这其中以1925年设计的维克斯A1E1“独立号”重型坦克最为典型。这种试验型坦克堪称英国坦克技术进步成果的集中体现，也代表了当时世界坦克技术发展的一个顶峰。其动力装置是由航空发动机发展而来的特制V型12缸水冷汽油机，最大功率达350马力（仅研制这台发动机，就花费了27000英镑）。至于行动系统和悬挂装置的设计则更为独特，采用多重平衡悬挂装置，每侧12个负重轮中，6个负重轮为一组，其中每两个负重轮为一小组，3个小组的负重轮共同作用于一个大的轮轴架上。尽管车很重（不算炮塔的底盘部分就重达23t），但由于马力强劲，悬挂系统和行动装置设计先进，最大速度仍达到了31km/h，而且行驶平稳，跨越障碍的能力也较为令人满意，再加上同一时期英国在液压气动装置（可增大火炮威力而不增加后坐力）和陀螺稳定仪（在理论上讲可使火炮在行进中进行稳定射击）的小型化等技术领域取得了技术突破，巨大的“独立号”重型坦克底盘的确具有成为防空火炮（或是其他一类火炮）移动射击平台的巨大潜力。

A1E1“独立号”重型坦克

事实上，受1928年～1931年英国陆军举行若干机械化演习的鼓舞，维克斯公司也的确有拓展“独立号”重型坦克底盘用途的一系列打算，而利用这种坦克底盘，再基于维克斯正在为皇家海军开发的一种4联装37mm高射炮的机械化防空火炮方案是其中的重头。尽管作为一种舰载武器，这种QF-1 4联装37mm高射炮（即“乒乓炮”）在陆军看来体积、重量和机械复杂性都超出了他们所能理解的范畴，但其射速却超过了当时同类口径火炮近一倍，纸面上的性能令人侧目，而“独立号”重型坦克底盘又够大够重，作为这种4联装37mm高射炮的射击平台问题不大，这使维克斯提出的机械化自行火炮方案不但看上去颇有吸引力，而且具有相当程度的可行性。然而遗憾的是，英国人在 1931 年以前所进行的一系列开创性努力此后并未结出硕果，特别是皇家坦克部队殷切企盼的机械化防空火炮——在几方面原因的作用下，查尔斯·布罗德旅长不但没能获得这个看上去还不赖的时髦玩意儿，而且在以后也不可能了。一方面的原因在于，随着 1929 年爆发的世界性经济危机对英国的影响日益强烈，财政危机严重限制了军费开支，大大阻碍了进一步的创新和实验，而 A1E1 重型坦克又昂贵得吓人，这使基于 4 联装 37mm 高射炮和该坦克底盘的机械化防空火炮方案随着“独立号”重型坦克项目的下马而告吹，没能从绘图板走向生产线。但很少有人意识到，“独立号”机械化防空火炮的取消只是一连串失误的一个缩影。

另一方面，在这一小段生气勃勃的试验期过后，来自军方领导人的推动和鼓舞显著减小，部分原因在于以帝国参谋总长乔治·米尔恩爵士为代表的高层对陆军机械化的态度越来越保守，而且严重缺乏想象力，极少考虑如果一支远征军被派往欧洲大陆，它将起什么作用，需要些什么样的装备。在这种情况下，任何类似于“独立号”机械化防空火炮的方案都必然是被抛弃的对象。即便是在 1933 年希特勒上台之后，英国就可能承担义务对自己的武装力量进行一番彻底审视，开始将德国重新视为自己在欧洲大陆上的主要敌人，这种情况也并未发生过多的改变——英国政府于 1934 年决定德国是最危险的潜在敌人，未来 5 年的国防开支应当主要用于抗击德国威胁，这一决定理论上本应有利于军队，特别是组建欧陆远征军的必要性如今已在原则上被接受。然而实际上，英国军方仍然几乎没有做出任何努力来为一场欧洲战争准备一支远征军。让英国陆军承担这么一种作用从政治上说不得人心，从财政角度看则很难与其他两个军种（海、空军）的拟议开支相调和，经过旷日持久的部级讨论，旨在缓解其严重拮据状况却仍显单薄的陆军 5 年内 5000 万英镑拨款被削减到 1900 万英镑，这使陆军甚至无法采购到足够数量的新型坦克，更不用说机械化防空火炮这类奢侈品。结果，在将 4 辆基于维克斯 6 吨轻型坦克底盘与双联装“乒乓炮”的试验型样车高价卖给暹罗后（这些防空坦克与其余 26 辆维克斯 6 吨轻型坦克参加了 1940 年～ 1941 年的泰法战争），二次大战间英国人在这一领域内的尝试便全部结束了。

讽刺的是，富勒少将及其利德尔·哈特这两个提倡英国陆军机械化的旗手式人物，甚至也由于一些深层次原因而反对陆军组建一支欧洲远征军，这不但对英国陆军的机械化建设造成了严重的负面影响，也使得下次战争爆发前机械化防空火炮这类装备的出现可能变得微乎其微。1936 年，已退休的富勒给利德尔·哈特写信，表达了他的观点：“我完全同意，无论在什么情况下我们都不应当动用陆军参加一场欧陆战争，因为这样做无异于加入一个自杀俱乐部。”而利德尔·哈特的有限义务主张对英国军方的影响则更为直接——在利德尔·哈特关于英国对法承诺的思想中有个奇怪的方面，那就是他认为法国人有意重演 1914 年的全面主动进攻，如果英国远征军届时抵达，它将被致命地卷进去。考虑到一系列事实——第一次世界大战的巨大伤亡和破坏造成了深刻影响，而法国修筑了代价高昂的马奇诺防线，依赖一支实行短期服役制的军队，缺乏强大的进攻性装甲兵力。利德尔·哈特有关法国军事信条的信息显然不可靠，这对法国战略思想的解释也很奇怪。他对英国持有类似的错觉，以为英国参谋本部信奉一种进攻性信条，而他自认为他很有条件来核对有关事实（这种观点遭到了英国陆军方面的强烈反对）。

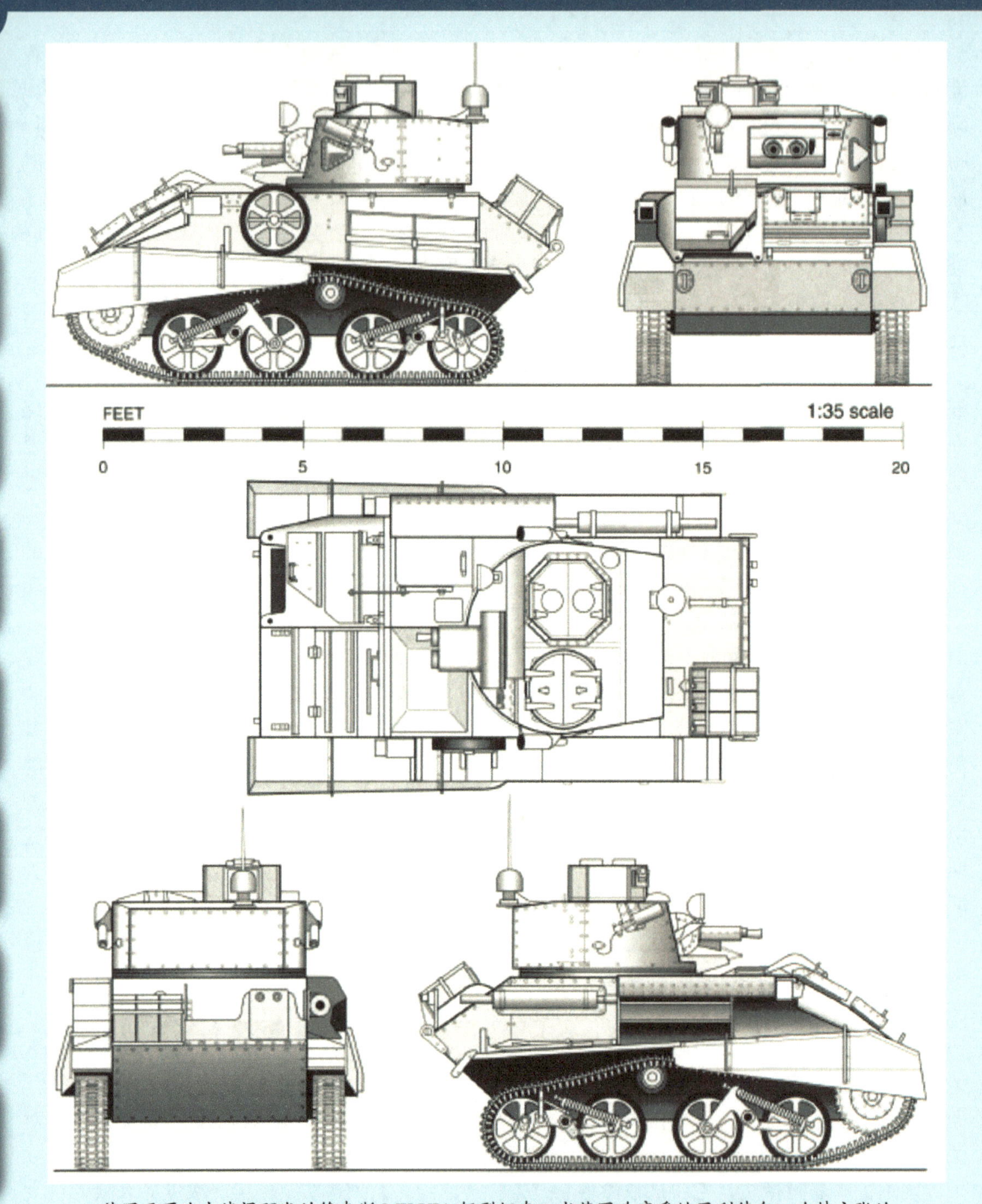

英国于两次大战间研发的维克斯 MK VIA 轻型坦克。当英国政府采纳了利德尔·哈特主张的有限义务政策后，不但直接导致了坦克订货的减少，而且任何完善装甲机械化部队的企图，将引起政治上的严重猜疑

利德尔·哈特在实现陆军机械化的必要性和机械化陆军能够导致的运动战方面思想先进，然而矛盾的是，恰恰是其本人倾向于否认承担一种欧陆义务必要性的强烈观点，使得一种本来能够增加陆军开支的正当理由，促进创建一支装备完善的机械化远征军，有能力参与打击一个欧洲一流强国的可能性消失了。结果 1937 年，当英国政府采纳了利德尔·哈特主张的有限义务政策后，不但直接导致了坦克订货的减少（当内阁于 1937 年 12 月批准有限义务政策时，据估计被削减的坦克生产开支将超过陆军的所有其他经费节省总和。1937 年，陆军在军需品方面的支

出比它可以花费的实际数额少了近600万英镑），也使得任何为现有坦克部队装备机械化火炮，特别是机械化防空火炮的提议都变得不可能——用此类特种机械化作战装备完善装甲机械化部队的企图，将引起政治上的严重猜疑，一般而言，无论何党何派，都会将一支拥有伴随性防空能力的机械化部队视为“侵略性”力量，而这并不符合英国的防御性欧陆政策。就这样到20世纪30年代中后期，由于对战争爆发情况下陆军的优先任务是什么在政治上犹豫不决，加上参谋本部的保守主义对此推波助澜（英国军方在整体上一方面正确地假定了英国在西欧仍然有至关紧要的利益，它们不可能靠有限义务政策得到适当的保障，另一方面却对机械化问题持保守态度，而且对远征军抵达法国后要做些什么暧昧不明），英国已丧失了创建一支精锐装甲部队的机会，承担富勒之类理论家和霍巴特之类实践者早期倡导的全能型独立机械化部队的职能——对此，二战爆发前英国陆军在机械化防空火炮方面的无所作为显然是一个最充分的说明。然而随着1939年欧洲大战的再一次爆发，这类举动很快被证明是短视、愚蠢而且代价高昂的。

5.3 大战中的急就章

在整个20世纪30年代中后期，英国陆军的状况对于迎接任何战争而言都颇为可怜。当新的欧洲大战于1939年9月1日在波兰首先打响时，英国陆军的“悲惨”状况令人难以想象——其为介入欧洲大陆事务而组建的远征军实际上是仓促拼凑起来的，有限的机械化部队不但数量有限（事实上，至1940年5月法国战役开始时，在法国的英国远征军仅仅包括皇家坦克团和轻型骑兵团的两个营，第1装甲师仍然在索尔兹伯里平原组建），而且装备质量不佳（大部分坦克实际上只适用于殖民战争），结构也严重欠缺平衡——除了用来搭载步兵的布伦机枪车值得称道，这些草草被推上前线的装甲机械化部队既缺乏伴随的机械化支援火炮，也缺乏机械化防空火炮，只能以步兵用的牵引型号来代替，在机动性和防护性上难以与坦克匹配。更糟糕的是，尽管在战前，以削弱陆军特别是陆军机械化建设为代价，国防经费中的相当比例被用于强化皇家空军，但其战斗机部队在法国战役中的表现却并不令人满意——只能勉强招架德国空军，谈不上夺取什么制空权（一部分原因在于皇家空军只将装备“飓风”的二流中队派往法国，而将装备大部分“喷火”的一流中队留在国内；另一部分原因则在于英国人在战前低估了德国人重建空军的决心和努力），这使法国战役中的英国远征军实际上处于毫无空中掩护的境地。

1940年的法国战役中，英国皇家空军只将装备“飓风”的二流中队派往法国，而将装备大部分“喷火”的一流中队留在国内

结果，英国陆军长期忽视为其坦克部队配发机械化防空火炮的恶果尽显无疑——当埃文

斯少将指挥的第 1 装甲师零碎地分批抵达法国时，仅有的两个装备波兰造牵引式博福斯 M36 40mm 高炮的防空连，被七零八落地甩在了行军路线的整个沿途，而残存的驻法皇家空军和法国空军主力又都集中于默兹河一线喘息。战至 1940 年 5 月 16 日，法国前线空中的情况已变成绝望。法国方面促请英国拨出更多的英国皇家空军战斗机中队投入战斗，但被英国皇家空军战斗机司令部司令休•道丁所拒绝，他认为如果法国崩溃，英国战斗机部队将受到严重削弱。事实上，本来有 1078 架战斗机的皇家空军部队已经减少到只有 475 架战斗机。英国皇家空军的记录显示在 1940 年 6 月 5 日更是只有 179 架霍克“飓风”战斗机和 205 架“喷火”战斗机可以使用。结果毫无防空能力的整个装甲师在几天的时间里就被不时出现的斯图卡机群逐步敲碎了，最后只能丢弃所有重型装备，空着手撤回英国。

北非战场上意大利皇家空军投入了性能不弱的马基 MC200 单翼战斗机

双翼的格罗斯特“角斗士”与少量“飓风”构成了“西部沙漠空军”的主力

如果说对于装甲部队缺少机械化防空火炮的危害，英国陆军通过法国战役得到的相关教训只是一个开始，那么在 1940 年 7 月开始的北非战场上，他们则对这一危害的严重性有了更为清晰的认识（英国人对这场战役的反应，是紧急制造了一些装有 4 挺 7.92mm 高射 BESA 机枪的特别版维克斯 MK IV 轻型坦克，但这种坦克很难被称为真正意义上的机械化防空火炮）。企图重温罗马帝国旧梦的意大利先于德国，在 1940 年 7 月就派兵从埃塞俄比亚向东部非洲发起进攻。两个半月以后，另一支部队又从利比亚向埃及发起攻击。在北非，意大利军队共投入了 23 万人马和一支 400 架飞机的空军力量（其中包括菲亚特 CR.42 双翼战斗机、三发动机的 SM.79 中型轰炸机以及后来才加入的马基 MC200 型战斗机）。相较之下，不但驻扎在该地区的英军总人数仅有 5 万左右，皇家空军在这里的力量更显得寒酸至极——所谓“西部沙漠空军”（即英国驻北非航空队的昵称），仅拥有 200 架旧式飞机（除了少量“飓风”外，主要是过时的格罗斯特“角斗士”双翼战斗机和初期型的“布兰海姆”MKI F 轻轰炸机），人员素质也无法与本土空军相提并论。

法国战役后，英国紧急制造了一些防空型维克斯 MK IV 轻型坦克，然而该车装备的 4 联装 7.92mm BESA 机枪火力贫弱，狭小的炮塔空间也使武器操作极为不便，在防空作战中的效能只具有象征性意义

防空型维克斯 MK IV 轻型坦克装备的 4 联装 7.92mm BESA 机枪

事实上，“西部沙漠空军”整体实力甚至要低于驻远东皇家空军部队，在整个皇家空军中属三流水准，与意大利皇家空军派到北非的力量相比，技术装备和人员素质都处于劣势。虽然非常幸运的是，意大利陆军战斗力羸弱，这多少弥补或者说是掩盖了“西部沙漠空军”战斗力低下的事实，但即便如此，在陆地战场一边倒的情况下（一度攻占埃及西部边镇西迪巴拉尼的意大利军队很快就被英军逐出，以至于英军很快就占领了原先由意大利人控制的东非地盘），缺乏机械化防空火炮的英军装甲部队，由于得不到太多来自皇家空军的空中掩护，还是吃了不小的亏——差不多近 1/5 的坦克是在行进间遭到意大利皇家空军打击被摧毁的（北非战场的实战表明，特别版维克斯 MK IV 轻型坦克的对空作战效能实际上仅具有象征意义）。

英国诺非尔德（Nuffield）公司按许可证生产的 M34 40mm 博福斯牵引式高炮

当德军于 1941 年 2 月起介入北非战场之后，情况变得更为严峻。从 1941 年 2 月开始，德军开始依靠武力填补原意大利在北非的势力范围，北非战争便改写为英德之间的角逐。尽管皇家“西部沙漠空军”在与意大利人的战争中得到了一定锻炼，然而在意大利人狼狈败退而德国人尚未到达的短暂间隙，丘吉尔却放心地将“西部沙漠空军”大部分兵力调往希腊，结果当以 JG27、JG53 为主力的德国空军 Me 109E/G 与 Me 110 出现在北非上空时，皇家空军这支小得可怜的飞行部队渐渐失去招架之功，最后随着制空权的彻底丧失，从 1941 年 4 月到 1941 年 11 月，英国陆军第 8 集团军的部队饱受来自空中和地面的双重摧残——毫无掩护的机械化部队，家底差不多都被斯图卡和 88mm 炮打光了。要不是美国人的军火援助，英国人差一点被隆美尔逼退到苏伊士运河。不过，从反法西斯战争的全局来看，1940 年 5 月到 1941 年 11 月间，英国人在法国和北非受到诸多教训也不无益处——至少在缺乏机械化防空火炮的问题上，亡羊补牢的行动切切实实地进行了。

事实上，就当时英国陆军装备的现实而言，制造机械化防空火炮的条件并不缺乏——至少从火炮和底盘两方面来讲都是如此。就防空火炮来说，当时英国陆军（包括英联邦陆军）广泛装备的瑞典博福斯 M34 40mm 牵引式高炮就是一个很好的选择。早在 20 世纪 30 年代中期，英国陆军即将注意力集中到了瑞典博福斯 M34 型 40mm 高炮上，他们对其机动性强、射速快和精度高的优点大为赞赏。1937 年 4 月，英国陆军正式向瑞典博福斯公司订购了 100 门 M34 型 40mm 高炮。为了满足整个英联邦陆军的需求，英国陆军又于 1938 年分别向瑞典博福斯公司、匈牙利铁道部工厂和波兰国立兵工厂订购其原产或特许生产的 40mm 博福斯高炮，总计 300 门。这些高炮不仅在英联邦陆军中大受欢迎，而且还受到了皇家海军的青睐，他们千方百计地从陆军手里获得 40mm 博福斯高炮，用于换装原先的维克斯 37mm 舰载型高炮。到了 1939 年初，来自陆军和海军的巨大需求量使得英国和其他英联邦国家纷纷向瑞典博福斯公司购买了特许生产权。负责生产的主要有 3 家制造商，分别是：位于英国考文垂附近的诺非尔德（Nuffield）公司、位于加拿大汉密尔顿附近的多明尼娅桥（Dominion Bridge）公司以及位于墨尔本附近的澳大利亚兵工厂。同年 6 月，诺非尔德公司完成了第一门由英国制造的 40mm 博福斯高炮。在英国陆军看来（事实也的确如此），这种拥有 56 倍径身管的 40mm 高炮，在威力和射高上优于任何 20mm 轻型高炮，而射速又高于 76.2mm 以上的重型高炮（最高射速可达到 140 发 /min），火力性能全面超出口径较为接近的维克斯 37mm “乒乓炮”，能够有效对付中、低空目标。更重要的是，其炮架结构设计简单合理，开放式的结构在给予炮手极大操作空间的同时，也使得这种火炮能够被很容易地安装在各种坦克底盘上，而不仅仅是作为一种牵引式高炮使用。

使用 Mk IV 型炮架的伞兵型英制 M34 40mm 博福斯牵引式高炮

莫里斯 C9/B 40mm 博福斯自行高炮采用了“莫里斯” C8 火炮牵引车的底盘

一个装备 5 辆莫里斯 C9/B 40mm 博福斯自行高炮的高炮连

然而遗憾的是，由于 20 年内接连卷入两场世界大战以致元气大伤，战争资源的极度匮乏迫使英国人处于一种窘迫的状况，再加上激烈的战况，结果他们并没有在一开始就以履带式底盘的“防空坦克”为目标（尽管如此形式的机械化防空火炮早在 1930 年初期就已经被证明是必需和有效的，但在艰难的 1940 年～ 1942 年间，坦克底盘的产量却难以满足其他用途的种种需求），而是先搞出了一些“多快好省”的替代品装备部队予以应急。在这些替代品中，一种基于莫里斯 Morris C8 越野牵引车底盘的 40mm 自行高炮无疑最值得一提，也最具有代表性。这种投产于 1939 年 10 月的中型火炮牵引车，称得上是英国在整个二战中生产过的最好的同类产品——一台 70 马力的莫里斯 EH 4 缸汽油引擎为重达 3.3t 的车辆提供了充沛而可靠的动力；至于集油浴式空气滤清器，液压刹车，两速分动器，前、后桥驱动以及全浮式半轴（最大高度约 100cm）技术为一体的底盘，则为该车提供了不俗的越野通过性（最大接近角和最大离去角分别达到了 45° 和 40° ）。这一切使莫里斯 C8 成为了同类中的翘楚——在拖着一门 77mm 炮的情况下，能够在公路上跑出 75km/h 的成绩，即便在路况不佳的野地里，也能跑到平均 35 ～ 40km/h 的水平（英国陆军对莫里斯 C8 越野牵引车的性能十分青睐，以至于没有一辆莫里斯 C8 出现在租借法案的援苏装备清单中）。显然，作为防空坦克的一种廉价替代性方案，选择莫里斯 C8 越野牵引车作为博福斯 M34 40mm 高炮的底盘并不是没有原因的——从吨位、承载能力、越野机动性能乃至成本来看，将这种车辆与博福斯 M34 40mm 高炮组合，由牵引式变为承载式不但可行，而且充满了吸引力。

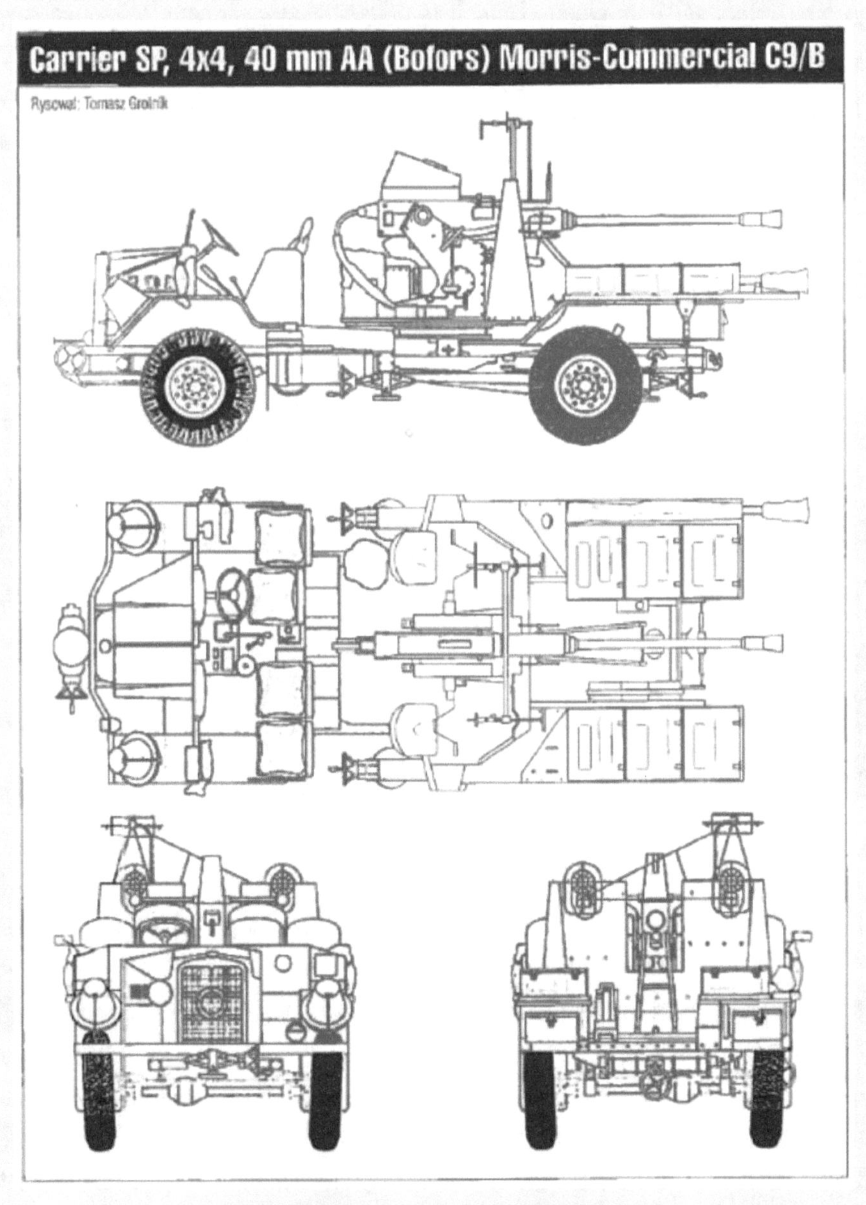

莫里斯 C9/B 40mm 博福斯自行高炮三视图

英国人是这样想的也是这样做的，诺非尔德公司在1943年4月将这个想法变成了现实。被称为莫里斯C9/B的这种40mm博福斯自行高炮，在设计上具有一些十分鲜明的特点。其车组乘员由1名驾驶员、1名车长和2名炮手组成，车体后部可以携带120发弹药，至于底盘中部安装的开放式炮架，则基本上保留了M34 40mm博福斯高炮的主要结构。火炮部分包括炮管、炮身和供弹机构。炮管采用气冷式冷却方式，长度为56倍径比。炮膛后部是直立楔式炮闩，开关炮闩的动作一般情况下通过火炮后坐自动完成，但必要时也可由人工完成。首发炮弹必须由装填手手工装填。位于炮膛上方的供弹机构有3排导轨，每排能够容纳一个4发炮弹的弹夹。弹夹会被自动移除，每次只有一发炮弹被压入炮膛。射击后，通过后坐力将炮闩打开，抛出空弹壳，另一发炮弹进入炮膛，炮闩再度关闭，以此周而复始实现全自动装填和射击。至于炮架则包括上下两部分，上部炮架同炮身相连，包括高低机、平衡机、瞄准机构和耳轴，下部炮架呈十字形，主要包括旋转机构，前后支撑架（前部和后部支撑架为箱形钢梁，左右两侧支撑架为可收放式，安装有可调节高度的千斤顶，以确保整个底盘保持平稳和水平），与牵引车的底盘连为一体，在火炮两侧分别设有一个坐垫，2名炮手坐于其上操作火炮。其中，右侧副炮手负责操控旋转机构，左侧主炮手负责操控高低机构并踩下脚踏板击发火炮。至于副炮手后方则设有一个车长坐垫，负责观测目标和射击效果，并命令炮手开火。

莫里斯C9/B 40mm博福斯自行高炮的意义在于解决了英国陆军机械化防空火炮的有无问题

值得注意的是，莫里斯C9/B所装备的英制M34 40mm高炮，不同于博福斯的原版产品，也不同于1940年第1装甲师装备的波兰制M34版本，其特点在于为简化生产流程，大量使用了管状支架。此外，英制M34博福斯炮还去掉了原版博福斯M34 40mm炮上的机械式弹道计算装置，代之以英国凯瑞森（Kerrison）电子-机械混合型弹道计算装置（原版的简易机械式弹道机械装置虽能使炮手对飞行速度达到563km/h的空中目标进行有效修正，从而大大增强射击精确度，但这套系统操纵十分复杂，炮手需要经过长时间的训练才能熟练掌握高炮的射击要领。为了解决这个问题，英国人重新设计了一套解算效率更高、使用更为方便的弹道计算装置）。炮手使用这套装置时，在发射前只需设定射程、目标速度和射角，该系统便能自动完成对空中目标的瞄准和跟踪，并不断进行修正。此外还需要指出的是，尽管莫里斯牵引车底盘为英制 M34 40mm 博福斯炮提供了一个尚算稳定的射击平台，但除了行军中的紧急情况外，为了达到精确射击效果，莫里斯 C9/B 在射击前仍然需要放下 4 个圆锥形支撑架。

1944 年初，英国本土部队装备的莫里斯 C9/B 40mm 博福斯自行高炮

尽管随着 1943 年 5 月 13 日德国非洲军的投降，北非的战事宣告结束，而胶着的意大利战场对于机械化火炮的需求不多，至于法国的第二战场更是还在三大巨头的谈判桌上扯皮，但在 1943 年 7 月的一次装备展示活动上，首次公开露面的莫里斯 C9/B 却引起了英军将领们的广泛注意——其投入战斗的反应时间远远短于牵引型号（牵引式的 M34 博福斯 40mm 高炮在遇到紧急情况时也可在牵引状态下立即投入战斗，但无法与莫里斯 C9/B 这种自行化的博福斯炮相提并论，后者在将前风挡玻璃放倒的情况下，甚至能够在短停中实施 360° 的环向射击），而这一点给人留下的印象是如此深刻，以至于接下来的事情变得非常顺理成章。作为英国陆军装备的第一种制式机械化防空火炮，莫里斯 C9/B 在 1943 年 7 月底投入了量产。到 1944 年初，作为在法国开辟第二战场所进行一系列准备中的一部分，共有 1440 辆莫里斯 C9/B 出厂，除装备 11 个装甲师师属炮兵团的防空营，全面取代牵引式的 M34 40mm 博福斯炮外，还有 27 个步兵师师属炮兵团防空营三个连中的一个装备了莫里斯 C9/B。然而，尽管莫里斯 C9/B 称得上是一种性价比较高的解决方案，但也应该清楚地看到，这种装备的出现仅仅解决了有无问题，并不能脱开急就章性质的本质——它远不是一种能够受到士兵喜爱的理想装备。事实上，在莫里斯 C9/B 装备不久，一些部队特别是装甲部队的基层官兵就不客气地指出，这种采用轮式底盘的博福斯 40mm 高炮的野外机动性难以跟上履带式行军纵队的机动步伐，而且自身完全缺乏装甲的敞开式设计，也与战场实际脱节。

英国战争博物馆馆藏的“莫里斯”C9/B 40mm博福斯自行高炮

5.4 从“十字军战士”到“人马座”——皇家防空坦克的出现

与牵引式高炮相比，“莫里斯”C9/B的进步显而易见，然而作为一种应急性的过渡装备，这种轮式火炮牵引车与博福斯40mm高炮的组合还是太过生硬——仓促设计导致的瑕疵与轮式底盘的先天缺陷，都决定了其难以满足机械化部队的切实需求，具有履带式底盘的防空坦克仍是必需的。而从博福斯40mm高炮的实际情况来看，将其搬上一种坦克底盘显然也具有更大的可操作性。于是着眼于即将发生在欧洲大陆的残酷战斗，在莫里斯C9/B投入量产后不久，真正意义上的机械化防空火炮也随之出现了。

为博福斯40mm高炮重新挑选履带式底盘的问题并没有让英国人过于为难，原因很简单——英国人设计的坦克或许都有些问题，但绝大多数作为自行高炮的底盘却绝对够格，其中的“十字军战士”巡洋坦克就是一个很合适的对象。当然，如此选择并不是没有原因的。一方面，曾经在北非战场上广泛使用的“十字军战士”巡洋坦克到1943年中期已经由于装甲薄、火力弱等原因转为二线装备，将这批数量颇为可观的底盘转为他用无疑是一种很好的“废物利用”方式（“十字军战士”巡洋坦克于1940年初开始生产，到1943年停产为止，Ⅰ、Ⅱ、Ⅲ型三种型号的总生产量达5300辆）；另一方面，由于“纳菲尔德-自由”V型12缸液冷航空发动机，以及克里斯蒂悬挂系统的采用，就自身的技术性能而言，将“十字军战士”发展为某种防空坦克可能比其巡洋坦克的本职更为合适。

“纳菲尔德-自由”V型12缸液冷发动机原先用于德·哈维兰DH4等一代名机

要知道，作为一种航空发动机，原先用于德·哈维兰DH4等一代名机的“纳菲尔德-自由”V型12缸液冷发动机，本身即具有功率大、重量轻的特点，在用于“十字军战士”作为坦克引擎后，虽然最大功率由400马力调到340马力，但即使如此，整车的单位功率也达到了17.3马力/t，在二战前期的坦克中名列前茅，成为“十字军战士”坦克具有充沛动力的保证，需要顺便提及的是，苏联BT-2、BT-5快速坦克的早期型号采用的同样是“纳菲尔德-自由”引擎。

克里斯蒂悬挂系统由美国人沃尔特·克里斯蒂发明，由两个前后连接的圆柱螺旋弹簧组成，前面为可调水平螺旋弹簧，后面为垂直螺旋弹簧，将负重轮和车体之间用这种结构的大型螺旋弹簧相连，最后的一个负重轮处于水平螺旋状态，从而提高了负重轮的行程。当它的第二负重轮处于高度压缩状态时，其余的3个负重轮仍然处于伸张状态。有趣的是，英国人是从苏联人那里发现克里斯蒂悬挂系统的。1936年，后来名扬北非的韦维尔将军和负责指挥英军坦克兵的马特尔将军应邀参观苏军的演习，对BT系列坦克的敏捷留下极深的印象，就委托诺菲尔德公司以购买拖拉机的名义，用了8000英镑从克里斯蒂手里买了最后一辆克里斯蒂坦克。该悬挂系统在经过英国人加装筒式液压减震器的改进后，更为“十字军战士”底盘拥有出类拔萃的越野机动性奠定了坚实的基础——除了具备良好的柔性和可靠性，大幅提高了野外高速行驶时的地形适应性外，还解决了因没有减震器而导致震动增大的问题，具备成为一个稳定的防空火炮机动射击平台的潜力。

“十字军战士”MKIII巡洋坦克

显然，对博福斯40mm高炮来说，“十字军战士”的履带式底盘比莫里斯C9/B这种轮式底盘优越太多了，甚至有些奢侈——尽管是退役装备，但其机动性和通行能力还是超过了英军装甲部队中的大多数车辆，执行伴随性防空任务可谓游刃有余（北非战场上的英军坦克兵往往打开“十字军战士”的发动机限速器，使坦克的最大速度达到64千米/小时。在二战初期，这简直就是“飙车”。“十字军战士”坦克的机动性优势得到淋漓尽致的发挥。英军的坦克兵对这一点非常得意。连德国人和意大利人也对“十字军战士”坦克的机动性歆羡不已，意大利还试图仿制“十字军战士”）。更何况，尽管导致“十字军战士”退役的原因之一是其装甲防护薄弱，然而就“防空坦克”的标准来看，正面23～32mm，侧面14～19mm的装甲厚度却已经足够。就这样，“十字军战士”履带式底盘与英制博福斯40mm高炮的组合，宣告了第一种真正意义上的机械化防防空火炮或者说防空坦克的出现。

装有博福斯M34 40mm高炮的“十字军战士”MKI防空坦克样车

不过，不同于莫里斯C9/B那种因陋就简的仓促设计，由于“十字军战士”履带式底盘在吨位和承载能力上都大大高于3吨级轮式火炮牵引车，诺非尔德公司于1944年1月推出的“十字军战士”40mm防空坦克样车在设计上是非常完善的——“十字军战士”的A13履带式底盘得到了完整保留（需要说明的是，样车所用的"十字军战士"MK III 底盘源自一辆战场上回收的战损车辆），但原坦克炮塔被拆除，以一个由 3 块 15mm 倾斜式装甲板构成的 4 人大型敞开式炮塔取而代之，整个炮塔采用电力驱动炮塔旋转和炮管仰俯，因而极为灵活。至于炮塔内部不但容纳了 40mm 博福斯高炮的炮架和炮身（炮管通过一道垂直的细槽伸出炮塔，拥有极大的射击仰角），1 名车长、2 名炮手和 1 名装填手，还包括一套完整的自动装弹系统（废弃的弹壳从前方直接抛出炮塔）以及全新的"斯多奇（stookey）"型自动修正机电混合式瞄准装置。然而，尽管"十字军战士"40mm 防空坦克的出现，对英军装甲机械化部队意义重大，但这种开创式的防空坦克却并没有投入量产，仅止步于那辆孤零零的样车。原因有两点，一是英国陆军对装有博福斯 40mm 高炮的"十字军战士"防空坦克样车仍然采用敞开式炮塔非常不满（如此设计极大地削弱了整车的战场生存能力）；二是整个炮塔被人员和设备塞满，携带的弹药极为有限，从外输送弹药的效率也由于炮塔的设计问题而十分低下，以至于火力的持续性无法保证，战斗力大打折扣。结果，装有 40mm 博福斯炮的防空坦克样车被放弃，一种装有双联装 20mm 机关炮，并拥有全封闭式装甲炮塔的替代方案出现了。

有意思的是，这种被称为"十字军战士"MKII 的防空坦克（装有 40mm 博福斯炮的"十字军战士"防空坦克自然就是 MKI）安装的博尔斯登（polsten）20mm 机炮居然是一种命途多舛的波兰版"厄利孔"，而关于这门炮的故事则多少有些复杂。厄利孔 20mm 机炮的起源要追溯到一战末期德国空军采用的"贝克"20mm 机炮。这是一种全部动作能量来自弹药燃气的武器，也就是后来人们所称的导气式工作原理，炮闩为立楔式，身管装有消焰器，两根自动卡栓通过卡箍和后导轨各自向内倾斜 1.8° 安装在炮架上，身管还由炮架前方的可开合套箍托住，身管和套箍间留有均匀空隙，以减少射击时身管产生的振动，火炮由弹链供弹。一战结束后，"贝克"20mm 机炮并没有随着德国的战败而销声匿迹。1921 年，"贝克"20mm 自动加农炮的专利被贝克博士卖给了瑞士的 SEMAG 公司，这家公司十分看好以后的机载武器市场，因而打算在"贝克"的基础上开发出更有威力的机载自动武器（以 20×100RB 弹药代替原先的 20×70RB 弹药）。1924 年，这项专利又被转让给另一家瑞士公司——厄利孔（Oerlikon，公司名称来源于其坐落的苏黎世郊区地名），他们又在 SEMAG 公司的基础上为改头换面后的"贝克"自动加农炮增添了 1/3 的药室容积，用以发射新型 20×110RB 弹药。截止到 20 世纪 20 年代末，厄利孔版的"贝克" 自动加农炮已经派生出了 3 种不同的变形，分别是 Oerlikon F (20×70RB)、L (20×100RB) 及 S (20×110RB)。作为商业产品，它们从设计图到生产许可，全部可按照客户的要求出售。结果，不但很多国家购买了大量成品用于机载火力、高射炮或反坦克武器，更有一些有心的国家购买了图纸和专利，或者以某种方式进行了仿制——波兰就是如此。

作为《凡尔赛条约》的产物，夹在苏德两个大国间的波兰由于自身危机感非常强烈，在自身能力范围内，对一切现代化武器的研发一直都是不遗余力的——性能出色的厄利孔 20mm 机炮自然是波兰军方的重点关注对象。继 20 世纪 30 年代初引进了一批样品，又于 20 世纪 30 年代中期从瑞士方面购买到相关图纸后，波兰军方却意识到厄利孔 20mm 机炮的出色性能是以生产工艺的烦琐和生产成本的高昂为代价的，并不适合国力有限的波兰大量生产装备，然而波兰的国防需求又十分需要这样一种高效能的多用途武器。结果，作为一种折中式的解决方案，有一定军工能力的波兰人进行了"参照"设计——1939 年初，一种简化型的波兰版厄利孔 S 型 20mm 机炮就此出现，这就是博尔斯登 20mm 机炮的由来。当然，波兰人的"参照"设计也并非完全是一个托词。事实上，与原版的厄利孔 S 型 20mm 机炮相比，博尔斯登的特点在于，在保证基本性能不致大幅度降低的情况下，通过简化结构、简化生产工艺（将总零件数由 250 个减少到 119 个）的方式降低了生产成本，提高了生产效率。

加拿大军队装备的3联装牵引式博尔斯登20mm防空炮

左起第5枚即为博尔斯登20mm机炮发射的20×10RB弹药

至于博尔斯登怎么来到英国并在此最终开花结果，则另有一番波折。1939 年 9 月 1 日，第二次世界大战首先在波兰爆发，几十天后这个复国仅仅 20 年的国家便再次宣告覆灭。然而，很多不甘做亡国奴的波兰人却选择流亡海外，继续为祖国作战，而在这些勇敢的波兰人中，既包括军人也包括军工人员——于是，尽管没来得及在波兰投产，但博尔斯登 20mm 机炮的图纸还是落到了英国人手中。不过在一开始，英国人并未对波兰人带来的这份礼物表现出过多的兴趣。这倒不是因为英国人的骄傲。事实上，20 世纪 30 年代中后期的欧洲战云密布，各国全面扩充军备，制造精良、性能出众的厄利孔 20mm 机炮自然大受欢迎，英国军方也不例外——英国皇家空军和皇家海军为自己的战机、战舰订购了大量由英国国内授权生产的“西班牙 - 瑞士”版 Oerlikon S（FFS）20mm 机炮（HS9），作为机载武器或舰载防空武器使用。由于这种精密武器性能十分令人满意，英国方面对波兰的简化型博尔斯登不感兴趣也在情理之中。然而，开战后英国军方却很快发现自己对这种性能不俗的 20mm 机炮需求量超出了原先的预计——除了皇家海 / 空军外，英国陆军也迫切需要装备大量厄利孔 20mm 机炮作为地面低空防空武器使用，但这样一来就出现了一个问题，授权生产的“西班牙 - 瑞士”版 Oerlikon S（FFS）20mm 机炮同原版货一样昂贵，高达 350 英镑的造价令国力衰弱的大英帝国难以承受。

一部分 3 联装博尔斯登被临时装在贝德福德卡车上作为机动防空火炮使用

在这种情况下，博尔斯登作为 Oerlikon S（FFS）20mm 机炮简化版的意义就开始凸显——其性能与授权生产的“西班牙 - 瑞士”版 Oerlikon S（FFS）相差无几，然而生产成本却只有后者的 1/5 左右（每门博尔斯登 20mm 机炮的成本仅为 70 英镑），至于生产工艺的简洁更是令人叫绝。于是，波兰人的设计被从文件柜中翻出，由捷克和英国工程师接手进行重新完善。从 1943 年 4 月开始以加拿大为主要生产基地，博尔斯登 20mm 炮的大规模量产正式拉开了序幕——大量的 3 联装和 4 联装型号被生产出来装备地面部队和空降部队，还有一部分3联装型号被临时装在贝德福德卡车上作为机动防空火炮使用。由于精度高、可靠性好、火力持续性强（有30发弹匣和60发弹鼓两种供弹方式），博尔斯登20mm机炮装备不久就在部队基层官兵中打出了自己的“名堂”，获得了良好的口碑，结果当英国陆军寻求MKI型“十字军战士”防空坦克的替代方案时，一种双联装博尔斯登20mm机炮与“十字军战士”MKIII坦克底盘的搭配方案，很快就引起了强烈关注。英国陆军在稍做考量之后，便决定予以采纳，这便是MKII型“十字军战士”防空坦克的由来。

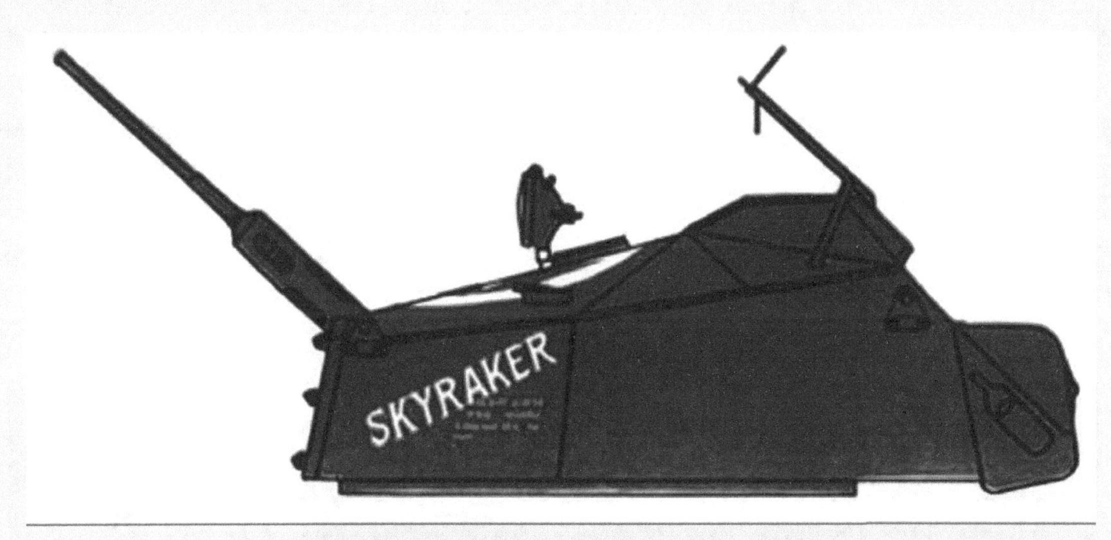

配备双联装博尔斯登20mm机炮的全封闭式双人炮塔

与装有博福斯40mm炮的MKI型“十字军战士”防空坦克相比，配备双联装博尔斯登20mm机炮的MKII型“十字军战士”防空坦克在外观上具有显著区别——前者的4人大型敞开式炮塔被后者的全封闭式双人小型6角式炮塔所取代，炮塔全重2350kg，装甲厚度仅20mm，双联装博尔斯登20mm机炮拥有一个巨大的铆接式双层防盾，炮长位于火炮左侧，炮手位于火炮右侧，炮塔顶盖上部有一个两开式合页舱盖供乘员进出。此外，炮长和炮手除了分别拥有一具对空瞄准镜外，炮长还单独拥有一具带装甲防盾的回转式潜望镜。整个炮塔的旋转依靠人力手摇机械装置，可以达到每秒钟14°，超过绝大多数坦克的炮塔旋转速度（足以满足防空任务需求），另外，炮塔两侧各有一个旋转座圈锁定装置，用于在行军状态下锁紧炮塔。不过，尽管采用了导气式原理，博尔斯登20mm机炮不需要像博福斯40mm炮那样，安装笨重复杂的外动力式自动装填系统，但在安装了一门双联装博尔斯登20mm机炮、4个60发弹鼓，容纳2名乘员后，炮塔内的空间已经捉襟见肘，最后只好将短波无线电台挂在炮塔外部后侧，算是一个下策。不过，虽然有这样一个小小缺憾，但由于整体设计简单明了，诺非尔德公司仅仅用了一个半月时间就利用一辆“十字军战士”MKIII巡洋坦克底盘，改装出了一辆博尔斯登版“十字军战士”MKII防空坦克样车。1944年2月，这辆“十字军战士”MKII防空坦克（AA）样车与加拿大生产的“石龙子”防空坦克样车同场参加演示——后者装有一门4联装博尔斯登20mm机炮，采用封闭式炮塔设计，并且使用了加拿大仿造的M4A1坦克底盘（即“灰熊I”）。

配备4联装博尔斯登20mm机炮的加拿大“石龙子”防空坦克

“十字军战士”MKII（AA）防空坦克各向视图

两辆样车在试验场上的表现同样令人满意，并得到了军方高层的一致好感，不过最后胜出的仍然是装有两门博尔斯登的“十字军战士”MKII（AA），而加拿大人的“石龙子”则惨遭淘汰（尽管加拿大人已经完成了三辆整车和八个炮塔）。至于这其中的原因并不复杂，尽管“石龙子”防空坦克看上去更大、火力更猛、底盘装甲更厚、设备也更为完善，但与之相对的却是更为高昂的价格，而从这个角度来看“十字军战士”MKII（AA）防空坦克当然就要优越得多——其战斗效能接近“石龙子”，但废物利用式的设计思想却使其生产成本大幅下降，而英国军方显然更看重这一点。于是，作为诺曼底登陆战备计划的一部分，“十字军战士”MKII（AA）防空坦克于1944年3月底被批准投入紧急生产。到1944年6月6日诺曼底登陆前夕，英国陆军共接收了179辆防空坦克，不过这其中并不全是标准的“十字军战士”MKII（AA）——一部分“十字军战士”MKII（AA）炮塔设计进行了更改，外置的无线电设备被重新置于加长的炮塔尾舱中，这种版本被称为“十字军战士”MKIII（AA）防空坦克；另一部分则属于彻底的简化型——在将炮塔座圈用一块钢板焊死后，一门敞开式的3联装博尔斯登20mm炮，被整体固定在光秃秃的底盘上（这种版本也被归于MKIII（AA））。值得注意的是，还有一部分车辆干脆连底盘也进行了更换。考虑到高强度使用，到1944年年中，大部分“十字军战士”MKIII坦克底盘在机械状况上已经不尽如人意，结果英国陆军决定调拨部分机械状况较好的“人马座”坦克进行改装，而这种版本也就根据炮塔的细微差别，被重新命名为“人马座”MKI/II（AA）防空坦克（“人马座”（A27L）实际上是介于“十字军战士”与“克伦威尔”之间的过渡型号，本质上是装有“自由”而不是“流星”引擎的“克伦威尔”早期版本，大部分后来换装了“流星”引擎的“人马座”（A27L）被归入“克伦威尔”，但少部分仍然使用“自由”引擎的“人马座”（A27L）则没有被视为战斗车辆，仅仅作为教练车使用，所以用“人马座”（A27L）底盘与“十字军战士”MKII（AA）防空炮塔生产一部分防空坦克是十分合情合理的）。

作为真正意义上的机械化防空火炮，在诺曼底登陆时，英军将这179辆“十字军战士”/“人马座”防空坦克郑重其事地陆续运到了法国（其中“人马座”MKI/II（AA）防空坦克95辆）。但讽刺的是，尽管英军给予其诸多褒扬之辞：“该车侧面轮廓低矮，机动性强（最高行驶速度达到38km/h），射速高（每分钟可以发射400～650发炮弹），火炮射角广。它对于低空飞行的德军飞机，堪称是致命的克星。尽管安装的两门机关炮是相连的，但都可以单独射击。使用弹鼓供弹的标准20mm炮弹，威力强大，只需命中3～4发，就足以摧毁任何一种德军的战斗轰炸机。”然而，由于此时盟军已经牢牢地掌握了战场制空权，“斯图卡”早已成为天空中的稀罕客，上述之辞显然多有夸大，或者说是主观臆想的成分居多——这些防空坦克参加的对空作战实际上是屈指可数的。倒是在地面作战中，“十字军战士”/“人马座”防空坦克的的确确发挥出了一些作用，比如一份报告中是这样说的：“在地面支援任务中，它（‘十字军战士’/‘人马座’防空坦克）是一种有效的步兵肃清武器。特别是在使用高爆燃烧曳光弹的情况下，‘十字军战士’/‘人马座’防空坦克在对建筑物进行射击时体现出了极高的价值，可以迫使敌军离开建筑去到开阔地域，其20mm高爆燃烧曳光弹的长点射对敌军占领的建筑物或灌木树篱非常有效。”

正从登陆舰上开下法国海滩的“十字军战士”MKIII（AA）防空坦克

正在执行对空警戒任务的一辆简易型“十字军战士”MKIII（AA）防空坦克

5.5 结语

这是一部简短且不全面的皇家防空坦克诞生史，然而却令人感触颇多——艰难两个字恐怕是萦绕于每个人脑海中最为深刻的东西。很多人都在思索这样一个问题：英国人对于机械化防空火炮的探索和思考不可谓没走在全世界之前，但他们为什么在那场最重要的战争中，不仅没能拥有最好的机械化防空火炮，甚至在战争的一半时间里都是一个空白？这其中的原因是引人深思的。

显然，这段历史证实了一种克劳塞维茨式的见解，那就是政治态度、政治轻重缓急次序和政治制约对于武装部队和战略信条的发展能够施加支配性影响。事实上，英国机械化防空火炮乃至全机械化战争的早期倡导者们，如利德尔·哈特及其导师富勒等人，其思想之所以最终遭到冷遇，是因为比英国军事权势集团的所谓反动思想更复杂的因素所致。这些英国装甲机械化战争的拥护者倡导的军队类型和战略概念在政治上很难被接受，与此同时他们在军事上没有考虑，或者根本不懂英国参谋本部面对的许多财政、物资和人力困难。结果，具有讽刺意味的是，正如我们已经看到的那样，利德尔·哈特和富勒动机良好的争辩实际上反而妨碍了军队的现代化——战争爆发时，英国装甲兵力仍然弱小，缺乏包括机械化防空火炮在内的大部分配套装备，而且缺乏明确的军事信条。

第6章

陆地上的“沙恩霍斯特”

艺术家笔下的 P-1000 超重型坦克

自古以来一直进行的技术人员军事化，以及自 18 世纪以来军事人员所受的越来越深入的技术教育，并没有消除两类人员间的隔阂。两种人员分别服从不同的权威：应用科学的权威和非技术性的军事等级制度的权威。这样一来，不仅存在着一种因无知而产生的障碍，而且存在着一种因目的截然不同而产生的障碍。对于军事官僚机构来说，为了保持数量，它常常不得不牺牲一种武器所可能达到的最佳质量——部队数量减少意味着组织基础的动摇。但在硬币的另一面，对某些技术人员来说，数量本身却没有什么价值。技术人员通常很难全心全意地尊重军事人员所制定的那些军事需要，因为在他们眼里，职业军人对技术的客观实际大都缺乏全面的了解。对于这类指示，技术人员往往只采取一种形式上服从的态度：他们很了解军事需要的短暂性，因为他们看到每隔几年就要出现新理论和新“战略”，而他们自己取得成果却要经历几十年。事实上作为一个技术人员，他追求的唯一目标是质量最佳、性能最好的武器，很多技术人员也因此很少考虑费用问题——只要科研经费能够承受就行。因为在这些技术人员眼中，1 亿美元一架的飞机或是 5000 万美元一辆的坦克，军队也不会嫌贵，军队首先要做的是申请更多的军费以购买更多“最好”的武器，其次才是讨价还价和降低制造成本。但这一切的结果就是如此一种情况——如果没有一个良好的协调机制，习惯于天马行空的技术人员，最终搞出的往往会是结构空前复杂、价格空前昂贵的工程怪物。

6.1 背景

如果将整个国家比作一艘装载着普通国民的大船，那么就是军人们掌管着甲板上的武器，技术人员管理着机舱，驱动着这艘大船沿着不明航线驶向未知的目的地，可船长归根到底却是政治领袖——也就是说，在战争中政治领袖（或者说政府）将负责协调军人和技术人员之间的有效沟通，避免任何一种偏颇情况的出现。但有意思的是，如果将上述说法用于二战中的纳粹德国，我们会发现在德国的技术人员、职业军人与独裁政治家之间不但存在着矛盾，而且这种矛盾随着战争发展变得更加尖锐化了（尽管这是一个被公认为在军事科学教育与技术素质教育两方面均十分发达的国家）。事实上，曾经怀揣艺术家梦想的希特勒没有多少艺术天分，却有着艺术家的偏执，他往往会在个别情况下突然从上面进行干预，下达必须干什么或禁止干什么的命令，比如可能执意停止一项从技术角度看十分有希望成功的发明项目，原因是该项目与他的伦理观念发生了抵触，但是他也可能命令技术人员超越当代科学可能性去发展新武器，似乎政治决定和拨款能够左右和加速科学的发展。

总之，一个希特勒式的人物是相信可以把专政用到实验室和车间的，而且在真实的历史中他也的确是这样做的。但这使德国的军工技术人员与军事参谋指挥机构间本来就存在着的那种因无知而产生的障碍，因为希特勒个人的原因被进一步放大了。也正因为如此，在二战中，虽然雄心勃勃的纳粹德国技术人员在很多方面做出了成绩，拿出了一系列光彩夺目的成果，但在长官意志与技术人员的偏执的合力作用下，同样出现了很多既超出常人想象，又超出军事实用范畴的怪物——千吨级构想的陆地巡洋舰就是其中之一。

前卫的 Go-229 战斗轰炸机算是二战时期德国军工技术光彩夺目的成果之一

6.2 直线性思维的结果——由超重型坦克到陆地巡洋舰的必由之路

德制战车都是特点鲜明的武器，但也许太突出特点了，结果反而陷入了偏执。德国坦克在二战初期先是十分强调机动性，如 PzKpfw II、PzKpfw III，后来受了苏联人的刺激，又转而片面追求火力和防护，于是从“虎”和“豹”开始，日耳曼战车的步伐越来越沉重。事实上，德国在战争后期的坦克研制上所走的道路与美、苏、英完全不同。大体来讲，美国和苏联是先造底盘后选火炮，也就是说，先研发出一种性能优良的坦克底盘，然后再根据这种底盘的性能往上面添加各种各样的火炮。这属于从下往上的发展模式，因此美国和苏联的装甲车辆差不多都是由 M4、T34、KV 几种有限的坦克底盘衍生出来的，这样就为日后的大规模生产和维修保养工作提供了很大的便利。而大战中后期的德国人所走的道路却恰好相反，德国人是先选火炮后造底盘，也就是说德国人先在仓库里或是绘图板上寻找一门性能足够满意的火炮，然后再根据这门火炮的要求去设计底盘，属于一种从上往下的发展模式。但随着时间的推移，德国研发的反坦克火炮（坦克炮）口径越来越大，身管越来越长，为了承担它们射击时的巨大后坐力，现有的底盘已经无法满足需求，于是底盘的设计也就只能不断向重型化发展。

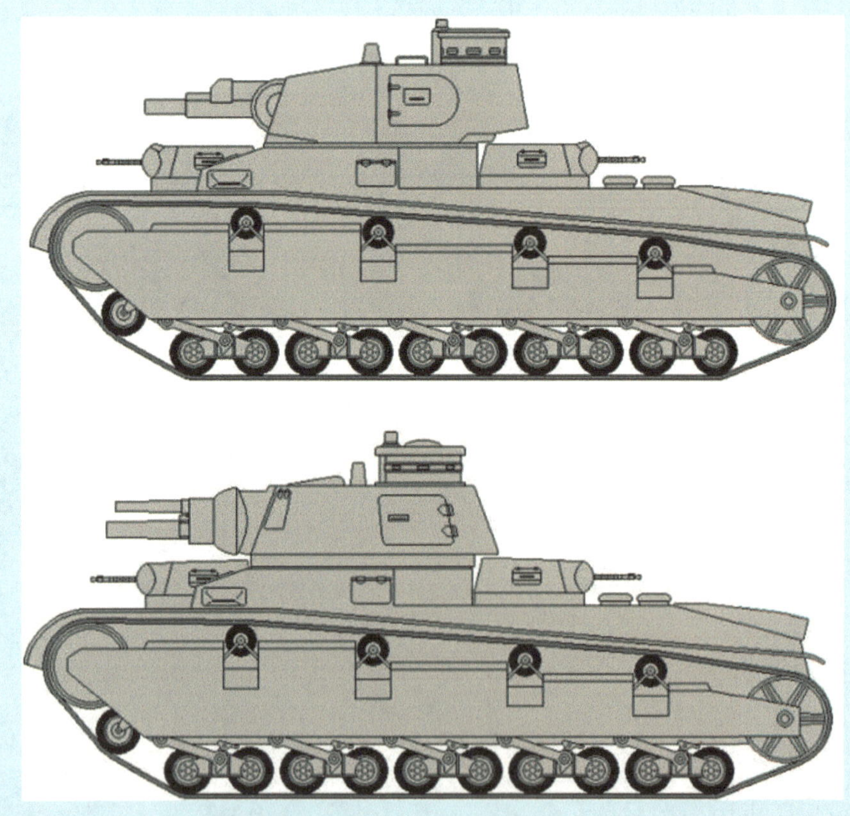

德国重型坦克的早期代表作——被称为“新结构车辆（Neubaufahrzeug）”的莱茵金属（上）与克虏伯公司（下）重型坦克样车（这两种大同小异的重型坦克样车，显然是按照“先造底盘，后选火炮”的传统思路设计的，与庞大的车体相比，仅仅 24 倍径的 75mm 短身管主炮与多炮塔结构是这种结论的有力证明）

德国人仿制 T-34/76 的企图之所以失败，就与这种思路有关。起初，对于 30 吨级的战车，希特勒最青睐的是 KwK 44 L/100 75mm 坦克炮，但其后坐力高达 18t，能够与之匹配的底盘吨位级别至少要在 40 ～ 50t 左右，而从战前相关技术储备来看，德国人甚至都没有为研制 40t 以上级别的动力 / 传动装置做好准备。希特勒曾经希望在各家公司的 VK3002 样车上能安装 100 倍径的 KwK 44 L/100 75mm 坦克炮（KwK 44 L/100 75mm 坦克炮的威力十分惊人，可在 1000m 距离轻松击穿 150mm 厚的装甲，火力毁伤性能要在 PzKpfw VI（虎）的 KwK 36 88mm 坦克炮之上），虽然后来经多方劝说，他总算放弃了这个不切实际的想法，勉强接受了威力略逊一筹的 KwK 42 L/70 （75mm），然而 KwK 42 L/70 （75mm）已经是一个下限了。这一切的最后结果便是，凭借更强大的火炮威力上，VK3002（MAN）在选型中战胜了 VK3002（DB），最终发展成了大名鼎鼎的“黑豹”——虽然两辆样车都不符合陆军武器局的要求，但前者为了安装 75mm 的 KwK 42 L/75 炮，不惜为之设计出了一个大大超重的重型化底盘，而后者却抱着仿制的 T-34/76 底盘不放，结果只能安装一门缩水版 75mm KWK 40 L/60。就这样，当“黑豹”坦克的选型尘埃落定之际，也开启了一个先选火炮再造底盘的危险先例——当战争后期各种德国新型坦克的战斗全重纷纷攀升过 40t 大关后，动力 / 传动装置方面的问题麻烦不断，成为战斗车辆向重型化发展的最大瓶颈。

计划装备 105mm KwK 45 L68 坦克炮的 PzKpfw VI Ausf. B UA 虎 II（TigerII）改进型（通过这辆所谓的超级虎王坦克，我们可以很好地理解德国人先选火炮再造底盘的发展模式——试验表明，无论是底盘还是炮塔，PzKpfw VI Ausf. B 已经无法与这门 105mm KwK 45 L68 坦克炮进行匹配了，结果德国人只能重新研制更重、更大的底盘与炮塔去适应这门大威力火炮）

PzKpfw VI Ausf. B 虎王（Tiger II）是另一个有关的典型案例。从 PzKpfw VI Ausf. B 虎王（Tiger II）的情况来看，当德国人发现它产量过低的时候，始终认为是底盘和发动机上出了问题，结果从 1943 年 1 月～ 1944 年 8 月整整一年半的时间里，德国人都把精力耗费在如何改进它的底盘和发动机上，却丝毫没有留意到这些问题其实全都是由火炮引起的，结果失去了改正错误的最佳时间，反而越陷越深。在 KwK 43 L/71 88mm 坦克炮与底盘的匹配问题迟迟得不到解决的情况下，德国人却先推出了 105mm KwK 45 L68 坦克炮，然后又马不停蹄地推出了更为恐怖的 KwK 44 L/55 128mm 坦克炮，其发射穿甲能力达到了 2000m 距离击穿 240 ～ 270mm 装甲的程度，而如果稍微留心一下号称二战期间拥有最佳装甲防护的 IS-3（盟军方面），其铸造式炮塔的正面厚度“仅有”220mm 的事实，我们便不难判断出这两种坦克炮威力过剩的程度。而试验表明，无论是底盘还是炮塔，PzKpfw VI Ausf. B 都已经无法与 105mm KwK 45 L68 或 128mm KwK 44 L/55 坦克炮进行匹配了，结果德国人只能重新研制更重、更大的底盘与炮塔去适应这门大威力火炮。最终为了容纳这门巨炮被迫重新设计了新型底盘，接二连三地推出 PzKpfw VIII 与 E-100 之类的败招，同时还要忍受分装式弹药所带来的低射速，其方向性有所迷失。

德国坦克在三大性能中突出强调火力的终极产物便是这些令人感到不可思议的所谓超重型坦克，但它们却远非终极产物 (PzKpfw VII 可以视为重型化的 PzKpfw VI Ausf. B 虎王（Tiger II），E-100 则可以视为采用了轻型底盘的 PzKpfw VIII)

讽刺的是，如果德国人的“偏执狂症”不发作，凭借信手拈来的 Flak 36 88mm 高射炮，他们本可以用不大的代价去获得所谓的“火力优势”，但结果偏偏不是这样。不过底盘的重型化发展反过来又更加刺激了当权者在其上装备更大威力火炮的欲望，战争后期德国重型坦克的发展便因此陷入了恶性循环。因为身管一再加长、口径一再加大的各种高性能火炮，绘图板上的底盘也就在尺寸上一加再加，构造也越来越复杂，结果两个同样难造的东西正好凑到一起，其机械复杂性、整体造价与生产难度也就可想而知了（一般来讲，一旦风险系数超过 50%，就需要重新评估项目所面临的风险），直至最终导致了以 PzKpfw VIII 为代表的一系列超重型怪物的诞生。然而，重达 188t 的鼠式就是这场闹剧的尽头么？答案是否定的。可以说，先选火炮后造底盘的思路，使战争后期德国坦克技术走上了一条跳跃式的发展路线，急切地企图从一个质变向另一个质变迅速跨越，但由于跳跃性发展进入的新境界是前无古人的，所以既可能是柳暗花明，也可能是误入歧途——德国人最终迷失了。如果定要为这个论断寻找证据的话，那么虎头蛇尾的“千吨级陆地巡洋”项目便是活生生的事实，无法否认。

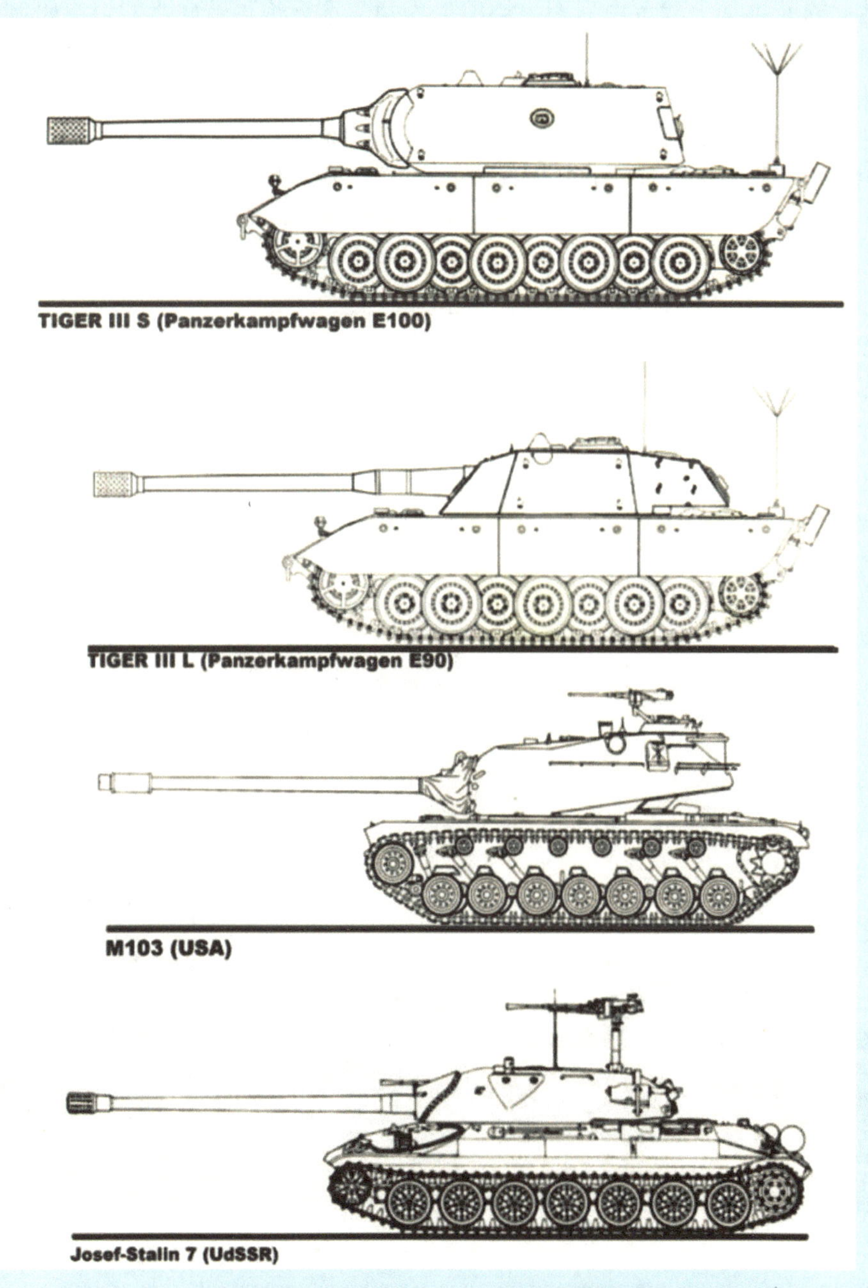

由于设计思想及战略环境的巨大差异，战争后期乃至战后的美苏重型坦克相对德国的同类设计而言显得“魄力不足”

6.3 由“重装甲自行要塞炮”说起

德国人为什么会痴心于最大最重、装有巨型火炮的所谓超重型坦克，直至出现了超重型坦克的最终形态——令人叹为观止的“千吨级重装甲陆地巡洋舰”？一般认为，战争后期的形势，已经不要求德国坦克能够深入对方阵地后方，破坏其后方补给和交通线，因此对耐行驶、不易发生机械故障的要求大为降低，转而强调火炮的威力与装甲板的厚度，可想而知，按照这种思路制造出来的坦克，只要能与盟军坦克交火，那么战斗力上的优势将是显而易见的。再加上战争中后期，德国工程师先选火炮再造底盘的坦克研制思路越来越根深蒂固，也注定了怪物早晚会在绘图板上出现。然而，这种说法虽有一定的道理，却并没有将事情完全说透。

事实上，“千吨级重装甲陆地巡洋舰”项目与战争末期那些想法疯狂，但本质上仍属于急就章性质的应急项目还是有区别的，而且其起源要比很多人想象中早得多，立项原因也要复杂得多。这个项目最早可以追溯到法国战役刚刚结束的那个时期。当时，德国军队以闪电战战术占领了英国以外的整个西欧，整个德国的版图空前扩大，然而军事上的胜利同时意味着德国军队的防区范围超出了原来的两倍，特别是从法国一直到挪威的2000km海岸线，开始让纳粹德国最高统帅部感到头疼——要知道，德国海军的力量只及英国海军的30%，实际上不堪重用，而德国陆军和空军的组织训练都不适合执行这类守备任务，更何况到1940年底，由于英国上空的进攻性空战宣告失败，登陆英国、迫使英国政府投降或者与纳粹合作的意图也就无法实现，大部分兵力只能在没有彻底解决西线隐患的情况下，投入即将到来的东线行动。结果如此一来，起初对“新海岸线”防御未雨绸缪式的思考，也就一下子成为现实。

1940年底，纳粹德国在英国上空发动的进攻性空战宣告失败

一般而言，以得到良好装甲防护的海岸重炮为主要支撑点的永备防线是应付这种局面的不二选择——就如同法国人和比利时人做过的那样。虽然在此前的战争中，这种防线曾经被德国

人自己一再突破过，但面对浩瀚的大洋，希特勒与总参谋部的最初选择却仍没有超出“马奇诺防线”的俗套。1941 年 6 月 22 日，野心勃勃的“巴巴罗萨”计划拉开了大幕。经过了战争初期的节节胜利之后，随着苏联逐步提高的抵抗能力，东线战场对德国人力和物资的消耗急剧扩大，驻防西线的德军部队不断被调往东线救火，大量人员和装备损失造成西线部队的作战能力不断下降。本来一个被击退到海峡对面日渐没落的英国不足以对德国产生太大的威胁，但是 1941 年 12 月 7 日，日本海军偷袭珍珠港，美国正式对日本宣战，不日也对德国宣战。这样一来，面对实力大增的同盟国军队，德国不得不认真考虑西部海岸的防御。于是在 1941 年 12 月 14 日陆军总司令威廉•凯特尔元帅发布的特别指示中，第一次提到了“大西洋墙”这个概念。1942 年 3 月 22 日，希特勒发布第 40 号指令，正式宣布了建设“大西洋壁垒”的计划和具体要求，建设任务交给德国公共建设部门“托特”机构负责。

“大西洋壁垒”防线中的 105mm 海岸炮塔

事实上，所谓的“大西洋壁垒”基本上是马其诺防线的仓促翻版，主要由分布在漫长海岸线上的一个个要塞防御区为主支撑点。一个典型的要塞防御区，由主要防御区和周边防御区组成。周边防御区基本就在海滩上，由反坦克壕、战壕和防护堤等组成。主要防御区建在离海岸几百米的距离内，通常由一系列巨大的钢筋混凝土堡垒组成，按照不同的用途分为大口径火炮堡垒、机枪碉堡、通信中心、弹药库、食物储藏库、电力设施、宿舍等，甚至还有小型的野战医院。各个碉堡之间都密布着地雷和带刺的铁丝网，由隐蔽的交通壕或者地道相连。每个主要防御区就是一个可以坚持较长时间独立战斗的单位，基本不需要任何外部的支援和补充。但显然，这样的一个要塞防御区不是个小工程，计划中绵延 2000 多千米的“大西洋壁垒”更是个天文数字般的大手笔。

1942 年春天“大西洋壁垒”开始了大规模的建设工作，要求“托特”机构到 1943 年春天完成 1.5 万个永备防御工事，由 30 万德军负责一线防御，同时保留 15 万的预备队。“托特”机构为此投入了几乎所有能够动用的人力和物力，并且使用了相当数量的战俘和被占领国家的雇佣工人，但整个工程从一开始就被预期，到 1943 年春，最乐观的情况下也仅仅将有不足 50% 的工程能够完工（实际施工的重点只集中在加莱地区，要保证完成纵深达 5000 ～ 6000m

的坚固防御工事，基本形成比较完善的防御体系）。德军西线总司令伦德斯泰特元帅对工程表示了极大的忧虑，并向希特勒一再说明西线德军面临的困境，希望得到有效的改善。结果，为了寻找更有效的海岸防御手段，德国人不得不动起了歪脑筋。

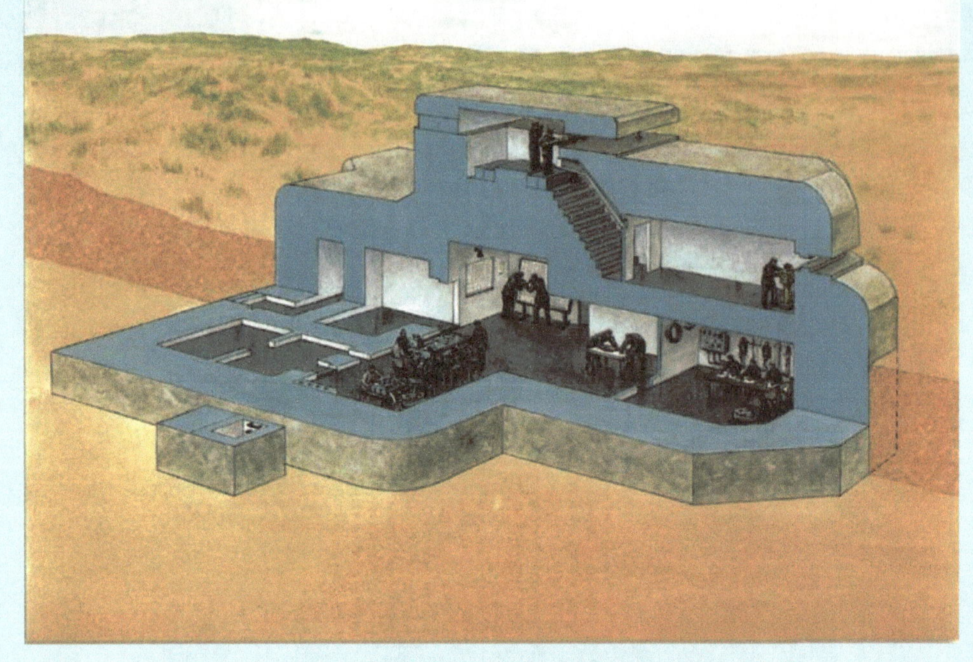

“大西洋壁垒”防线中的永备工事

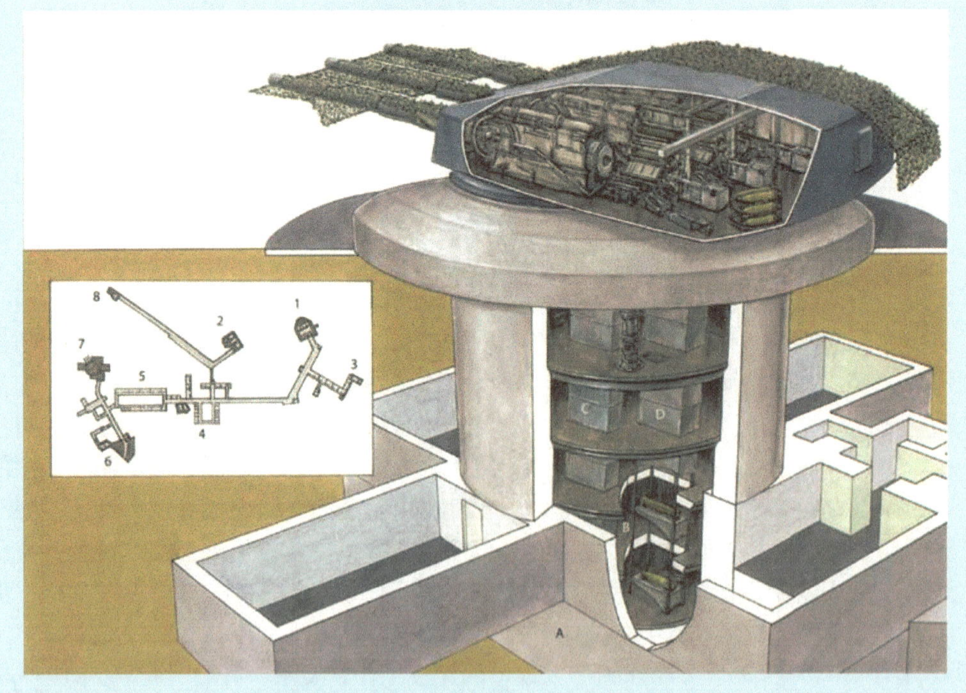

计划用于“大西洋壁垒”防线的381mm战列舰炮塔

事实上，区区700多千米长的马其诺防线在修了整整10年、耗资50亿法郎（1930年币值）之后，仍然没能在战争开始前全部建成。所以，“大西洋壁垒”最终无法完全建成的情况早就被德军内部的一些人预见到了。为此早在1941年年底，也就是凯特尔元帅首次提出“大西洋墙”

的同时，人才辈出的陆军武器局（Heereswaffenamt）第5处（Wa Pruf 5，主管工兵装备及要塞防御武器的开发）就提出研制一种机动化的重装甲要塞炮以满足海岸防御的设想。应该承认，如果不考虑技术问题的话，这的确是个不错的主意，机动防御能够有效弥补过于稀疏的海岸防线。不过，问题的关键在于，这样的想法靠谱么？至少陆军武器局第5处认为可行，理由是德国已经在不经意间积累了一些相关的技术储备。比如，战前克虏伯公司就有过类似的超级武器研究：使用海军巡洋舰主炮的超级岸防炮。岸防炮系列包括14种平台，编号从R1至R14，火炮则是用150～380mm的舰炮安装在平台的一个可以自由转动的转盘上，其中的R2平台装备的是280mm的火炮。但如果说超级岸防炮只是一种原理性的技术储备，那么使用全履带底盘的卡尔巨炮则为重装甲自行要塞炮成为现实提供了更强有力的支持。

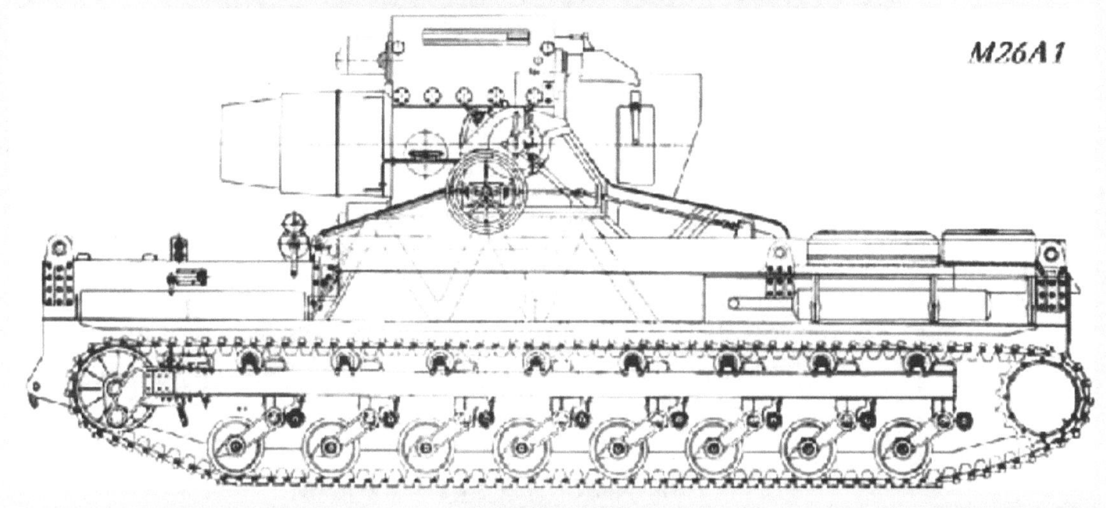

卡尔巨炮1号车

卡尔巨炮实际上是为了击碎马其诺防线研制的超重型迫击炮，火炮口径600mm，弹重2000kg，炮弹装药350kg，初速243m/s，火线高3.2m，俯仰角-10°～75°，射击角度为55°～75°，火炮全重64.5t，发射600mm混凝土贯穿弹时，可以贯穿2.5m厚的强化混凝土工事。不过，卡尔巨炮的亮点其实并不在于火炮本身，全履带式的巨型底盘才是这个“神器”最吸引眼球的地方。卡尔600mm自行迫击炮只生产了几辆，和单件生产差不多，但它却用了两种发动机、两种变速箱。一种动力装置为戴姆勒奔驰公司MB503型V12水冷汽油机，最大功率580马力，装在1、2、6号车上；另一种动力装置为MB507型柴油机，最大功率稍有增加，而其油耗却大大降低，装在3、4、5号车上。变速箱也是两种。机械式变速箱由阿尔德尔特公司生产，有4个前进档和1个倒档，用到1、3、6号车上；液压式变速箱由波尔舍公司生产，用到2、4、5号车上，燃油容量为1200L。由于单位功率很低，卡尔巨炮最大速度仅为6～10km/h，最大行程分别为42km(MB503时)和60km(MB507时)。行动部分也有两种结构，但都采用主动轮在前和诱导轮在后的布置方式。1号车和2号车的行动装置为每侧8个负重轮和8个托带轮，并有轮轴架，主动轮的轮齿为17齿；3号车以后，每侧有11个负重轮和6个托带轮，主动轮的轮齿为12齿。悬挂装置为扭杆弹簧式。履带为钢质，宽500mm，履带板节距170mm，履带接地长7m，每侧有133块履带板。3号车以后，履带板节距增大为250mm，每侧履带板的数量减为94块。虽然高达124t的战斗全重导致履带单位压力很高，使巨炮在恶劣的路况下难以行驶，卡尔巨炮的机动性并不理想，但从1941年1月3日服役以来的表现看，这仍是一种实用的武器。

卡尔 1、2 号车每侧各有 8 个负重轮和托带轮

卡尔 3～7 号车每侧各有 11 个负重轮和 6 个托带轮

艺术家笔下的卡尔巨炮与其基于 PzKpfw IV 号底盘的弹药车

可以说，正是注意到了卡尔巨炮的成功，陆军武器局第 5 处才确信全履带化“重装甲自行要塞炮”的设想并非天方夜谭。不过，“重装甲自行要塞炮”并不是卡尔巨炮的简单放大。事实上为了节省研发时间，陆军武器局第 5 处希望能够直接利用为沙恩霍斯特号战列巡洋舰制造的 279mm 口径 L54.5 SK C/34 三联装炮塔，作为“重装甲自行要塞炮”的设计基础。客观地说，陆军武器局第 5 处的技术军官们眼力不差，279mm 口径 L54.5 SK C/34 舰炮并非凡品，其本身的设计目

标是以 279mm 口径的 54.5 倍径身管实现与法国敦刻尔克级快速战列舰 330mm 主炮抗衡的目的，并在 40° 仰角下最大射程可达 42500m。该炮主要采用三种炮弹：穿甲型，用于对付高强度的装甲目标；普通型，炮弹装有较多的炸药，并能增加杀伤力；高爆型，增强弹片杀伤效果，主要用于对付暴露的人员、高射炮炮位、火控装置、探照灯等，还用来对付装甲防护较弱的驱逐舰以下的舰艇。沙恩霍斯特号战列巡洋舰曾经利用其 279mm 口径 L54.5 SK C/34 三联装炮塔轻易击沉过英国皇家海军的重要舰只——“光荣”号航空母舰。另外，装有 3 门 279mm 口径 L54.5 SK C/34 舰炮的三联装炮塔装甲分布为正面 360mm、侧面 200mm、顶部 150mm，达到了俾斯麦级战列舰的水准，可以说攻防性能均相当了得。所以，将沙恩霍斯特号战列巡洋舰的主炮炮塔直接用作岸防要塞炮无疑是十分理想的。不过，唯一的问题在于重量。这样的一个炮塔自重就达 780t 左右，按照沙恩霍斯特号战列巡洋舰 31500t 的标准排水量计，每个 279mm 三联装炮塔均摊近 1 万吨的排水量（沙恩霍斯特号战列巡洋舰拥有 3 个三联装炮塔）。显然，要让这样一个巨型炮塔能在地面上通行无阻，卡尔巨炮的 040 底盘就如玩具一般——底盘部分重起炉灶只能是唯一的选择。于是，先选火炮再造底盘的一幕上演了。

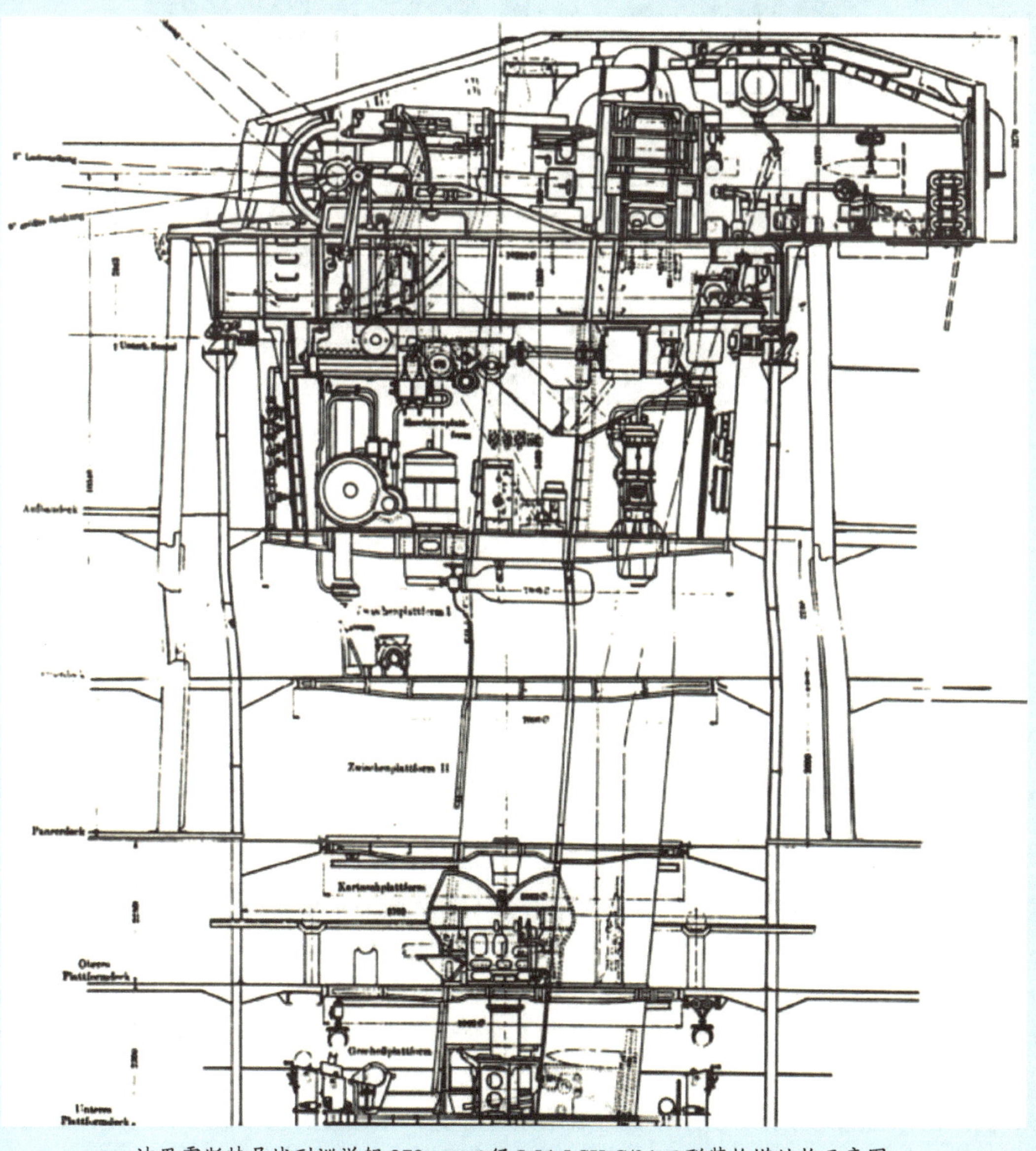

沙恩霍斯特号战列巡洋舰 279mm 口径 L54.5 SK C/34 三联装炮塔结构示意图

舾装中的沙恩霍斯特号战列巡洋舰巨大的主炮炮塔底座

6.4 陆地上的“沙恩霍斯特”——P-1000“巨鼠”级陆地巡洋舰

设计一个巨无霸履带式底盘的问题令人头疼，其涉及的领域之广，已经远远超出了一个小小的陆军武器局第5处的权责范围，需要全国范围内的大协作，但安装沙恩霍斯特号战列巡洋舰炮塔的“重装甲自行要塞炮”方案，却引起了信奉尼采超人哲学的希特勒的格外青睐，这使项目的前景一下子豁然开朗。此时这位“领袖”正被东线层出不穷的苏联装甲怪物搞得暴跳如雷，区区一辆52t的KV-2就挡住德军一个步兵师的事情居然也实实在在发生了——这证明德国装甲部队此前所取得的成就，其实远非依赖于装备的技术优势，而是得益于先进的作战理论、前线指挥官们纯熟的战术运用以及对手出人意料的“懦弱”。然而，作战理论方面的优势却并非总是令人放心的，一旦对手发现了自己的问题所在，或者干脆实行“拿来主义”，照搬闪电战精髓，那么哪怕对手的技术装备水平仍然维持在现有水平，德国装甲部队的优势也将荡然无存。事实上，由于缺乏重型坦克，在东线的德军装甲兵已经开始使用缴获的苏联装备了——其中，尽管T-34/76是最受德军坦克兵欢迎的，但装备有152mm口径重炮的 KV-2 却更强烈地震撼了希特勒本人，以至于其一度动起了要将这种缴获的苏联坦克运到地中海，攻占马耳他的念头。

沙恩霍斯特号战列巡洋舰

1943 年第 22 装甲师第 204 装甲团装备的 Panzerkampfwagen KW-I 753(r)

结果是德国人受了不小的刺激，从 1936 年便拖拖拉拉进展缓慢的重型坦克项目到了 1941 年春一下子被提高了优先级——不但后来逐渐演变成 PzKpfw VI Ausf. E 虎 I 重型坦克的 VK 4501 以及演变成 PzKpfw VI Ausf. B 虎王（Tiger II）重型坦克的 VK 4502 在这个时候被正式立项，“更重一些”的东西也被悄悄搬上了绘图板。特别是当情报显示 1942 年中期以后，东线红军重型坦克火炮口径很可能会由 ZIS-5 76.2mm 坦克炮向长身管的 106.7mm Gun ZIS-6 型加农炮进行全面过渡，希特勒便认定“不管是 50 吨级的 PzKpfw VI Ausf. E 还是 60 吨级的 PzKpfw VI Ausf. B，它们统统都过时了！德国军队需要更重、更强的战车！”。也正因为如此，这个看起来疯狂至极的“重装甲自行要塞炮”方案，在希特勒的眼中不但不荒谬，反而还有些魄力不足。在想象力过于丰富的希特勒看来，这个从天而降的“重装甲自行要塞炮”哪里还是什么要塞炮，分明就是一辆完全满足了其超人主义虚荣心的超级重型坦克，或者干脆说是“陆地版沙恩霍斯特”。这实际上意味着，原先的设想要进一步延伸，而绝不只是一个自行化的海岸炮平台，对付各种装甲目标、土木结构工事乃至防空的多用途能力同样是这种恐怖的“陆地巡洋舰”在设计时所要考虑的。当然，按照今天的普遍看法，70 吨级已经是坦克的吨位上限，超过这个阈值的战车很难说还有多少实用价值可言，何况这种千吨级的“陆地巡洋舰”。

事实上，1941 年后期出现的 90 吨级 PzKpfw VII（Löwe）狮式超重型坦克方案（VK 7201（Schwere）），就已经被很多接受过良好军事技术教育的德国军官骂作荒谬了

即使不考虑一系列技术上的瓶颈，单单是所需要的人力物力便是一个天文数字。不过在独裁政体中，“领袖”的个人意志通常也就代表了国家意志，往往可以凝聚起超乎想象的国家资源集中于一件事——无论这件事本身荒谬与否。于是在1942年6月23日，经希特勒亲自批准，由克虏伯公司资深工程师格鲁特（Grote）博士主持的“陆地巡洋舰”项目P-1000正式启动——因为在时间上稍稍晚于VK7001（即Panzerkampfwagen VIII），所以这个项目后来也被非官方地称为“巨鼠”。按照前文的阐述，这显然是一个先选火炮再造底盘的典型，所以在火炮乃至整个炮塔已经确定的情况下，底盘的研制就是整个项目成败的关键乃至全部。但现在的问题在于，底盘成败的关键又是什么？其实答案很简单——动力。事实上，在格鲁特博士的绘图板上，未来的“陆地版沙恩霍斯特”底盘（或者说是履带式舰体）将是一个长35m、宽14m、高11m的巨型平台，即便安装减去一门279mm舰炮的双联装简化型炮塔，战斗全重也会轻易超过1000吨（这也是这个项目被称为P-1000的原因）。这将是有史以来人类最伟大的陆地车辆，但同时也是机械设计上的噩梦，至少需要15000马力以上的动力才能在陆地上驱动如此巨物缓慢蠕动。不过，这样的动力存在么？

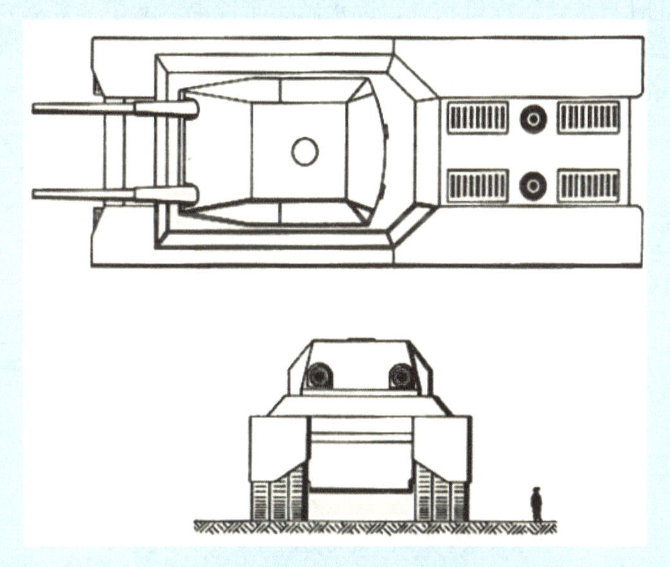

最初的“陆地版沙恩霍斯特”方案

MAN公司24缸V12Z 32/44巨型柴油机实际上是第三帝国海军新一代U艇的备选动力方案之一

起初在格鲁特博士看来，成熟的舰用动力只能是唯一的选择。当然这多少有些令人觉得怪异，但考虑到这个项目本身被视为“陆地版沙恩霍斯特”，也就释然了。而就当时德国舰用动力的现状而言，同其他主要海军国家一样，属于蒸汽轮机与大功率中高速柴油机并重，不过舰用蒸汽轮机一般体积巨大（一般装备排水量 1 万吨以上级别的巨舰，连锅炉在内，整套系统重量往往就能超过几千吨），现实的选择只能是 S 艇或是 U 艇用的柴油机（柴油机的压缩比高，所以转速只需要达到汽油机的一半水平就能获得与汽油机相同的输出功率。在功率相同的情况下，柴油机的扭矩要明显超过汽油机，而且柴油机的油耗量一般都会比同排量的汽油机少一半，这对于一直靠合成汽油过日子的德国人来说，用在超重型坦克上是再合适不过了）。于是，格鲁特博士最初为 P-1000 选择了这样一套柴油动力系统——由 8 台 S 艇用的戴姆勒 • 奔驰 MB501（直列 20 缸）并联成 16000 马力的动力组件（8×2000 马力），或是由 2 台 MAN 公司的 24 缸 V12Z32/44 型潜用机构成 17000 马力的动力组件。然而，上述的两种动力方案其实都算不上理想——尽管 MB501 是一种量产化引擎，经历了实际的考验、可靠性好、成本低廉、便于大量装备，但 8 台 MB501 并联方案的散热问题很难解决，而 MAN 公司的 24 缸 V12Z 32/44 巨型柴油机此时只是处于样机状态，远水解不了近渴。就在一筹莫展之际，梅赛施米特公司正在为其 Me 264 洲际远程轰炸机研制的蒸汽涡轮发动机进入了克虏伯公司 P-1000“陆地巡洋舰”项目小组的视野，P-1000 的前景似乎又柳暗花明起来。

艺术家笔下采用常规动力的 6 发版本 Me 264

尽管要用一架烧煤的“蒸汽机”去轰炸美国，这样的方案把很多人吓得不轻，但梅赛施米特公司对蒸汽动力版本的 Me 264 方案态度却相当认真，甚至已经进入了细节性的规划阶段：其中蒸汽涡轮由容克斯公司设计，长 1100mm，宽 600 ～ 650mm，大体相当于一台 Jumo 213 发动机的大小；锅炉部分则由奥丹多福公司的罗塞奥教授设计，梅赛施米特公司对这台燃气锅炉的要求是，内膛直径 1.2m，装有冷凝换热器和空气预热器，以提高锅炉热效率，重量功率比 0.7kg/ 马力，在 15 个大气压的额定压力下 4 台这样的锅炉能够驱动一台涡轮机恒定输出 6000 马力动力。而整套蒸汽涡轮动力系统除了锅炉与涡轮机两个核心部分外，还包括锅炉给水泵、辅助涡轮、通气风扇、冷凝器、滑阀配汽机构、调速机构等附件。与柴油机动力系统相比，这种燃气蒸汽涡轮机系统的优点是显而易见的：继承了蒸汽机以蒸汽为工质的特点，同时采用了凝汽器以降低排汽压力，摒弃了往复运动和间断进汽的缺点，大大提高了工作效率；在任何高度都可保持恒定的动力输出；即使用于超长距离飞行，蒸汽动力也能自始至终以 100% 的全负荷状态运行；如果以优质轻油为燃料，锅炉的最大压力在 5 ～ 10s 内就可获得；对温差不敏感；具有高可靠性、超长的大修间隔及简单的维护要求；简便而敏捷的控制。但这套轻巧的蒸汽涡轮动力系统真正吸引克虏伯公司的不仅仅在于 6000 马力的最大输出功率、0.7kg/ 马力的比功率以及高度的可靠性与对燃料的“不挑食”恐怕才是真正令人动心的地方。要知道，P-1000 项目如果能够实际完成，在燃料消耗上绝对会是个令人心疼肝跳的“吃货”，而德国燃料供应的现实情况却是，由于夺取苏联高加索产油区的计划失败，除了罗马尼亚油田外，德国几乎再没有其他获取石油的渠道，而且人工合成高品质的轻质燃料代价高昂不说，产量也极为有限，在这种情况下对德国储量巨大的煤炭资源更为合理的利用自然要被纳粹德国高层提到相当重视的程度，这也是除要绕开超远程重型飞机发动机技术瓶颈外，Me 264 蒸汽涡轮动力版本出现的另一个重要原因——按照设计，这种蒸汽动力装置既能以 65% 固体煤炭类物质 +35% 液态原油的混合物作为燃料，又能完全以 100% 的原油或轻质油作为燃料。所以从这个角度来看，无论将这套动力搬上何种平台，其前景都足以令纳粹高层心动。现在，P-1000 恐怕也要走上这条路了。

Me 264/6m /Me 364 方案各种涂装效果示意图

事实上，考虑到德国褐煤储量大，煤层厚，平均深度 200～300in，可以使用露天开采法，获取成本非常低廉，梅赛施米特公司一开始就特别强调为 Me 264 研制的这套蒸汽涡轮动力机组将主要使用由褐煤加工而成的燃料，其具体工艺流程大致包括干燥、碾磨、混合制浆，最后加氢形成固体混合物。需要指出的是，煤加氢是极复杂的化学过程，因为煤不是均一的物质，由许多高分子量有机化合物组成，准确叙述在加氢期间发生什么是不可能的。褐煤干燥质经分析平均含碳 62%、氢 5%、氮 1%、硫 5%、氧 18%和灰粉 9%。相对氢碳比高，外加含氧量高，使褐煤成为相当容易加氢的原料。另外，高含氧量导致有价值的碳生成二氧化碳损失，也消耗氢产生水。褐煤似乎包含大比率的带羧基石蜡物质，环中带氧、氮和硫的稠环芳香烃及桥中带氧、氮和硫的环烷环。在加热和高压氢气作用下，大分子解聚并失去大部分的氧（羧基以二氧化碳的形式，醚以水的形式）。部分氮和硫同样分别以氨和硫化氢的形式除去，而一部分氮、氧、硫分别保留在碱基 （例如苯胺）、苯酚、苯硫酚中。总量相当可观的解聚煤馏油裂解和加氢导致含氢量显著增加和油的平均分子量降低。反应期间，煤中部分碳也转变为范围从甲烷到丁烷的气态产物。这些反应一些同时发生，而其他连续进行，但大体上主要作用是把大部分煤转变成含氢量更高、分子量更低的碳油混合质，这样的产品辛烷值大约 45%～55%，在喷淋重油作为助燃剂后完全可以满足航空用燃气蒸汽涡轮机的需要。虽然制造这种固体含碳原料加氢生产合成燃料的工艺流程较为复杂，但其关键技术早在1924年就为法本公司所掌握，所需的各种专门设备如反应器、预热器和换热器等也已量产，而根据纳粹德国洛伊纳和布吕克斯这两个最大的合成燃料工厂的产能估算（事实上，这种固体含碳原料加氢合成燃料就是合成汽油生产流程中的初级产品），每个厂年产大约60万t内燃发动机用轻质燃料，如果将这个产能折合为辛烷值不那么高的固体含碳原料加氢合成燃料，就有充分的理由认为这个产能至少能增加5倍。

蒸汽机结构示意图（虽然与预定用于P-1000"陆地版沙恩霍斯特"的燃气锅炉蒸汽涡轮动力系统并不完全是一回事，但常见的蒸汽机车却可能使我们对这种外燃机动力有一个更为直观的认识。蒸汽机车的动力系统主要由汽缸、底座、活塞、曲柄连杆机构、滑阀配汽机构、调速机构和飞轮等部分组成，汽缸和底座是静止部分。从锅炉来的高压蒸汽，经主汽阀和节流阀进入滑阀室，受滑阀控制交替进入汽缸的左侧或右侧，推动活塞运动。）

作为一个以机械制造为立国之本的工业强国，德国蒸汽涡轮机的技术水平自不必多说，再加上纳粹德国在军用燃气锅炉用固体含碳原料加氢生产合成燃料的发展方面取得了相当成就，为这种紧凑型大功率蒸汽涡轮动力成为现实提供了最基本的技术保证。于是P-1000"陆地巡洋舰"的心脏问题似乎得到了圆满的解决，整个计划从1942年10月开始进入了细节设计阶段。这其中特别值得注意的是，为了将P-1000与原先的"重装甲自行要塞炮"区别开来，最大限度地贯彻希特勒"陆地巡洋舰"的设计意图，除了使用经过简化的双联装279mm主炮炮塔外，还计划在车体首上装甲板装1门（或2门）128mm口径、55倍径身管的128mm KwK 44 L/55坦克炮，或是在车体后部直接移植一个VK7001超重型坦克（即后来的Panzerkampfwagen VIII鼠式超重型坦克，主炮就是一门128mm KwK 44 L/55坦克炮）的炮塔，以执行反坦克自卫任务。由于用途不同，279mm L54.5 SK C/34舰炮与128mm KwK 44 L/55坦克炮并没有可比性，而枯燥的数字又无法对这门火炮得出一个直观印象，那么我们仅仅

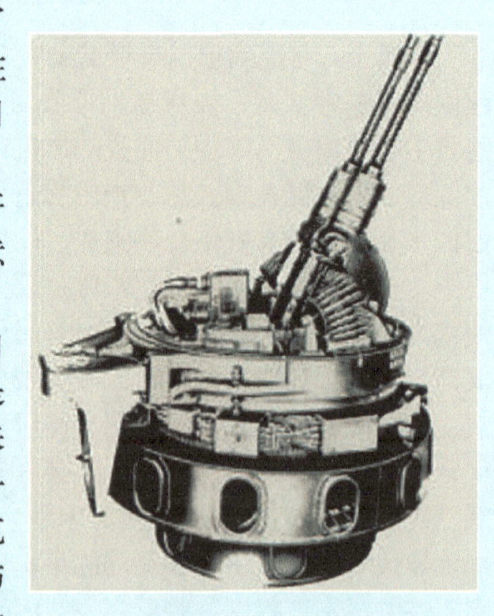

FDL 131Z遥控式无人炮塔实物

需要知道，“就整个二战各交战国生产出的所有装甲目标而言，这门炮的威力至少被浪费了50%”——其弹型有3种：人员杀伤榴弹、穿甲弹和破甲弹（均为分装式弹药），其中穿甲弹在1000m的射击距离上，当命中法线角为30°时，可击穿230mm厚的钢装甲，在3000m的距离上，则可击穿120mm厚的均质钢板。换句话说，在大约2500m的距离上，如果被这门炮命中，那么包括“潘兴”与“斯大林2”在内的所有盟军坦克都会被正面打个对穿。

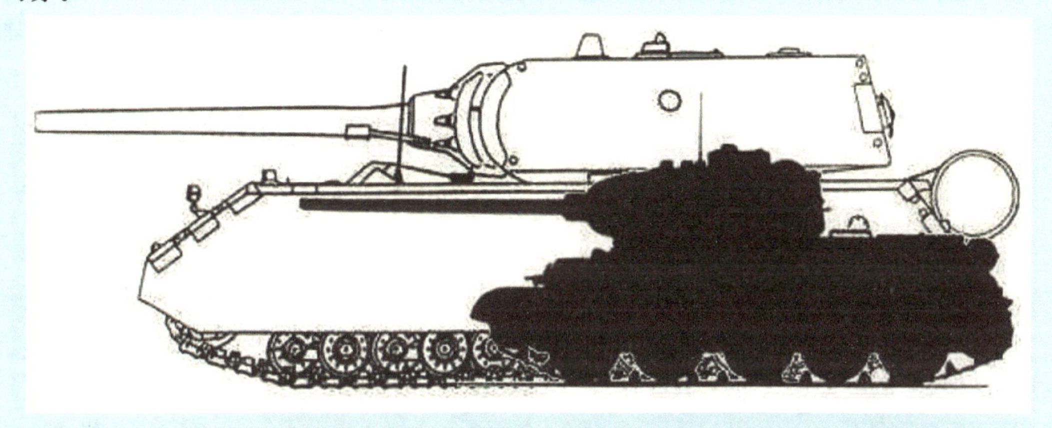

VK7001与T-34/85的车体尺寸对比图。虽然VK7001的尺寸已经很大，可按照越大也就越强的观点来看，P-1000这样的东西才让希特勒为之癫狂

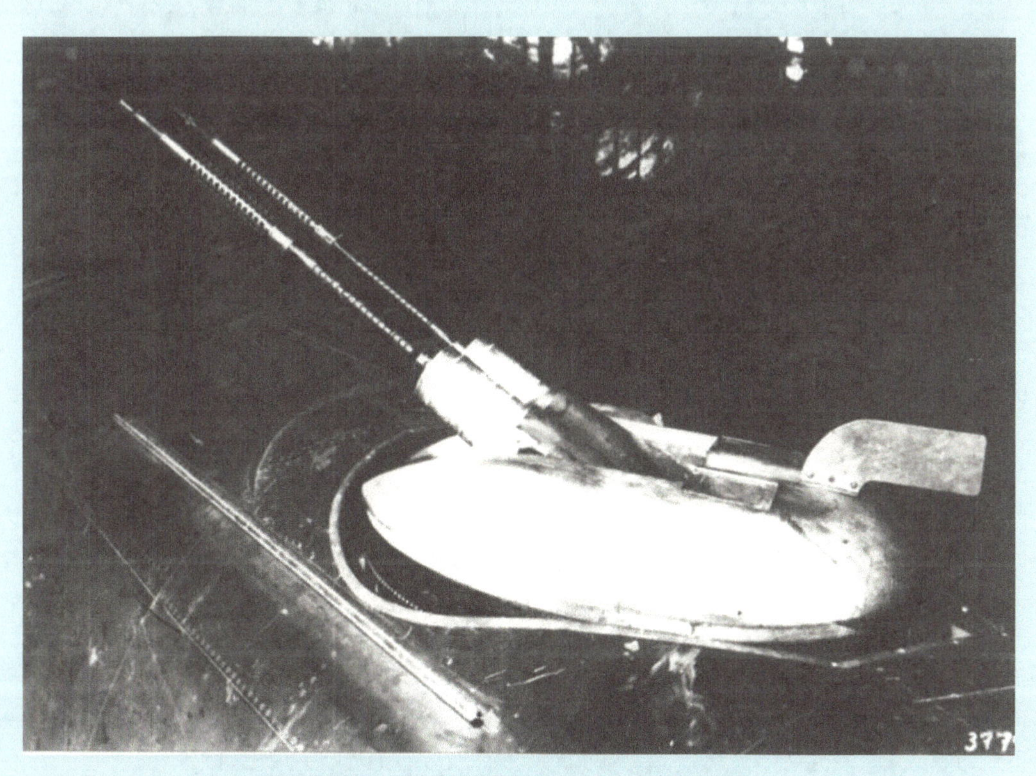

装在He177轰炸机机背上的FDL 131遥控炮塔

另外值得一提的是，由于VK7001的炮塔空间足够，还准备了一门75mm KwK 44 L/36.5短身管加农炮，作为128mm KwK 44 L/55的并列辅助武器。虽然单从长径比而言，这门75mm KwK 44 L/36.5只能勉强归入加农炮的行列，要对付1943年东线的装甲目标显然是力不从心，不过用来杀伤人员、对付各种软目标却是绰绰有余，再加上高达200枚的弹药基数，作为一

种辅助武器，75mm KwK 44 L/36.5 实在是 128mm KwK 44 L/55 的绝配（当然，能用 75mm 炮作为辅助武器的炮塔，可想而知得有多么好的一副身板才能承受）。有意思的是，将 128mm KwK 44 L/55 坦克炮或是整个 VK7001 炮塔搬上 P-1000，本身也就意味着单纯的一个“沙恩霍斯特”279mm 主炮炮塔并不是万能的（更何况还是一个双联装的简化版）——既无法用于反坦克、反步兵，也无法用于防空。那么为这艘“陆地巡洋舰”加装必要的防空火力也就势在必行了。于是，从经典的 88mm KwK 36 到绘图板上各种完整的自行高炮炮塔再到用于轰炸机的 FDL 131 系列遥控炮塔，都被考虑搬到 P-1000 那大地般敦实的甲板上——绘图板上的“陆地巡洋舰”逐渐发展成了一个四周喷火的巨型刺猬。

艺术家笔下的 Panzerkampfwagen VIII Maus (Sd.Kfz 205/VK7001) 鼠式超重型坦克
（P-1000 项目有可能直接利用鼠式超重型坦克的炮塔作为辅助炮塔）

„ Flakpanzer" - „ 3,7 cm Flakzwilling - Cölian" . 12.1943

4 个坦克依次为：PzKpfw V/MG-151/20、PzKpfw V/Flak 43/37、PzKpfw V/Flak 44/37、 PzKpfw V/Gerät 58/55。所有这些自行高炮的炮塔都被考虑装到 P-1000 或后续项目的车体上

动力系统有了着落，车体结构和武器配置日渐成形，但这一切并不意味着 P-1000 呼之欲出了。事实上，令人头疼的地方还在后面。为了保证绝对安全，整个车体的平均装甲厚度是 200mm，这个厚度已经大大超过了“沙恩霍斯特”战列巡洋舰的装甲平均厚度。这样即使暂不考虑车体顶部和底部需要加厚部位的装甲重量，仅车体的箱体重量就将达到 700 多吨。况且炮塔装甲的正面厚度至少要达到 350mm 的标准，算上装弹机构、提弹机构、炮角调整系统、炮塔旋转系统等一系列的装置，及安装后实际重量接近 100t 的两门主炮，300 多千克一枚的巨型炮弹，这样整个炮塔的总重量将会达到近 700t 的重量。然而上述计算还暂时没考虑 VK7001 炮塔那个硕大的反坦克炮，及各种防空火炮的重量。再加上 279mm 口径双联装主炮炮塔将不会使用炮口制退器，这使底盘对于后坐力的承受问题更加严峻。制退器当然可以作为身管的一部分制造出来，炮弹射出炮膛时高温高压的火药气体进入炮口制退器时，部分气体经中央弹口向前喷出，大部分气体从侧孔向侧后方喷出，对炮管产生一个向前侧方向的拉力，形成反拉力，减小了火炮的后坐力。但由于气体在炮口处膨胀的不稳定性给炮弹作用力产生了干扰，多少会影响精度，而且炮口制退器会产生向后的冲击波，对附近的人员、车辆和设备有较大的伤害，这就是 P-1000 无法安装制退器的根本原因。事实上因为制退器产生的冲击波是向着侧后方的，即便是普通的大口径自行火炮的车辆前部结构也要进行加固和加厚，车体的前灯也都是特制的，太薄的话，几炮下来一般的钢板就会产生变形。这艘“陆上巡洋舰”如果实际建成，其最终的战斗全重将远远超过设想的 1000t。这实际上也就意味着，即使动力问题能够得到解决，这个庞然大物能不能开得动，还要取决于传动及悬挂系统的设计。

费迪南 / 象式重型坦克歼击车是电传动系统用于重型履带车辆的成功范例

事实上，传动及悬挂系统的设计，恐怕是整个 P-1000 项目最出彩的地方。按照陆军武器局的设想，同 VK7001 一样，这将是一辆采用电传动的巨兽——巨型发动机通过一个间接变速箱向发电机提供能量，发电机产生的电力再用于驱动两个电动机，电动机则直接对主动轮输出动力。虽然电传动装置的体积和重量较大，而且造价较高，再加上其发电机的效率约为 90%，电动机的效率约为 85%，总效率约为 76%，相比之下，同级别机械式变速箱的总效率却可以达到 88%～ 90%，所以缺点十分明显。但这样的缺点与 P-1000 宏伟的体积相比，简直就不值一提。客观地讲，如果剔除其中偏执的成分，格鲁特博士坚持在 P-1000 项目中采用电传动是有其合理性的。首先，由于电传动装置不需要传统意义上的变速箱，所以可以灵活布置电动机的位置，像 P-1000 这种“电动机在前，发动机居中，发电机在后”的布置方案就很有创意，这使其不必像传动装置 / 主动轮前置的传统德式坦克那样借助一根贯穿整个底盘的长长传动轴来传递动力，从而也就降低了整车高度和制造难度；其次，与传统的机械传动系统相比，电传动系统由于扭矩输出均匀，所以可靠性相对较高，而这一点在费迪南 / 象式重型坦克歼击车的实战中得到了很好的验证。最重要的是，这套电传动装置具有连续自动变速和转向的功能，只有 3 个前进档和 3 个倒档，通过主控制柜上的 发电机控制开关来完成，比起操纵一般的机械式变速箱要轻松得多，而且理论上可以实现无级变速和无级转向，所以操纵性相当好。如果最终采用 Me 264 的燃气蒸汽涡轮动力系统，则完全不必考虑复杂程度令人头疼的传动齿轮组。当发电机的电压一定时，只要控制发电机的电流，便可以控制电动机的转速和扭矩（单台发电机的最大输出功率为 160kw，最大输出电流 800A）。这也是电传动装置的最大优点之一。在大吨位履带式车辆上使用电传动系统的方向是正确的，而且吨位越大，采用电传动方式的优势也就越明显。

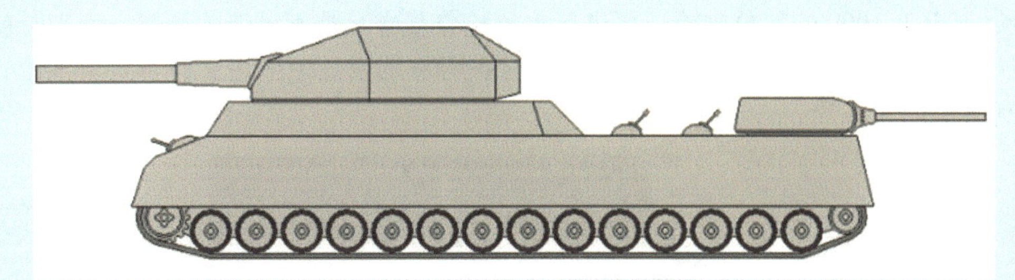

“巨鼠”级陆地巡洋舰侧视图

P-1000“巨鼠”级陆地巡洋舰最终效果图

行动部分的设计是 P-1000 陆地巡洋舰另一个引人关注的地方。一般来讲，为了克服巨大的车体重量与良好通过性能之间的矛盾，传统的德式履带车辆会采用交错布置负重轮的方式。当然，在一定的范围内负重轮交错排列确实有它的好处，比如，可以在不增加车长的情况下增加负重轮的数量，从而降低坦克的地面压强，大幅提高坦克的推进效率和在松软地面上的通过能力。但对重达千吨的“陆地巡洋舰”来说，负重轮交错排列带给 P-1000 的缺点却要远远超过它的优点。首先，行走机构过于复杂导致负重轮之间的距离过小，因此很容易塞进泥沙碎石，阻塞履带和驱动轮的运转，从而影响到坦克的行驶，使行动部分的维护工作苦不堪言，而且负重轮还往往因下雪或泥土结冰而无法动弹，在战场上这种情况往往是致命的。但这些还不是P-1000采用负重轮交错排列的最大问题。事实上，真正的麻烦在于多排设计限制了负重轮的厚度，导致负重轮的刚度严重不足，说简单一点就是不经打，中口径的近失弹就可能造成交错式的单轮缘负重轮变形。而对P-1000这样的移动堡垒来说，如果采用负重轮交错布置，负重轮无论是被炸坏、被塞住还是因为其他原因损坏（这恐怕是经常发生的），其在稳定性、机动性以及越野能力上的优势就会统统不复存在，损坏后要想更换就必须先拆掉外侧的多个负重轮，而以P-1000的吨位来看，要进行火线抢修基本上是不可能的事情，到那时就只能像活靶子一样摆在战场上动弹不得。结果，在P-1000的设计中应用交错布置负重轮的设想只能放弃。

德军机械师正在更换Panzerkampfwagen V（“黑豹”坦克）的负重轮（“黑豹”坦克采用了典型的交错布局负重轮结构，更换负重轮的工作就一直令车组人员苦不堪言。而如果P-1000也采用类似的行动机构，那么所遇上的麻烦恐怕就不仅仅是叫苦这么简单了）

不过，交错布置负重轮并非支撑起“陆地巡洋舰”的唯一途径，将几组采用扭杆悬挂的单排式、大直径、双轮缘负重轮的履带并行排列在一起也是个不错的主意，况且P-1000庞大的身躯也有能力安装这种巨大的行动机构。于是，最终出现在绘图板上的P-1000行动机构是这样的——每侧由3条1.2m宽的履带组合成为一个庞大的行走系统，每条履带共有14个大直径双轮缘负重轮及相应数量的拖带轮（主动轮在前，诱导轮在后），履带的总宽度达到了惊人的7.2m，虽然无法保证P-1000所经过的公路和桥梁不被压坏，但如此宽的履带将赋予这艘“陆地巡洋舰”良好的稳定性和甚至低于普通坦克的接地压强。这样的行动机构在达到了良好效果的同时，又有效地避免了交错布置负重轮的固有缺陷（不仅不易被塞结，而且即使几个负重轮被炸变形也不会对整车产生太大的影响）。此外，能够采用单扭杆而不是双扭杆悬挂装置是 P-1000 项目最终选择这种奇特的多排并行履带行动机构的另一个重要原因。德国是世界上最早采用扭杆悬挂的国家，自从 PzKpfw III 坦克后就普遍采用扭杆式独立悬挂系统了（PzKpfw IV 其实基本是和 PzKpfw III 同时研制的，两者的悬挂系统设计类似）。扭杆式独立悬挂系统的原理在于通过管状材料表面形变来获得弹性行程，扭杆一头刻有花键用于固定，另一头接平衡肘，实现上下位移。扭杆悬挂的优点在于体积小、动行程大（特别是扭杆表面实施了喷丸处理后）。

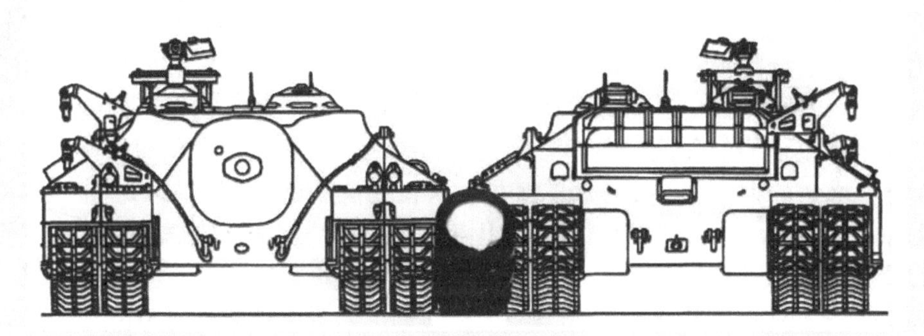

P-1000 采用的多排并行履带行动机构与 1943 年美国 T-28 超重型坦克的设计十分类似

交错布置负重轮的结构决定了往往要采用双纵向扭杆悬挂，这种成组纵向扭杆的悬挂方式非常有创造性，但也将德式交错布置负重轮设计推向了复杂的极致——扭杆在转动的同时承受张力(压力)载荷，利用通到战斗室的管道对平衡肘轴承进行润滑（极少占用车内的空间，结构非常紧凑），负重轮摆臂一侧向前而另一侧向后，使每只负重轮摆臂能够装有几个前后交错布局的负重轮（但两侧平衡肘朝向不同，可做到负重轮同轴布置），车辆前后负重轮处安装有筒式液压减振器，平衡肘安装在滑动轴承内，轴向由扭杆固定。但问题在于，双纵向扭杆悬挂负重轮总行程有限，行驶在崎岖不平的路面上会产生刚性撞击。采用单扭杆悬挂的单排式、大直径、双轮缘负重轮行动机构则不但没有这方面的顾虑，而且还将赋予 P-1000 高达 2m 的底盘离地高度，能够让它轻易克服大多数的河流和地面障碍，大大增强其通过性能。事实上，按照陆军武器局第 5 处的要求，采用如此设计的 P-1000 底盘将能够带着 279mm 双联装炮塔以及车体上大大小小的其他武器，在陆地上跑出 40km/h 的最大公路时速（相当于 21.6 节），虽然这种程度与大海中的“沙恩霍斯特”无法相提并论，但对于一艘陆地版本的战列巡洋舰来说，能跑出 40km/h 最大公路时速的 P-1000 已经是个可怕的怪物了。

P-1000“巨鼠”级陆地巡洋舰的体积与“黑豹”坦克形成了鲜明的对比

6.5 “重达千吨，轻如薄纸”——P-1000 陆地巡洋舰项目的结局

应该承认，“巨鼠”P-1000的某些优点是无法超越的，比如因为堆砌了大量的武器并且拥有巨大的内部空间，“巨鼠”可以携带大量的装甲掷弹兵来为其提供完善的近距离保护，而且“巨鼠”作战时必然会形成一个以它为中心的强大战斗群，围绕在其周围的众多辅助性装甲机械化部队将会为它提供密集的防空和反坦克火力，从而能够更好地抵御来自空中与地面的任何威胁。敌军的任何武器似乎都无法对它造成实际威胁，甚至战列舰级别的舰艇如果处于“巨鼠”主炮的射程范围内都会受到它的威胁。事实上，对于如此巨大的陆地巡洋舰来讲，不算强大的火力和厚度惊人的装甲，仅仅凭借其身躯，P-1000就能碾碎挡在其前进道路上的一切障碍——无论这些障碍是坦克、堡垒还是士兵那脆弱的肉体。甚至，按照希特勒的设想，这只“巨鼠”就像是一座活动城堡，可以只身抵御敌方大军的进攻，虽然它可能行动缓慢，可一旦从浓雾中驶出，敌军的部队只要看见它就会从战场上溃败。然而事情果真会如此么？

铁路机动的800mm口径多拉巨炮与P-1000“巨鼠”级陆地巡洋舰底盘组合在一起，导致了P-1500项目的出现

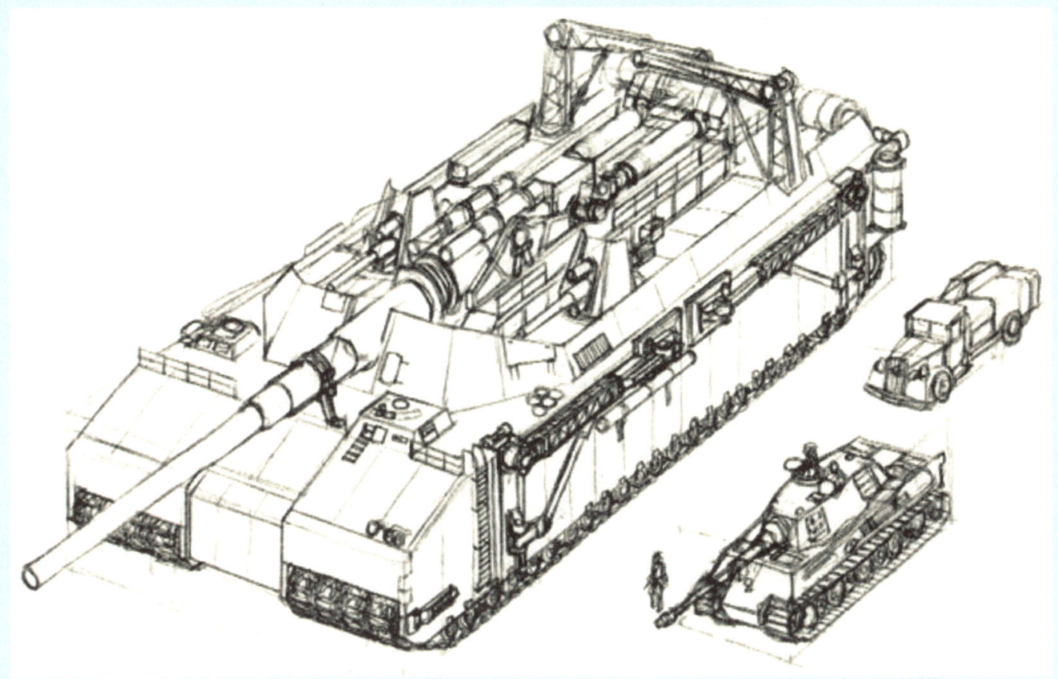

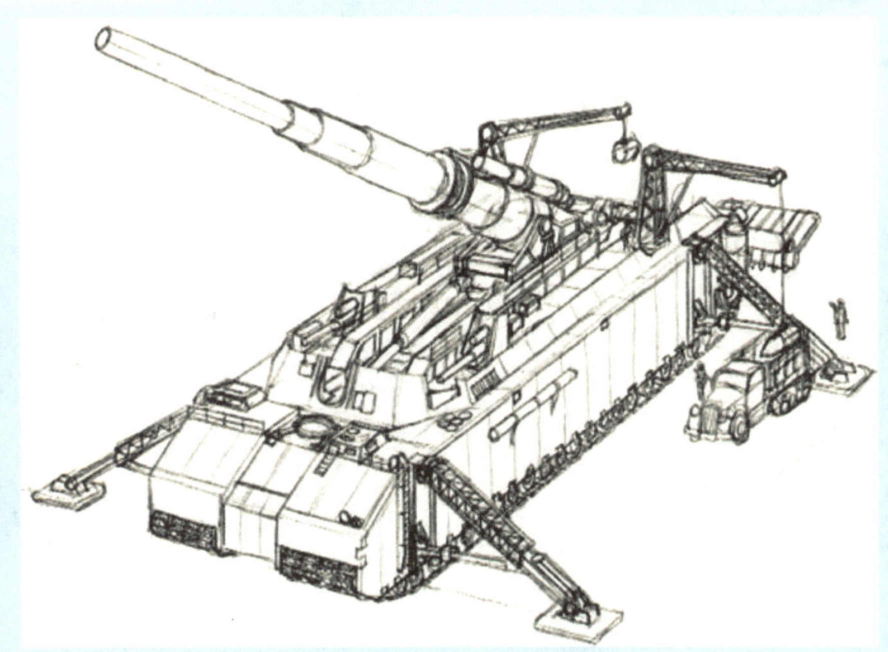

利用 P-1000“巨鼠”级陆地巡洋舰底盘，搭载改进型 800mm 口径“多拉”巨炮的 P-1500 项目方案（旁边的 PzKpfw VI Ausf. B “虎王”重型坦克作为参照）

虽然按照 1940 年的实际情况，P-1000“巨鼠”级陆地巡洋舰的确有被建造出来的技术基础，但如果正视现实的话，我们却能够清楚地看出这仍是一种不切合战争实际的产物。首先，它的巨大尺寸和重量或许能够让它有能力穿越一切，甚至包括一个城市，然而它的重量将会破坏所有经过的公路，就如同用一把坚硬的铁犁穿过沙地一样轻松，留给后续部队的将会是一条被它压得稀烂而且被大量砖石严重堵塞的废弃公路，如何让它的辅助车辆顺利通过被它压坏的公路开到它身边成为一个不得不考虑的实际问题。其次，这个世界上肯定不会有能够承受“巨鼠”级陆地巡洋舰的桥梁，所以如何涉水的问题必须考虑。当然，按照其车体尺寸，对于大部分河流，P-1000 采取直接涉渡的方式或许是可行的，但前提是能够找到合适的渡河地点，而这其实也就意味着“巨鼠”每前进一步都会需要大量的计算和提前勘测，结果在正确的时间出现在正确的地点也就成了一种幻想；再次，虽然理论上拥有与战列巡洋舰匹配的火力，但由于车体体积与高度的原因，无论是 279mm L54.5 SK C/34 舰炮、128mm KwK 44 L/55 坦克炮还是密布于车体的大大小小的高炮，都存在近距离的射击死角——而在装甲机械化陆战中，几十米内的短兵相接并不罕见，“巨鼠”被“蚂蚁”咬死的可能性显然是存在的。另外，虽然希特勒曾经设想要为每一艘这样的陆地巡洋舰配备一个完整的装甲师，但这也可以理解成一个装备精良的装甲师就这样被“巨鼠”绑架了——这个麻烦的大家伙一停，整个装甲战斗群也只能停下。而对于这种局面，最有可能的结果是它成为西线盟军或东线红军空军的绝佳标靶。当然，德国人的确为“巨鼠”级陆地巡洋舰配备了如刺猬般的大量防空火力，更何况还能够得到配属高炮部队的支援，但在德国空军对制空权的掌控日渐丧失的情况下，单纯依靠地面防空火力抵消空中威胁只能是一种不切实际的幻想——防空火力远比“巨鼠”级更强大的俾斯麦被区区几架老式的剑鱼炸沉了，日本的“大和”号和英国人的“威尔士亲王”号也没能逃脱这样的命运，难道地面上的“巨鼠”级就可以（恐怕还要拉上一个完整的装甲师陪葬）？

每次战斗出动，P-1000“巨鼠”级陆地巡洋舰都将如同帝国出巡舰一样被“众星环绕”

最后，也是最重要的，制造和维护这样一台巨大机器的费用将是一个天文数字，一台“巨鼠”的造价可以用来制造 60 辆“黑豹”战车或者 100 辆 4 号战车，即便是用来制造 6 号（虎式）战车也足够装备一个坦克旅。由于体型巨大，它将消耗整整一个装甲师的补给油料、大量的弹药和其他物资，而且运送其尺寸庞大的零配件也将会是一个巨大的挑战，计划中仅仅为作战中的“巨鼠”运送 11in 巨型炮弹的装甲车就达到了 18 辆。也正因为如此，当 1943 年 9 月斯佩尔被任命为军备与战时生产部长，权限从全国军事经济部门扩大到民用经济部门，德国转入全面的战时生产体制后，作为吞噬资源的大户，P-1000“巨鼠”级陆地巡洋舰就成为首批被砍掉的项目之一——尽管此时，绘图板上已经出现了将 800mm 的改进型“多拉”巨炮搬上“巨鼠”级底盘的 P-1500“巨怪”，但世界上最疯狂的超重型坦克计划——“陆地版沙恩霍斯特”的故事还是这样结束了，终究只有一张纸的分量。

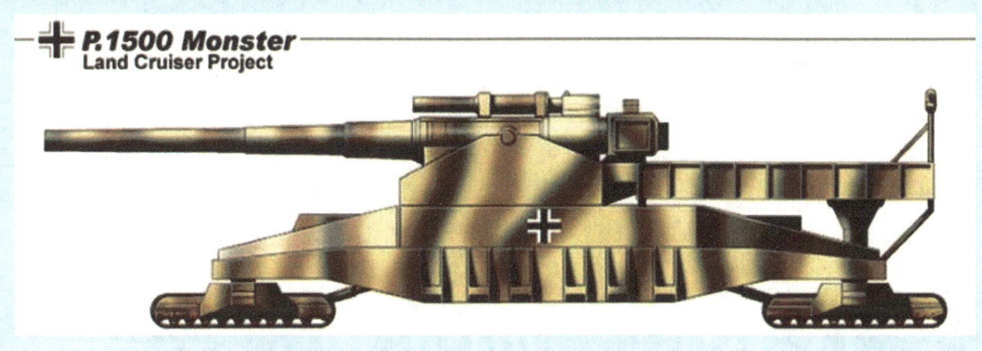

另一种基于全新底盘的 P-1500 项目方案

军事编年史上总是充满了各种各样的武器装备，其中一些的确在技术上或规模上给人们留下了深刻的印象——P-1000“巨鼠”级陆地巡洋舰就属于此类。但是，尽管德国坦克技术在战争中后期开始逐渐具备技术上的综合优势，并且这种优势随着战争结局的临近反而越来越明显，甚至很有可能出现 P-1000“巨鼠”级陆地巡洋舰这样登峰造极的产物。然而，真正一对一的战斗其实从来不会发生，尽管德国人曾经拼命追求所谓装备质量上的压倒性优势，但在对手们拥有超强的战争潜力，有能力以数量的优势来弥补质量劣势的情况下，德国装备的坦克无论先进还是落后，战争的结局其实都不会有区别——即便是“巨鼠”级陆地巡洋舰能够造出来也是如此。

艺术家笔下的 P-1000“巨鼠”级陆地巡洋舰战斗场景

对此极具讽刺意味的是，当纳粹德国入侵波兰的时候，当纳粹德国入侵法国的时候，当纳粹德国入侵挪威的时候，它的胜利，其实只是来自它物资力量以及对这些力量的掌握与运用能力上的优势，而不在于坦克或飞机的性能如何——事实上，这些时候正是德国坦克在性能上的优势最微弱甚至处于劣势的时期。当它自觉或不自觉地把苏联和美国拉进战争中的时候，德国坦克在质量上已经与所有国家拉开了相当大的距离，然而此时决定战争走向的已与德国坦克性能先进与否无关，而主要与资源多寡有关。当然，对于千吨级重装甲陆地巡洋舰，并不能排除这是德国人对盟国的一种战略误导手段的可能。不过，一种武器方案在技术上效能很低，在战术上不能充分达到目的，在战役上价值很小，在战区战略上几乎毫无作用的时候，如果不出现其他国家对这种武器效用估计发生误差，如果不蓄意对其进行欺骗宣传并获得成功，那么希望它能在诱导方面所起的作用也将是微不足道的，甚至是对己方有害的。

第 7 章

大卫王的“谢尔曼”——以色列军队对美制 M4 中型坦克的深度改造

“在以色列的土地上，用哈加纳赋予我的武器，为了祖国，我将向人民的敌人做斗争，决不屈服，决不退缩，全部奉献”——以色列国防军（IDF）前身，哈加纳军事组织帕尔马赫誓词

或许是对卫国战争中 T-34 坦克群铺天盖地的印象过于深刻，以至于一直以来人们忽略了这样一个事实：其实各型 M4“谢尔曼”系列以 49230 辆的产量将 T-34 远远抛在了身后，稳居二战中同类之首。T-34 系列战时产量号称达到 53000 辆，但这是将各种同底盘变形车统计在内的数字，而 M4“谢尔曼”系列的生产厂家是通用、福特、克莱斯勒等汽车厂，采用的是亨利•福特倡导的生产线原理，有些部件如发动机甚至能与飞机通用，因此比 T-34 系列更易于大批量生产，并且大幅度降低成本。不过，尽管从北非一直打到了柏林（而且是从东西两线），但 M4 系列从来就不是以单车性能见长——虽然拥有几项世界领先技术，如炮塔转动一周只需要不足 10 秒钟，还是二战中唯一装备了火炮稳定器的量产型坦克，但简单可靠、结实耐用再加上无与伦比的可生产性与高性价比才是“谢尔曼”取胜的关键（实际上是比 T-34 战略价值更好的坦克）。然而时过境迁二战后的“谢尔曼”经历了更大范围的扩散，战绩却乏善可陈，无论是在朝鲜还是越南，还能披挂上阵的“老谢尔曼”大都被打了个灰头土脸，甚至有美国大兵说，你可以用“谢尔曼”坦克运东西，可以用“谢尔曼”坦克修桥梁，可以用“谢尔曼”坦克清除障碍，可以用“谢尔曼”坦克扫雷，只要你愿意它甚至可以用来耕地，但是你就是不能用它打仗。当然，乏善可陈并不是说绝对没有亮点，这不多的几个亮点来自遥远的以色列，那个与神角力的国度。

7.1 背景

巴勒斯坦所在是圣经中的“流奶与蜜之地”，但同时也是历史上与现实中的“血与泪之地”——这个地方的战争从古至今就没有消停过。因为各种说得清或说不清的原因，自从 1947 年 11 月 29 日有关巴以分治的《联合国第 181 号决议》通过后，作为两支古闪米特人仅存的后裔，阿拉伯人和犹太人在这块土地上的矛盾就开始白热化（阿拉伯联盟国家埃及、外约旦、伊拉克、叙利亚和黎巴嫩的军队相继进入巴勒斯坦，犹太人的哈加纳、伊尔贡等准军事组织也在加紧招兵买马）。1948 年 5 月 14 日以色列宣布建国，积聚已久的矛盾终于爆发——犹太人宣布复国的第二天，第一次中东战争爆发了。此后，整个中东陷入了血与火的深渊，从 1948 年到 1982 年，共爆发了 5 次大规模的中东战争，而由连绵不断的小规模冲突构成的低强度战争直到现在也还在继续。就在这血与火的考验中，以色列国防军成为整个中东首屈一指的强大武装力量。

以色列装甲部队现役的梅卡瓦 III 主战坦克

今天以色列国防军装备之精良、作风之顽强、战力之强悍是举世公认的，特别是在美国的帮助下，其装备水平也的确与周边对手普遍保持着“代差”的优势。不过，时光回溯 60 年，情况却很不一样——由哈加纳、伊尔贡等犹太复国主义准军事组织整合而来的以色列国防军建军之初非正规习气之浓厚是可想而知的，所以其降生伊始所具备的强悍战力更多是因为犹太民兵战士们作风的顽强，而与装备之精良无关。事实上，草创期的以色列国防军装备水平只能用“惨不忍睹”来形容——无论是飞机还是坦克大炮，仅有的一点重装备都来之不易（自身完全没有重工业基础，自制根本谈不上）。

1948 年 6 月，身着英军制服的以色列帕尔马赫部队正在操作捷克机枪向敌人射击

与 1973 年“赎罪日战争”时，美国不惜抽调现役装备支援以色列的情况完全不同，第一次中东战争中的以色列国防军还没有得到美国的帮助，来自美国官方的军事援助可以说根本就不存在。尽管由于犹太财团对美国政界的巨大影响力，再加上身为共济会会员的杜鲁门总统是个坚定的基督教犹太复国主义者，当本·古里安宣布建国 17 分钟后，美国白宫新闻秘书查理·罗斯就向记者宣布：美国承认以色列（承认以色列的文告是美国人在还不知道这个新国家叫什么名字的时候就拟好的。当得知这个国家取名“以色列”时，杜鲁门总统用笔将文告上的“犹太国”字样划去，改为“以色列”）。但考虑到阿拉伯国家巨大的石油储备（当时的美国国防部长福雷斯特提醒杜鲁门总统，一旦发生战争，沙特阿拉伯的石油会很重要），美国政府（也包括美国犹太人精英集团的实用主义分子）在给予新生的以色列军事援助的问题上态度却十分暧昧，至于英法，更是抱着观望的态度，甚至未承认以色列。

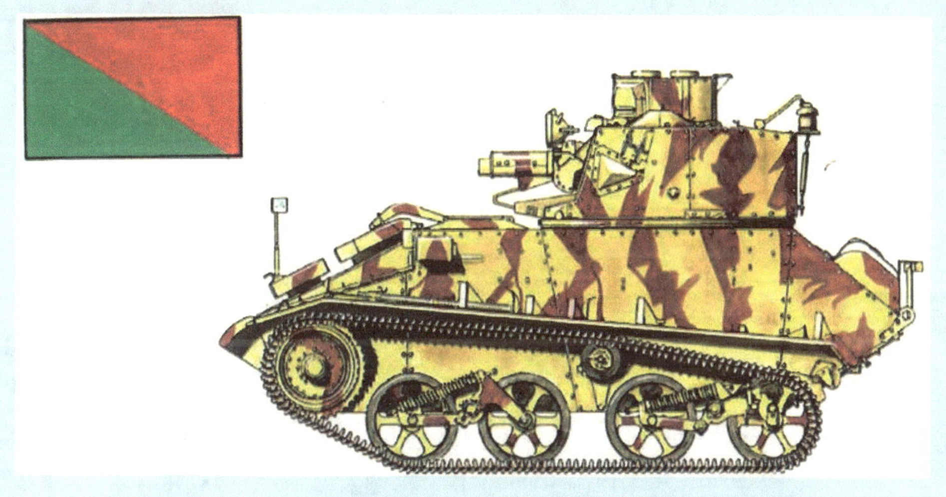

第一次中东战争中埃及皇家陆军装甲团装备的英制维克斯 VIB 轻型坦克

第一次中东战争中埃及皇家陆军装甲团装备的英制长箭手 17 磅自行反坦克炮

这个犹太国仅仅是包括加利利地区、特拉维夫的一长条沿海地带，以及南部的内格夫沙漠，面积 1.49 万平方公里，包括 49.8 万犹太人和 40.7 万阿拉伯人，与阿拉伯世界的综合实力对比悬殊，世界上绝大多数国家认为以色列生存不过两个月，其“复国”只具有一种象征意义。与此时整个国家的情况相对应，后来打遍中东无敌手的以色列装甲部队，在诞生的时候却寒酸到了极点——两辆通过英国军官获得的“克伦威尔”巡洋坦克便是他们的全部家当了（作为对比，阿拉伯联军装备有各类飞机131架，舰船12艘，坦克装甲车240辆，各种野战炮140门）。综观战争初期的形势，阿拉伯国家处于十分有利的地位，以色列军队节节败退。以军的将领惊呼，以色列军队无法抵挡阿拉伯国家军队的进攻，全军已处于崩溃边缘。为扭转战局，以色列总理急电以色列驻联合国代表埃班说："以色列急需几周的时间来重新组织和装备军队"，"以色列需要立即停火"。1948年6月11日，在美、苏、英等国的斡旋下，阿、以双方达成了临时停火协议，利用这一难得的喘息，以色列抓紧运入了那些神通广大的采购人员在捷克斯洛伐克、法国、美国、意大利、瑞士、南斯拉夫等地以各种名目购买的军火，相当数量的M4"谢尔曼"坦克就在这种情况下被运进了以色列。

7.2 "谢尔曼"越过约旦河，来到迦南地

以色列国防军第82装甲营装备的"霍奇基斯"39.H轻型坦克

1948年5月，以色列从捷克的二手武器市场上购买了10辆安装有37mm炮的法制"霍奇基斯"39.H轻型坦克，但直到1948年6月11日达成临时停火协议后，才趁着这一珍贵的时机，从南斯拉夫起运，于1948年6月17日抵达特拉维夫以北的一个小港口。利用这批二战前生产的老式法国坦克，1948年7月，以色列陆军组成了第一个坦克营——第82装甲营。该营实际上只有两个连：一个连由10辆"霍奇基斯"39.H轻型坦克和从苏联犹太移民中挑选出的参加过二战的坦克兵组成；另一个连由2辆"克伦威尔"、1辆在二战中北非战场上为英军所遗弃的M4A2"谢尔曼"和来自英国、南非的志愿军组成。然而，相对于所面临的战争形势而言，以色列装甲兵的这点家当仍然只是杯水车薪，无论是数量还是质量都远远不够。所以尽管到了1949年7月，第一次中东战争（以色列独立战争）以犹太人的惨胜结束（阿拉伯国家军队死亡1.5万人，以色列军队死亡约6000人），战略形势有所好转（除加沙和约旦河西岸部分地区外，以色列占领了巴勒斯坦4/5的土地，计2万多平方公里，比联合国分治决议规定的面积多了6700多平方公里），但犹太人深知他们是一支特殊的、生存时刻受到威胁的民族，眼前的停火只不过是另一场战争的前奏，所以在全世界范围内四处搜罗武器对犹太人来说仍然是一件关乎存亡的头等大事。

美军储存在意大利仓库中的 M4（105）火力支援型坦克（与装备 M1 76mm 或 M2 75mm 炮的型号相比，这种“谢尔曼”十分稀少）

M4（105）所用的莱特旋风 R975E-C2 星型空冷航空发动机

二战中包括BT-13中级教练机（下）、UC-43要员运输机在内，共有19个型号的飞机、12个型号的地面战斗车辆使用了莱特旋风R975系列星型空冷航空发动机

也正因为如此，作为当时世界上扩散范围最广、数量又最为可观的战争剩余物资，散落在世界各地的 M4“谢尔曼”自然成了以色列特工的重点关注目标。在 1948 年 7 月 18 日，第 2 次停火令生效之前，以色列人签下了最大的一笔军火订单——以非战斗物资的名义，从意大利购入约 100 辆美国存放在那里的 M4（105）“谢尔曼”坦克。有意思的是，以色列人弄到的这些“谢尔曼”是 M4 系列中十分特别的一个型号，其底盘部分与 M4A2 完全一致——焊接式车体、铸造式炮塔以及烧汽油的莱特旋风 R975E-C2 星型空冷航空发动机（420 马力），但不同之处在于它装了一门 105mm 短身管榴弹炮，与那些装备 M1 76mm 或是 M2 75mm 炮的型号相比，这种主要用于火力支援的“谢尔曼”十分稀少。不过受国际武器出口条约限制，在按废铁价卖给以色列军火商之前，美国人不但拆除了坦克上的辅助武器，还在 105mm 短身管榴弹炮管上凿了孔。更倒霉的是，由于国际武器禁运的原因，这批坦克起运时阿拉伯联军的盟主埃及已经与以色列在希腊的罗德岛签订了停战协议，以致这批“谢尔曼”运抵以色列时没能赶上参加战斗（事实上这些“谢尔曼”也没有战斗力，的确称得上是非战斗物资）。但即便如此，以色列人还是在 1949 年 5 月 7 日建国一周年的阅兵式上展示了他们的 M4“谢尔曼”坦克——当然，炮管上凿的孔被堵上了黏土，并喷上金属漆迷惑外界，直到阅兵式后才在以色列技术人员的努力下，将一些状况较好的 M4（105）用金属件补好了凿孔，使其可勉强使用。另有 6 辆 M4（105）换装了从瑞士弄来的 Pak39 75mm/L48 坦克炮——这批炮原本是瑞士人为自己从纳粹德国进口的“追猎者”坦克歼击车额外订购的备用火炮，在卖给以色列人的同时每门炮还很厚道地附送有 Gr38HL 型空心装药高爆弹、Pzgr39 型被帽穿甲弹各 100 枚。虽然修修补补东拼西凑的样子有点狼狈，但“谢尔曼”就这样越过约旦河，来到了迦南地，开始了一段传奇的战斗生涯。

“谢尔曼”的车体与“追猎者”的炮——在某种程度上，以色列人创造性地将这对曾经的冤家糅合在了一起（当然，这其实是无奈之下的病急乱投医）

7.3　名不符实——过渡性的 M1/M3“超级谢尔曼”

或许从“出埃及”的那个年代起，以色列人就是个善于创造奇迹的民族，但难能可贵的是，几千年后回到这片土地的犹太子孙们依然如此。1950 年，美、英、法三国发表联合声明，决定维持 1949 年第一次中东战争后形成的停火线，同时，禁止向中东地区出口武器。阿拉伯人进口武器的途径被掐断，这在一定程度上使阿、以双方的军事装备水平趋于均衡。然而，这种脆弱的均势注定不能维持长久。1952 年 7 月 23 日，埃及自由军官团发动了一场不流血的政变，推翻了法鲁克王朝，怀有“阿拉伯式社会主义理想”的埃及陆军中校纳赛尔实际掌握了国家政权——这一事件的直接后果，就是苏联势力得以进入中东。持强硬反英立场的纳赛尔上台后，迅速倒向了苏联的怀抱（尽管与苏联的结盟其实并不完全符合纳赛尔的民族主义思想，但 1948 年巴勒斯坦战争中埃及付出了沉重的代价，埃及作为中东地区的大国居然被以色列这样一个小国打败了，因此从外国寻求稳定的、没有太多政治附加条件的军火进口来源，对新政权来说是一个十分紧迫的首要任务，最终在对向西方国家寻求武器进口的途径感到失望之后，纳赛尔埃及选择了向苏联靠拢）。1954 年 9 月 27 日，在《苏埃友好合作条约》的框架下，根据与捷克斯洛伐克签署的一项农业合作条约的秘密条款，埃及将假道捷克获得大量苏制现代化武器装备，其中仅地面重型技术装备就包括 160 辆 T-34/85 中型坦克、20 辆 IS-3 重型坦克、50 辆最新型的 T-54A 主战坦克、100 辆 SU-100 坦克歼击车以及 200 辆 BTR-152 装甲人员输送车（埃及以棉花和大米等交换）。时任以色列国防部长摩西·达扬将军后来在他的自传中直言不讳地表达了当时他对埃及拥有这些苏制坦克特别是 IS-3 的恐惧。尽管由于以色列政府第一代领导人中持社会主义左派思潮者占主流的缘故，苏联是紧跟美国之后第二个宣布承认以色列的国家，但在整个阿拉伯世界和渺小的、随时可能被碾碎的“泛红色”以色列之间，红色帝国后来还是毫不犹豫地选择了前者。

埃及陆军第 6 机械化师第 125 装甲旅装备的 IS-3M 重型坦克（大国的势力从来就是此消彼长的，真空地带只存在于幻想中。继英国人失去整个大巴勒斯坦后，无论是英国人还是法国人都很清楚，如果苏联再插手埃及，英法在整个中东的利益有可能丧失殆尽。为了避免这种情况的发生，他们必须开始着手武装此前所敌视的那个犹太小国——以色列）

纳赛尔埃及与苏联这样一个超级大国的联手，实际上意味着整个阿拉伯世界将被后者重新武装，对弱小的以色列而言这无异于面临灭顶之灾（以色列一面为地中海，约旦、叙利亚、埃及三国领土与以色列接壤，这就意味着，无论以色列得到怎么样的援助，它始终面临的是三面环敌的形势，一旦打起仗来，就要三面同时开打）。但老子云“祸兮福之所倚，福兮祸之所伏”，这种糟糕的局面在带来危险的同时也带来了转机。尽管在第一次中东战争中只作壁上观的英法，甚至为以色列没能被阿拉伯人消灭而愤恨不已（在以色列建国前后的这段历史中，出于某些目的，英国人是支持阿拉伯国家的，甚至出现了英国人担当阿拉伯军队军官直接参战的“怪事”。当然，以色列人也没客气，战场上英国皇家空军的飞机被犹太飞行员毫不留情地击落了。而法国则由于欧洲国家普遍而且根深蒂固的反犹主义倾向决定了他们不可能和以色列建立太亲密的关系，再加上法国作为阿拉伯人在欧洲最大的聚居地，站在欧洲反犹主义的最前沿就是很自然的事了），但随着纳赛尔埃及在政治方向上的大转变（1952 年埃及共和国成立后，纳赛尔提倡“泛阿拉伯主义”和“社会主义”。这个政策的目的在于阿拉伯国家的非殖民化，排除美国、英国和法国在中东和北非的影响，建立阿拉伯式的“社会主义”，并因此与苏联交好），表现出了越来越明显的离心倾向，特别是英法关于苏伊士运河的权益很可能受损，于是这两个对殖民主义时代念念不忘的老牌帝国主义国家又玩起了借刀杀人的老手法——拉拢以色列，作为制衡阿拉伯世界的筹码，试图让以色列为自己火中取栗。

叙利亚陆军装备的德制 PzKpfw Ⅳ号中型坦克

以色列政府不是看不出英法心怀鬼胎，但由于事关国家存亡，这两个大国伸出的橄榄枝不能不接——掌握以色列的犹太精英们认为与其过分讨论所面临的危险关系，不如去研究如何利用这种关系来争取本国利益的最大化。所以，时隔几年之后，英国人、法国人居然与以色列站在了一起，这不得不让人感叹国际政治变幻莫测。但不管怎么样，从 1952 年年底开始，英法重新武装以色列的进程还是开始了。当然，由于英国人在中东的利益要比法国人多得多，对局势的挽回还抱有一定的幻想（此时与纳赛尔关于英军全部撤出埃及的谈判仍在进行中，并企图通过向纳赛尔许诺为其梦寐以求的阿斯旺大坝项目提供贷款来争取对方的好感），既想支持以色列对抗一些激进的共和主义阿拉伯国家，又不愿意得罪保守的阿拉伯君主国，所以最初向以色列提供武器的任务主要由法国人来完成。

法制 AMX13 轻型坦克（安装摇摆式炮塔是 AMX13 坦克能够成为世界上第一种装有自动装弹机的坦克最重要的原因）

不过，由于二战中法国本土被纳粹德国占领，军事工业基础遭到了严重破坏，军事技术的发展停滞了关键的几年，虽然经过战后几年的励精图治恢复了些元气，但到1950年初法国能拿出手的东西依然十分有限。在地面武器中AMX13轻型坦克就算是勉强上得了台面的东西了。事实上，作为在一片废墟上仓促推出的战后法国第一种装甲战斗车辆，AMX13研制的初衷非常有意思——起初，德国人手中最有效的装甲战斗车辆让自由法国军队吃够了苦头，却也深知这种坦克的价值所在。所以利用战争中缴获的几百辆PzKpfwV“黑豹”（车况不一，但有些状况相当不错），战后的法国军队组建了一个PzKpfwV“黑豹”坦克团，并在这一使用过程中加深了对“黑豹”坦克的了解，以至于产生了仿制PzKpfwV“黑豹”作为法军标准中型坦克的念头。然而，要在那些千疮百孔的工厂废墟里一下子生产出法国版PzKpfwV“黑豹”谈何容易，无奈之下法国军方只好退而求其次，打算先将德国PzKpfwV“黑豹”中型坦克的75mm口径KwK 42 L/70坦克炮，搬上一个结构简单、成本低廉、适合当时法国工业生产条件的10吨级履带式底盘，作为过渡性车辆使用。

AMX13轻型坦克结构示意图（出于纵向重量平衡的考虑，火炮耳轴的位置明显偏后，这样火炮在打仰角时，炮尾不至于降到座圈以下，从而可使炮塔座圈的直径做得较小；再加上火炮和上塔体无相对运动，无须预留出火炮打俯角时炮尾上抬所需的空间，有利于缩小上塔体的高度。所以，炮塔重量轻是摇摆式炮塔的最大优点。一般来说，即便是轻型坦克，摇摆式炮塔也可减轻14t的重量。摇摆式炮塔的另一优点是便于实现炮弹的自动装填。该炮由炮塔后部的两个鼓形弹仓供弹，每个弹仓装有炮弹6发。火炮发射后，空弹壳可经炮塔后窗口自动抛出）

当1948年AMX13样车首次亮相时，人们发现法国人的确做到了这一点——PzKpfwV“黑豹”的火力+轻型坦克的低廉成本。不过，为了安装自动装弹机以进一步提高火力性能，这辆仅仅13t的小车创造性地采用了奇特的摇摆式炮塔，也就是将传统的炮塔“一分为二”，即上塔体和下塔体。火炮刚性地安装在上塔体上，二者成一体绕火炮耳轴做俯仰运动，称为“摇”；上塔体靠耳轴支撑在下塔体上；下塔体支撑在炮塔座圈上，带动整个炮塔及火炮做旋转运动称为“摆”。因火炮和上塔体是一体的，只要把炮弹布置在上塔体后部的适当位置，便可以非常方便地推弹入膛。而传统式炮塔自动装弹机的输弹过程是一个复杂的空间运动过程，特别是旋转弹仓式自动装弹机，要完成“选择弹种→提升炮弹→对准炮膛→推弹入膛”等一系列动作，非常麻烦。安装摇摆式炮塔是AMX13坦克能够成为世界上第一种装有自动装弹机的坦克最重要的原因。而除了易于实现自动装填外，炮塔重量轻是摇摆式炮塔的另一个优点。一般来说，即便是轻型坦克，摇摆式炮塔也可减轻 14t 的重量。摇摆式炮搭算是 AMX13 设计上的最大特色，但事情总要一分为二，摇摆式炮塔也有突出的缺点。最大缺点是炮塔的外形削弱了防护性能，上下塔体之间的密封难度大。不用太细心就会发现，AMX13 坦克的上下塔体之间仅用帆布一类材料“密封”起来。作为战斗车辆而言，这种密封太不可靠。上下塔体的结合部位成为摇摆式炮塔的薄弱环节。此外，摇摆式炮塔高低射界较小、防弹能力也差，俯仰角小，而且结构决定了狭小的炮塔空间无法容纳过多的观瞄设备——炮长车长各仅有一具放大倍率分别为 7.5 倍、5 倍的望远式瞄准镜。

相比 AMX13，以色列人更青睐 AMX50（作为与 IS-3 一个级别的重型坦克，由于车重过大且成本居高不下，AMX50 迟迟不能投入大规模生产。20 世纪 50 年代末，尾翼稳定脱壳穿甲弹的出现敲响了重型坦克的丧钟，105mm 口径的尾翼稳定脱壳穿甲弹就足以击穿当时的所有坦克，这一切最终导致了 AMX50 的下马）

1952 年 9 月，以色列人的军事考察团详细考察了这种极具特色的轻型坦克，然而近距离接触后的结论却是毁誉参半。赞同者认为，在现有条件下，AMX13 是以色列马上能够获得的唯一“现代化”坦克（英国人认为向以色列出售坦克要比出售战斗机更能刺激到阿拉伯人，不过最后他们连飞机也没卖给以色列人），况且 AMX13 装备的 CN-75-50 坦克炮将能够有效应对以色列当时面临的威胁（CN-75-50 就是法国版 75mm 口径 KwK 42 L/70，但法国人改进了弹药，使用了更短的药筒）。事实上，这种对 CN-75-50 的看法非常具有现实意义——阿拉伯人即将得到大批苏制坦克（以二战中的型号为主），而二战中的无数次战例已经证明，75mm KwK 42 L/70 炮可以在 1550m 的距离上有效击穿任意角度的 T-34/85、SU-85、SU-100（甚至有在 2200m 距离上的摧毁记录），800 ～ 1000m 距离上则有把握击穿 IS-2 的车体首上装甲，甚至对埃及人可能获得的 IS-3 也能构成威胁。但反对者却认为，AMX13 设计于 1946 年，整体设计理念落后，本质上属于国力不足条件下企图以低成本来单独突出某方面性能的产物，特别是过于薄弱的装甲防护非常不适合兵源短缺的以色列（由于人口只有 700 万，所以每一个士兵都是异常宝贵的，大量使用轻型装甲防护车辆的结果，必然是伤亡的攀升），况且此前法国已经卖给了埃及人 60 辆 AMX13，所以以色列需要重一点的、装甲防护更好、火力更强大的坦克，而不是这种哗众取宠的薄皮装备。

基于 AMX13 轻型坦克底盘的 AMX13/105 自行榴弹炮

事情最终的解决方案是折中式的：纸面上真正符合以色列人需求的 AMX50 尚未开始生产（法国人对该坦克的要求是“虎王”般的火力和“黑豹”式的机动能力，为此采用了仿制的 PzKpfwV“黑豹”底盘、放大的摇摆式炮塔以及 120mm 口径主炮，但在 1952 年年底，仅有一辆未完成的样车存在，直到 1955 年第一辆 AMX50120（1955）有限生产型才宣布下线，但随即就因技术原因及设计思想不符合时代要求而下马），所以为了弥补以色列人的遗憾，法国人在卖给犹太人 100 辆 AMX13、60 辆 AMX13/105 自行榴弹炮、150 辆 M3 半履带装甲人员输送车的同时，以赠品的方式附送了 60 辆 M4A1E3、40 辆 M4A1E8 以及数量不明的大批配件（这批配件以 M4A4 为主，实际上也可组装出一定数量的整车，但并不包括 QF 17 磅炮或 M2/3 75mm 炮）。值得注意的是，虽然根据租借法案，二战中自由法国军队接收了大量 M4“谢尔曼”，但在前期以装有 M2 75mm 炮的 M4A2 为主，战争末期乃至战后则大量接收装有 QF 17 磅炮的 M4A4“萤火虫”或装有 M2 75mm 炮的基本型 M4A4，所以向以色列人提供的这些装有 M1 75mm 炮的 M4A1E3、M4A1E8（M4A1E3 实际上就是 M4A1（76）w，而 M4A1E8 是在 M4A1E3 基础上换装水平螺旋弹簧悬挂系统的亚改型），并非法军装备过的二手库存车（那些配件倒有可能）。那么法国人究竟是从哪儿弄来的这些 M4A1（76）w 呢？

装柴油发动机及 M1 76mm 炮的 M4A2（76）w HVSS（自由法国军队和苏联军队在二战中都使用的是 M4A2，不过苏联红军对火炮的反装甲能力要求更高，所以他们的 M4A2 全部是清一色的 M1 76.2mm 长身管炮）

事实上，这些 M4A1（76）w 的来源很容易弄明白。从诺曼底登陆战役打响，法国本土就彻底变为了战场，大量各种型号的战损“谢尔曼”留在了战场上，或被回收或被遗弃，而随着法国全境的解放，战线推进到德国境内，法国又成了各种“谢尔曼”的维修后送基地，再加上美国人还将大量崭新的“谢尔曼”储存在了位于法国的战备仓库中，战争结束后，考虑到将这些武器运回美国的成本要比其本身价值高得多，结果财大气粗的美国人又将其中相当一部分或就地销毁或廉价半卖半送留给了法国人（原先按租借法案获得的装备其实在战后是要归还的，但美国对英、法、比利时、荷兰等欧洲盟国大多只收取了一点点象征性的费用，就将其所有权转让）。总之，由于各种各样的原因，法国人手中有大量各种型号的“谢尔曼”可供处理，送给以色列人百十辆根本就不是问题。当然从法国人的角度来讲，M4A1E3 也罢、M4A1E8 也好，或是其他型号的“谢尔曼”，都不重要，白送给以色列完全就是顺水人情，但对以色列而言，事情却完全不一样了。事实上，以色列方面的算盘是这样的，一方面他们对装甲薄弱的 AMX13 整车不太感兴趣（尽管装有自动装弹机这种新装备），真正中意的其实是那门法国版的 75mm KwK 42 L/70——CN-75-50。另一方面，到 1952 年年底，以色列国防军手中共有 76 辆具有完全战斗力的 M4“谢尔曼”（以装有 105mm 短管榴弹炮的型号为主，但也有一部分装备的是瑞士 M1911 式 105mm 野战炮），以及 131 辆有待修复的各型 M4（包括从 A1 到 A4 的各种型号）。如果再加上法国赠送的这批，按照绝对数量来说，“谢尔曼”已经是当时寒酸的以色列装甲部队的绝对主力车型。再加上 M4 虽然是一个战时设计，但车体坚固耐用，装甲防护要远远高于 AMX13，所以将 CN-75-50 移植到 M4 的想法也就自然出现了。

1953年9月，出现在特拉维夫阅兵式上的以色列国防军第7装甲旅的一辆M4A2

以M4A4为基础换装英制QF 17磅炮而来的“猎虎者”——“萤火虫”（“萤火虫”是当时英美盟军装甲部队中唯一有能力正面对抗虎式重型坦克的技术装备，所以被称为“猎虎者”）

其实在诸多“谢尔曼”型号中，犹太人最感兴趣的一直是英国改装的“萤火虫”。可是狡猾的英国人此时仍不肯与阿拉伯人彻底撕破脸面，所以不但自己不向犹太人出售“萤火虫”（哪怕它们作为战争剩余物资正在大批生锈），甚至也不允许法国人这样做（这就是作为配件的那批 M4A4 不包括 QF 17 磅炮的原因）。无奈之下的犹太人，只得退而求其次，选择将 CN-75-50 搬上“老谢尔曼”的底盘，打造犹太版“萤火虫”——经过简单的计算，犹太人认为这是可行的。所以，以色列方面以 AMX13 备件的名义进口了远远多于常规需要的 CN-75-50，而且法国人答应额外赠送的 100 辆 M4A1 陆续到货更是令犹太人喜出望外（这批坦克的车况相当不错），于是对这种老式坦克的改造在 1953 年开始了。然而，想法是美好的，但现实却不一定如意（以色列陆军的早期军官中可以说是没有一个懂得装甲战术的，他们在装甲部队训练时，凡事均要亲身体验且必须花费更多的精力与体力来练习操作、试验各种战术，所以不可避免地出现了许多“土法上马”的事情）。

在初步的尝试后，犹太人发现这绝不仅仅是换门炮那么简单。由于 CN-75-50（75mm KwK 42 L/70 炮）的后坐距离既要大于原装的 M1 76mm 或 M3 75mm 炮，也要大于此前曾经改装的 Pak39 75mm/L48，甚至超过“萤火虫”上那门著名的 QF 17 磅炮，如果对型号繁多的杂牌“谢尔曼”不动大手术（甚至还要对车体进行一定程度的改装），将 CN-75-50 直接搬上车的做法是根本行不通的。事实上，英国人为了能将 QF 17 磅炮塞入 M4A4 的炮塔，整辆 M4A4 也是被扎扎实实折腾过一遍的，换装工程主要包括以下几个项目。

M4A4 基型车结构示意图

- 换装英制 17 磅火炮，将闭锁机构翻转 90°，以及变更炮架及配套的弹药架位置。
- 与此同时，为了容纳 17 磅炮的大型炮尾及扩展车内战斗空间，将车载无线通信系统移至新设置的焊接在炮塔后部的装甲盒中，此装甲盒也起到搭载长身管重型火炮后车体的平衡配重作用。
- 炮塔上部装甲板增设装填手出入用舱盖。
- 取消炮塔侧面的轻武器射击口，用电焊封闭。
- 取消车体航向机枪，在车体外侧用装甲板焊接封闭，节省的车体空间内增设主炮弹架。

由此很容易得出这样一个结论，M4A4 变身“萤火虫”的过程并不容易，而要将威力和后坐距离都要更大的 CN-75-50 搬上各种“谢尔曼”底盘，难度就只能再加个“更”字（英国人之所以选择 M4A4，而不是产量最高的 M4A1/A3 用于改装“萤火虫”，主要是因为后者的 T23 炮塔过于狭窄）。但显然这种程度的折腾超出了以色列人当时的能力范畴（要知道，将 CN-75-50 搬上“谢尔曼”底盘实际上就是要制造类似“萤火虫”那样的怪物，以色列人曾为此设法搞到了一辆“萤火虫”作为参考），无奈之下，以色列军方只得选择两条腿走路——一方面向法国的布尔日兵工厂 (Bourges Arsenal) 求援，为“谢尔曼”坦克设计一种可安装 75mm CN-75-50 坦克炮的改进型炮塔；另一方面，开始着手整理手中型号繁杂的各种“谢尔曼”，使之尽量标准化、制式化，作为短时间内的过渡车辆使用。这种决策的结果，是在 1954 年 6 月首先出现了分别被称为 M1/M3 的以色列版“超级谢尔曼”。

M1“超级谢尔曼”侧视图（由于资源有限，仍有相当一部分 M1/M3“超级谢尔曼”并未换装水平螺旋弹簧悬挂系统及宽幅履带）

不过，这种所谓的 M1/M3“超级谢尔曼”多少有点名不符实，“超级”两个字也只是相对以色列原先 M4“谢尔曼”车队各种型号大杂烩的乱状而言——M1 和 M3 型“谢尔曼”实际上是将动力统一为莱特旋风 R975E-C2 或福特 GAA V8 两种汽油机，将火炮统一为 M1 76mm 或 M3 75mm 两种坦克炮后的以色列“谢尔曼”的统称（这两种炮的弹药储备量非常大，从南美和欧洲可以很容易通过各种渠道大量采购），着眼点在于减轻维护保养及后勤压力，提高现有“谢尔曼”车队的实际保有率，具备同埃及 T-34/85、SU-100 正面对抗的能力（特别是 M1 76mm 炮凭借 54.5 倍径的超长身管具备在 1000m 距离上击穿 92mm 厚垂直均质装甲的能力，理论上有从侧后方击毁 IS-3 的可能。相比之下 M3 75mm 炮就逊色多了，穿甲力甚至不如德国 III 号坦克的 50mm L60 炮，但犹太人之所以还要 M3 75mm 炮，主要是因为从法国弄到了大量弹药）。但除了最关键的动力、火力系统外，炮塔、车体或底盘的其他部分，则无力也不可能做到标准化，所以仍然保持着原先从 A1 到 A4 各种型号“谢尔曼”的杂乱风格——有些坦克干脆就是几辆不同型号“谢尔曼”拼凑出来的，已经说不清到底是什么型号了，是地地道道的杂牌子。不过值得一提的是，尽管只是过渡性的权宜之计，但本着为以后换装 CN-75-50 或者更大口径火炮的升级提前做准备的目的，精打细算的以色列人为尽可能多的 M1/M3“超级谢尔曼”换装了二战末期最新型 M4A3E8 的标配——水平螺旋弹簧悬挂系统（HVSS）及宽幅履带。相比之前的平衡式垂直螺旋弹簧悬挂系统（VVSS），使用 HVSS 的 M1/M3 底盘增加了近 7t 的承载能力（也就是说将来可以将战斗全重提升至 35t），通过能力不逊于使用宽幅履带的 T-34/85（非常适合沙漠战场），并且整车的稳定性也大为改善，有利于火炮射击精度的提高（法国人赠送给以色列的 M4A1 中，部分 M4A1E8 已经改装了 HVSS）。

采用 T-23 铸造式炮塔的 M4A1（76）w（该车装备的 M1 76.2mm 54.5 倍径炮在性能上要高于 T-34/85 的 ZIS-S-53 85mm 炮）

有意思的是，当时以色列人之所以如此挖空心思折腾这些"老谢尔曼"，一则是因为"穷"，条件实在有限，二则也是考虑到要抗衡作为埃及装甲部队主力的 T-34/85，将尽可能多的"老谢尔曼"修一修也够用了。特别是 1955 年 5 月 18 日之后，苏埃武器交易正式开始履行，而同期英军则正在分批撤离苏伊士运河区，埃以之间的缓冲地带面临着完全消失的可能，结果深感危机的以色列加速了 M1/M3"超级谢尔曼"的改装速度，以应对可能爆发的全面战争（1955 年 5 月 18 日，纳赛尔与苏联驻埃大使索洛德接触，正式开始了捷克武器交易。在随后的三个月里，埃苏双方就所需武器进行磋商。由于正值日内瓦高级会议开会期间，苏联认为公开出售武器可能会被看成是对日内瓦精神的蓄意破坏，因此 8 月份之后，谈判地点改到布拉格，由捷克方面出席谈判。9 月 27 日，纳赛尔在一次演讲中，正式宣布和捷克的武器交易，指出这是一次平常的商业交易，没有附加任何政治条件。捷克武器交易改变了中东的国际形势。杜勒斯在 1955 年秋评论说：这是"自朝鲜战争以来在国际事务中最严重的事件"。首先，它打破了西方国家对苏联的包围，苏联势力跨过西方建立的各种防务组织进入中东；其次，它打破了西方国家对中东国家武器的垄断权。1950 年的三国宣言，规定了由英法美向中东各国提供武器。但捷克武器交易后，这一现状被打破，苏联的武器开始源源不断地流向中东）。

但以色列这种对"老谢尔曼"修修补补抗衡埃及 T-34 的想法靠不靠谱呢？事实上，最有资格回答这个问题的既不是以色列人，也不是埃及人，而是苏联人。原因很简单，虽然苏联在战争中生产了 5 万多辆 T-34 系列，但同时又根据租借法案获得了几千辆 M4（主要是 M4A2），所以世界上再没有其他人能像他们一样，有资格将两种坦克摆在一起进行评价。最先装备援苏 M4A2"谢尔曼"坦克的苏军第 5 近卫坦克旅，就对这种美国坦克给予了很高的评价。

该旅的司令员在 1943 年 10 月 23 日的一份报告中写道：这种坦克“跑起来速度很快，很容易投入追击作战，战术能力强，榴弹的破坏力和穿甲弹的穿甲能力都能满足要求。其缺点是目标高大，尤其是在草原作战中目标明显”。这份报告还特意将 M4 中型坦克和 T-34 坦克做了对比，认为 M4 坦克“操纵轻快、容易，长时间行军很少出故障，发动机不经保养也能长时间工作，是一种靠得住的坦克”。显然，M4 在一贯以 T-34 为骄傲的苏联人眼里都是很不错的武器，特别是最后的评价其实恰恰也是 T-34 的问题所在。因此，将改装后的“老谢尔曼”用于对抗 T-34/85，应该说是可行的，特别是 M1 76mm 炮在穿甲威力上还要略强于 ZIS-S-53 85mm 炮，再加上火炮稳定器带来的精度优势，以及美国装甲板在制造质量上的精良，如果由经过严格训练的车组操纵，“老谢尔曼”打瘫 T-34/85 并且全身而退的可能性还是比较大的。从这一点我们也能看出以色列之所以能够在强大阿拉伯人围攻下生存下来，除了因为其积极寻求外援外，也因为他们很清楚应当如何利用一切可能的条件来谋求自己的生存机会。

二战中苏联根据租借法案接收的大部分 M4A2 都是装 M1 76.2mm 长身管炮及柴油发动机的 M4A2（76）w，照片中这种装 HVSS 悬挂系统的型号在苏联红军中虽然也有装备，不过数量却十分稀少

今天，残留在德国境内的一处二战遗迹——苏联红军的“谢尔曼”与 T-34/85 残骸

7.4 苏伊士运河战争——“超级谢尔曼”的独唱会

尽管对“超级”两个字，以色列版的 M1/M3“谢尔曼”多少有点名不符实，但一件武器的性能好坏终究还是要放到真枪实弹的战场上才能见分晓。1956 年，对以色列国防军中以 M1/M3 为代表的这些“老谢尔曼”来讲，证明自身价值的机会很快就来了——围绕苏伊士运河的争夺，以色列国防军的“老谢尔曼”们在西奈半岛的战斗中挑起了大梁。

1869 年竣工时的苏伊士运河

苏伊士运河是埃及境内的一条国际通航运河，全长 175km，它沟通了地中海和红海，缩短了欧亚两洲的航程，是沟通欧、亚、非三洲的要道。苏伊士运河最早的开凿者是埃及第十二王朝的法老辛努塞尔特三世（这条“法老运河”开工仪式的画面，至今仍保留在卢克索的卡尔纳克神庙正面的墙壁上），但是到了公元前 13 世纪的拉美西斯二世时期，运河已经完全被废弃，一直到公元前 500 年，才由征服埃及的波斯王朝国王大流士一世完成。而后，这条运河在公元前 250 年左右被托勒密二世重新获得，不断进行重建和改造，直到最终于公元 8 世纪被阿拉伯帝国阿拔斯王朝的哈里发曼苏尔所废弃。不过，这是古代的苏伊士运河，在 1956 年引起战争的这条苏伊士运河与之早没有什么关系了。对近代的苏伊士运河最早提出开凿计划的，是法国统治者拿破仑，但是由于战争原因，开凿并没有进行，一直到 19 世纪，法国工程师费迪南德·李赛普才将这一计划变成了现实。1854 年，他与当时的埃及总督赛德帕夏签订了《关于修建和使用沟通地中海和红海的苏伊士运河及其附属建筑的租让合同》。合同规定，从运河通航之日起，租期 99 年，期满后归埃及所有。

2004年美国海军尼米兹级核动力航空母舰“华盛顿”号通过苏伊士运河

苏伊士运河从1858年开凿到1869年竣工，整个工程花费11年，耗资1860万镑，策划和具体工程实施是法国人负责的，而钱大部分是英国人出的，只有劳工是埃及人（当时运河公司股票的52%分散在法国资本家手中，29%为英国政府持有，埃及政府仅持有少部分）。所以，运河开通后，英法两国很快就凭借在苏伊士运河公司中占有的绝对多数股份获得了巨额利润。1882年，英国派兵占领埃及，在运河区建立了它在海外最大的军事基地，直接控制了运河。1922年，英国虽然承认埃及独立，但承认的条件，就是埃及要保证英国对运河的绝对控制。1936年签订的《英埃同盟条约》，进一步规定英国对运河的占领期限是20年，保有运河区驻军1万人。此外特别值得一提的是，1875年由于外债，当时的埃及总督被迫把国家所持苏伊士运河公司15%的股份全部卖给了英国，也就是说在各种法律层面英法对苏伊士运河的所有权都是经过当时埃及政府批准和承认的，更何况苏伊士运河位于埃及东北部，北起地中海边的塞得港，南至红海旁的陶菲克港，通过地中海和红海连通大西洋和印度洋，紧扼欧、亚、非三大洲交通要冲，具有重大战略价值。这就是为什么当纳赛尔埃及在1956年7月26日宣布将苏伊士运河公司收归国有，公司全部财产移交埃及政府时，英国人和法国人会一下子暴跳如雷——没有人会坐视如此巨大的一笔投资只因轻描淡写的一句话就被剥夺（二战后的苏伊士运河更加繁忙，每年的收入高达1亿美元，对于战后经济凋敝的英法来说相当可观。为此英法一直对纳赛尔埃及让步，以求在运河权益问题上缓和与埃及的矛盾，甚至在1955年12月表示愿在第一期工程捐赠埃及7000万美元用于“新的金字塔”工程——在尼罗河中游阿斯旺建造一个高坝。不过由于附带的财政监督条件，这个建议被埃及拒绝，最终导致纳赛尔政府决定将苏伊士运河公司收归国有，以便利用运河收益来兴建水坝）。

1956年8月，英军全面撤离埃及苏伊士运河区

起初，英法为重新控制苏伊士运河，策划召开了对运河实施“国际管制”的会议。1956年8月16日，在英法倡议下，22个国家在伦敦举行会议，但未能达成任何协议。9月19日，美、英、法召集18国再次在伦敦举行会议，讨论建立“苏伊士运河使用协会”问题，仍未达成协议。9月30日，英法将苏伊士运河问题提交联合国安理会讨论，10月13日，安理会否决了英、法要求埃及接受“国际管理”制度的提案。在这种情况下，英法最终确定只有采取武力才能解决问题。为解决兵力不足的问题，法国首先提出邀请以色列加入。而对于以色列来讲，由于在建国的第二天，国家即受到来自各个方向的阿拉伯国家的侵犯，这在世界历史上是罕见的，如果不是犹太战士们以血的代价应对得当，可以说以色列这个国家早在地图上被抹去了。

另外，在以色列独立战争之后，阿拉伯世界的盟主埃及并没有因为政权更迭而停止打击以色列——特别是不准以色列船只通过亚喀巴湾的蒂朗海峡和苏伊士运河，这让以色列极为不满。再加上1955年夏，以色列强硬派在国会选举中逐渐占上风，使形势进一步严峻。由伊尔贡前领导人梅内姆·贝京领导的右翼自由党成为第二大党，左派和右派的行动主义者占了多数席位。自由党公开倡导扩大以色列的疆界，甚至提出了“从尼罗河到幼发拉底河”的口号，同时还主张向阿拉伯国家发动预防性战争。为此，以色列国防军参谋本部在1955年11月制定了一个入侵加沙地带和西奈半岛的作战计划（甚至为了验证计划的可行性，在这之前的1955年2月28日，以军曾向埃及管辖的加沙地带发动过一次试探性进攻）。所以对于法国的提议，以色列欣然应允（1956年9月1日，以色列军方收到了驻巴黎武官发来的一份加急电报，要求以色列参加对埃及的作战）。10月13日、14日，英国、法国和以色列秘密在塞弗尔举行会议，会议的主题就是打击埃及，夺回苏伊士运河的所有权。计划很简单：以色列首先发动进攻，占领西奈半岛，然后英法作为调解人，调解双方的矛盾，最后以“中立人”的身份进入苏伊士运河地区，重新接管苏伊士运河；如果埃及政府在以色列的进攻下仍然没有屈服，则英法军队将亲自动手，从塞浦路斯、马耳他、亚丁和航空母舰上出动飞机轰炸埃及，摧毁埃及的军事基地，然后，英法联军主力从塞得港登陆，向运河区进攻，切断埃军退路，最后，由以色列占领西奈半岛全境，英法占领运河区，全歼埃军。

1956年9月2日，纳赛尔视察英军撤出后的苏伊士运河区

西奈半岛是埃及在亚洲大陆的一块领土，它是一个三角形的半岛，总面积约6万平方公里，战略地位十分重要。西奈地势险要，除地中海、苏伊士运河和苏伊士湾的沿岸有狭窄的平原地带外，其余大部分地区是荒凉的沙漠和贫瘠的山区。整个半岛只有北部一条铁路从坎塔拉经阿

里什通往加沙地带。在铁路的南面有三条东西向的沙漠通道。半岛的南半部多为崇山峻岭，自北向南沿苏伊士湾的东岸有一条公路通向南端的沙姆沙伊赫，沿亚喀巴湾西岸则是一条崎岖的羊肠小道。埃及根据西奈的地形特点，重兵把守半岛的东北部和加沙地带。而以占领整个西奈半岛为目标，以色列国防军参谋部制定了代号为“达卡斯”的作战计划。该计划的核心可以总结为 8 个字，即“中心开花、向心突击”。具体来说，就是先以伞兵突袭占领西奈半岛腹地的战略支撑点，将西奈半岛埃军主力吸引过来，固守待援，然后以装甲部队为先锋，突破埃军防线上的关键部位与伞兵会合，采取避实击虚、中间突破、迂回穿插的战术，打乱埃军的阵脚，威胁苏伊士运河；在伞兵与装甲突击群会合后，后面跟进的步兵负责围歼已被击溃的埃军残部，然后分兵指向南北，占领阿里什、沙姆沙伊赫，席卷整个西奈半岛，瓦解埃军，打破埃及对蒂朗海峡的封锁，顺便摧毁巴勒斯坦游击队在西奈半岛的营地。显然，作为击溃埃军主力最关键的铁拳，装甲部队在“达卡斯”行动中将扮演举足轻重的角色。但在这个时刻，以色列装甲部队又是怎样的一种情况呢？

苏伊士运河战争前，正在进行整备的以色列第 7 装甲旅 M1/M3“超级谢尔曼”

尽管第一次中东战争结束之后，以色列不遗余力地对装甲机械化部队进行了扩充和整编，但不得不说，到了 1956 年 10 月，以色列装甲部队本质上仍是一支由 7 个装甲营构成的小规模部队，主要编为第 7 装甲旅、第 27 机械化旅以及第 37 机械化旅三个旅（其中只有第 7 装甲旅是拥有 2 个坦克营、1 个机械化步兵营的全建制单位），以 250 辆整修后的“谢尔曼”为主力（其中包括 M1/M3 两种“超级谢尔曼”歼击坦克 150 辆，以及被统一称为 M4 的 105mm“谢尔曼”支援坦克 70 辆），另有刚刚到货的 100 辆法制 AMX13 轻型坦克，以及 120 辆 M2/M3 半履带车——这就是当时苏伊士运河战争前以色列装甲部队的全部家底。当然，值得一提的是，将 CN-75-50 搬上“老谢尔曼”的努力赶在战前算是初见成效。二战中无数次短兵相接的坦克战早就证实，即便 M4A1（76）w 在 1000m 距离上的穿甲能力增强到 92mm，也依然比“黑豹”

的 75mm KwK 42 L/70 炮要差一个档次。大量的证据表明，装 76mm 54.5 倍径 M1 炮的“谢尔曼”在数百米到数十米不等的距离向“虎”“黑豹”等德军重型坦克开火，坦克手往往可以清楚地看到发射的炮弹在德国坦克装甲上反弹，飞到几百米的空中，而“黑豹”的 75mm KwK 42 L/70 或虎式的 88 mm KwK 36 L/56 炮却可以很轻松地将自己钻个透心凉。以色列人不想看到这一幕在自己的“谢尔曼”与苏联人的 T-34/85 或 IS-3 对射时重演，所以在 1954 年 7 月，以色列一边在整备手里的杂牌“谢尔曼”，一边派工程师前往法国布尔日兵工厂求援，希望能为“谢尔曼”坦克设计一种可安装法国 75mm CN-75-50 式坦克炮的炮塔。

陈列于以色列坦克博物馆的 M50“超级谢尔曼”，火炮防盾外形与后来的 M51“超级谢尔曼”有着显著区别

CN-75-50 75mm 坦克炮的配用弹种如下：

弹种	穿甲弹	穿甲弹	榴弹
型号	POT-51A	PCOT-51P	
全弹重	21kg	21kg	20.6kg
弹丸重	6.4kg	6.4kg	6.2kg
初速	1000m/s	1000m/s	
穿甲厚度	110mm/0°	170mm/0°	
	60mm/60°	40mm/60°	

在犹太人手中大把耀眼金法郎的刺激下，老牌的布尔日兵工厂很快令顾客满意而归——1954 年 8 月，两个装有 CN-75-50 75mm 坦克炮的改进型炮塔制造完毕。从外表看，火炮的防

盾突出于炮塔，防盾与炮塔之间用帆布覆盖。炮口安装类似于 AMX13 轻型坦克火炮的炮口制退器。炮塔两侧各有两个烟幕弹发射器。此外，改进的项目还包括弹药抛壳系统、用含铅的铸造配重块代替装在炮塔后边的焊制钢质配重箱、与 AMX13 完全相同的炮长望远式瞄准镜以及新型供弹系统等。由于时间紧迫，这两个炮塔很快被装配到了底盘上，不过多少有些让人奇怪的是，或许是找不到合适的底盘，布尔日兵工厂将其中的一个炮塔装在了 M10 坦克歼击车的底盘上充数（另一个则搭配了 M4A2 的车体），但无论如何，实车试验的结果令以色列方面极为满意，于是成批的订单下达了。1955 年 12 月，以色列人开始利用首批从法国运来的 CN-75-50 改进型炮塔组装自己的“萤火虫”——M50“超级谢尔曼”。有意思的是，由于手中大部分现成的“老谢尔曼”都正在接受制式化改装，所以这些 CN-75-50 改进型炮塔被安装到了由法国人提供的那些散件组装成的 M4A4 底盘上——这与其模仿对象“萤火虫”的做法如出一辙。尽管仍有夸大之嫌，但与 M1/M3“超级谢尔曼”相比，M50 这个“超级谢尔曼”多少还算是名副其实，至少用于正面对抗 T-34/85、SU-100 还是有把握的。

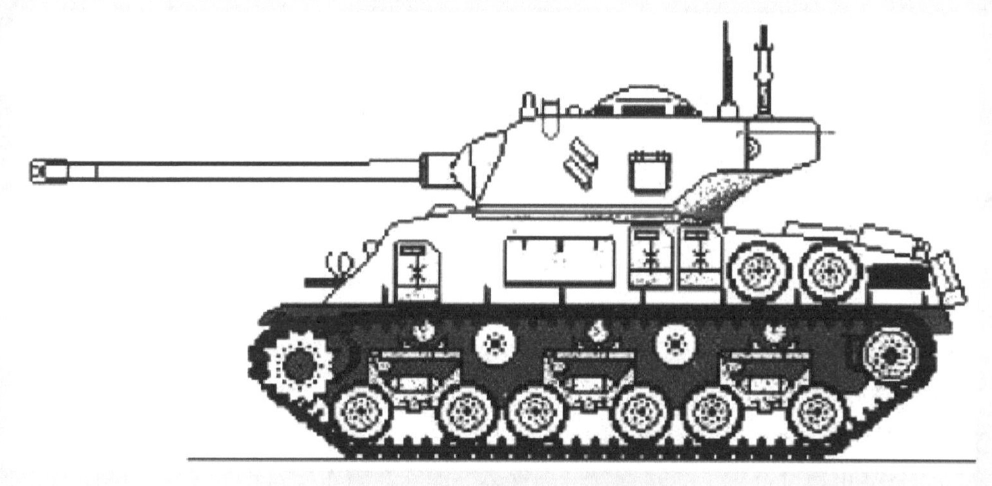

M50“超级谢尔曼”侧视图

到 1956 年 10 月，以色列国防军已经拥有了一个连的 M50 可供实战，再加上 100 多辆作为主力使用的 M1/M3“超级谢尔曼”，心里多少有了些底气（M50 是当时以色列装甲部队战斗序列中综合作战能力最强的技术装备）。不过总体而言，开战前以色列装甲部队的实际情况仍然是严峻的。然而，箭在弦上，不得不发。1956 年 10 月 29 日，按照英法预定的计划，以色列发动突然袭击，打响了西奈半岛的第一枪，拉开了苏伊士运河战争的序幕。当天下午 5 时许，由阿里尔·沙龙上校指挥的以军第 202 伞兵旅在法国空军的支援下，利用埃军在西奈中部地区兵力稀少、防御单薄的弱点，首先在米特拉山口空降了 500 余人和部分武器装备，此后该旅的主力 3000 人，与先头伞兵会合，向纵深突进。不过，由于时任以色列国防部长达扬对装甲部队信心不足，坚持在 10 月 31 日之前，严禁装甲部队参战。所以在 10 月 29 日入夜后，只有以色列第 4 步兵旅开始进攻，打掉了埃军两个边境哨所，接着又对埃军前沿据点库赛马发起冲击，可惜由于地势对以军不利，埃军炮火又相当猛烈，进攻受挫。以军南部军区司令部感到步兵进展缓慢有可能打乱全局的节奏，因此决定不顾以军总部关于 10 月 31 日前不出动装甲部队的规定（目的是待步兵打开突破口，才能将宝贵的装甲部队投入战场，与伞兵会合），命令以军装甲部队的主力——第 7 装甲旅提前于 30 日展开行动。

1956年10月，以色列国防军第7装甲旅装备的M1“超级谢尔曼”（第7装甲旅提前于30日展开行动，在当时第7装甲旅、第27机械化旅以及第37机械化旅三个旅中，只有第7装甲旅是三个营的全建制部队，更重要的是，以色列当时最精华的150辆M1/M3“超级谢尔曼”中，有80辆集中在这个旅）

前文曾经说过，在第7装甲旅、第27机械化旅以及第37机械化旅三个旅中，只有第7装甲旅是三个营的全建制部队，更重要的是，以色列当时最精华的150辆M1/M3“超级谢尔曼”中，有80辆集中在这个旅（至于那个唯一的M50“超级谢尔曼”坦克连，被达扬作为直属预备队牢牢握在手心里），是以色列装甲部队响当当的主力，所以南部军区司令部是抱着极大的勇气将这只装甲铁拳放出去的。在进攻西奈的作战中，第7装甲旅起先是被作为南方军区司令部预备队搁置在不太重要的地域，在旅长本·阿里上校的强烈要求下，以军参谋部勉强同意该旅提前加入支援步兵的战斗。凭借着车况良好的改装版“谢尔曼”，第7装甲旅先头部队第82装甲营（阿丹营）首先协同第4步兵旅攻占了库赛马，而后调头北上，直扑阿布奥格拉（阿布奥格拉位于西奈半岛东北部，东距埃以边境30公里，向西可通运河重镇伊斯梅利亚，从阿里什到库赛马的公路也通过这里，战略位置十分重要。埃军在阿布奥格拉的前方鲁阿法水坝等地有坚固据点，形成了完整的防卫体系）。

曾经服役于以色列军队的原版M4A4“谢尔曼”（装有M3 75mm炮及普通的平衡式垂直螺旋弹簧悬挂系统）

在开始的这一阶段，“超级谢尔曼”们表现得不坏，由于没有发生坦克遭遇战，只有 4 辆作为自行火炮的 M3“超级谢尔曼”毁于地雷（M3 75mm 炮发射高爆弹时要比 M1 76mm 炮好使）。但在阿布奥格拉，第 7 装甲旅的 M1/M3“超级谢尔曼”却吃了些苦头。阿布奥格拉是一座工事十分坚固的要塞，在其东面通往以色列的道路上还建有鲁瓦法炮台和乌姆—卡泰夫、乌姆—希汉两个筑垒阵地，整个阵地构成完整的多层次筑垒地域，防守十分坚固。30 日中午，阿丹营抵达乌姆—卡泰夫前沿，并迅速发起冲击。埃军凭借 20 多个反坦克掩体组成的防御工事进行顽强的抵抗，以军由 30 辆 M1/M3“超级谢尔曼”及步兵组成的突击集群在南线 600m 处遭到埃军 ZIS-3 76.2mm 反坦克炮的袭击，伤亡严重。以军求胜心切，不顾埃军的猛烈炮火，继续发起进攻，一度突破了埃军阵地，但入夜后，埃及守军进行了一次勇猛而有力的反击，使以军坦克不能再前进一步。此时以军坦克部队弹尽粮绝，疲惫不堪，只好退却（为此，气急败坏的达扬威胁要将本·阿里上校撤职）。在多次冲击均未奏效反而损失了 11 辆宝贵的“谢尔曼”之后，第 7 装甲旅主力绕开乌姆—卡泰夫外围阵地，连夜转向达伊卡山隘，由那里迂回穿插，直捣阿布奥格拉。

1956 年苏伊士运河战争中，被击毁的埃军 T-34/85 中型坦克

天将破晓之时，阿丹营突然出现在阿布奥格拉南侧的开阔地带上，他们不待埃军从惊愕中反应过来，就立即组织部队发起猛攻。经过一个小时的激战，攻占了埃军阵地，控制了阿布奥格拉道路交叉口。埃军对阿布奥格拉的失陷非常恐慌，中午，从纵深阿里什派出一个营南下，从乌姆—卡泰夫派出一个营西进，两面夹击第 7 装甲旅，企图夺回阵地。第 7 装甲旅依托阵地顽强抵抗，同时紧急召唤空军对北线埃军实施猛烈的空中突击，迫使其北撤。不久，失去北线策应的西线埃军也被迫后撤，放弃了反攻，在第 7 旅主力增援下阿丹营站稳了脚跟。至 10 月 31 日，阿布奥格拉完全被以军占领，从而动摇了埃军西奈全线的防御。之后，一直未得到补充和休整的第 7 装甲旅又马不停蹄地展开了开战两天来的第 4 次战斗，进攻仍威胁东线以军的埃军火力点鲁瓦法炮台。战斗进行得异常激烈，第 7 装甲旅的许多 M1/M3“超级谢尔曼”在将炮弹和重机枪子弹打光的情况下，仍不顾一切地闯入埃军阵地，驾驶坦克冲撞、碾压工事，有的乘员打开舱盖、探身舱外，手持冲锋枪和手枪射击四下逃散的埃军士兵。尽管战至此时，第 7 装甲旅只剩不到 15 辆 M1/M3“超级谢尔曼”可用，而且弹药油料消耗殆尽，但在如此凶猛的以军面前，埃及守军完全丧失了斗志，最终全线溃败。

1961 年 7 月，仍然服役于以色列装甲部队的 M1“超级谢尔曼”（加利利地区）

打破对蒂朗海峡的封锁是以色列在这场战争中的主要目的，而阿布奥格拉的失守意味着埃军丧失整个西奈半岛只是个时间问题，所以按照战前的分工，以色列军队的任务实际已经完成——毕竟在这场战争中，以色列不过是个配角，主角是英法，因此尽管这场战争还没有打完，但后面的事情已经不重要了（以色列开战的次日，英法发出最后通牒，借口“隔离交战双方”，以“保证运河的通航安全和自由”，要求埃以双方在 12 小时内停火，并各自从运河后退 10 英里，让英法军队进驻运河区的塞得港、伊斯梅利亚和苏伊士。在遭到埃及拒绝后，31 日，英法联军对埃及的首都开罗和其他重要城市与港口发动海空袭击）——英法最终没能得偿所愿，而以色列虽然获得了蒂朗海峡水面航行和空中飞行权，但也不得不将已经到嘴的西奈半岛吐出来。但至少对以色列装甲部队而言，这次战争还是具有特别意义的——达扬看到了坦克部队集中使用的威力，以军将领们开始明白中东的地形很适合装甲部队机动作战，装甲部队遂受到各方的重视，以装甲部队为主的战术观念开始取代以往步兵为主的作战方式。而作为此战中以色列装甲部队的主要装备，各型“谢尔曼”在战斗中的表现自然受到了重视。

1956 年苏伊士运河战争中，被击毁的埃军 SU-100 坦克歼击车

然而，由于埃军装甲部队主力被牢牢吸引在运河区，尽管规模不大的以色列装甲部队表现得十分活跃，但整个西奈半岛的战斗却没有发生真正意义上的大规模坦克遭遇战。唯一值得一提的，只有 1956 年 11 月 1 日发生在乌姆卡夫特的那场战斗，其结果是以方战败。1956 年 10 月 31 日凌晨，为了阻止已经到达哈萨拉的以色列第 7 装甲旅与米特拉山隘的空降部队会合，埃及迅速将运河西岸的精锐第 4 装甲师（装备 T-34/85 及 SU-100 150 辆）一部推进到哈萨拉—萨马代一线。这时的第 7 装甲旅在几番恶战之后已经精疲力竭，于是以军总参谋部将第 37 机械化旅从西面的伊斯梅利亚调来，企图接替第 7 装甲旅，尽早到达米特拉山隘。而在 11 月 1 日凌晨，第 37 机械化旅在对乌姆卡夫特发起进攻的过程中，由于指挥失误，遭到埃军设伏的炮兵、SU-100 坦克歼击车和反坦克武器的集中射击，后续部队也误入雷场，旅长戈林达阵亡。尽管埃军第 4 装甲师一部也遭重创，但以军第 37 机械化旅基本丧失了战斗力，其麾下装备的 40 辆 “谢尔曼” 损失殆尽（既包括 M1/M3/M4 等制式化型号，也包括少量杂牌“谢尔曼”）。

陈列于美国阿伯丁的 M50“超级谢尔曼”

在整个苏伊士运河战争期间，因为各种原因战损的各型“谢尔曼”高达 90 辆（主要以 M1/M3“超级谢尔曼”为主，当然由于埃军全部撤出西奈半岛，这些战损车辆大都得以回收），而曾经被寄予厚望的 M50“超级谢尔曼”干脆由于数量过于稀少作为战役预备队而没有投入实战，可以说表现并不尽如人意（也可以说是意料之中）。但即便如此，“老谢尔曼”们还是在这场战争中扮演了毫无争议的主角，而且宝贵的战场经验也为以色列进一步改良“老谢尔曼”指明了方向。事实上，由于没有发生大规模坦克战（也就是说 M1/M3/M50“超级谢尔曼”基本没有像预想中那样与埃军 T-34/85、SU-100 正面对抗过），以军装甲部队参战官兵对 M1/M3“超级谢尔曼”最为诟病的不是火炮威力不足，而是动力系统存在的严重缺陷——包括那些 M50 在内——这些“超级谢尔曼”使用的都是汽油机（型号从莱特旋风 R975E-C2 星型空冷航空发动机到福特 GAA V8），最高时速不差，但是巡航速度不均衡，上坡乏力，扭矩不足，直接后果就是公路上跑得飞快，但是在作战时换档频繁，驾驶员很快就会疲惫不堪。而且无论是因为发动机过热还是中弹，起火的风险都相当高，很多“超级谢尔曼”被不明不白地烧成了空壳，所以很自然地，在下个批次 M50“超级谢尔曼”的生产过程中，改造的重心也就放在了动力系统上。

以色列国防军在苏伊士运河战争结束后的一次阅兵式上，炫耀他们新得到的 M50“超级谢尔曼”
（第一批生产出的 50 辆 M50“超级谢尔曼”优先装备了精锐的第 7 装甲旅）

第一批次的 50 辆 M50“超级谢尔曼”采用了 M4A4 的底盘（除了苏伊士运河战争前交付的 18 辆外，剩余的 32 辆陆续在 1956 年 12 月～1957 年 2 月出厂），然而这个说法并不完全准确，由于这些 M4A4 底盘实际上是以法国人提供的散件组装而成的，所以与标准的 M4A4 在动力系统方面有着很大不同——原版的 M4A4 实际上是因为 M4A3w 的福特 GAA V8 发动机产量不足，临时将 5 台克莱斯勒 A57 6 缸卡车汽油发动机并联起来作为替代品的产物，但以色列在将这些 M4A4 散件组装起来的过程中，为了最大限度地实现与现有“谢尔曼”车队的通用性（也是从可靠方面考虑），用手头的莱特旋风 R975E-C2 星型空冷航空发动机换掉了“玩笑式”的克莱斯勒 A57X5。然而即便如此，实战经验还是告诉以色列人，中东战场上的坦克使用汽油机是极不明智的。而且，由于时间紧迫，头一批次 M50“超级谢尔曼”并没有像大部分 M1/M3“超级谢尔曼”那样为行动部分换装水平螺旋弹簧悬挂系统及宽幅履带，而是依然沿用了原来的平衡式垂直螺旋弹簧悬挂系统和窄幅履带。在 CN-75-50 75mm 坦克炮的后坐力明显增大的情况下，无论是从机动性还是从底盘的承载能力来看，这批 M50“超级谢尔曼”的使用价值都大打折扣（实战中，包括部分 M1/M3 在内，仍然使用窄履带及平衡式垂直螺旋弹簧悬挂系统的“谢尔曼”在行动部分出现了大量维修问题，无论是前线部队还是后勤维修人员都苦不堪言）。

1958 年 3 月 23 日，特拉维夫阅兵式上的第 7 装甲旅 M50“超级谢尔曼”与 AMX13/105 自行榴弹炮

也正因为如此，以色列对生产线上的下一批 M50“超级谢尔曼”做了许多改进，但主要集中在为 M4A4 底盘换装 460 马力的康明斯 V8 柴油机以及水平螺旋弹簧悬挂系统和宽幅履带上。到 1959 年 4 月，这一批次的 50 辆 M50“超级谢尔曼”交付使用。不过有意思的是，在该批次的生产过程中，以色列人发现 M4A4 底盘其实并非康明斯 V8 柴油机的最佳搭配对象——后车体带有大型散热器的 M4A3 才是，为此他们特意在 1958 年年底用 M4A3 底盘改装出一辆 M50“超级谢尔曼”进行了测试，效果出人意料地良好，所以从 1958 年开始，转而采用 M4A3 底盘（当然换装了康明斯 V8 柴油机以及水平螺旋弹簧悬挂系统和宽幅履带）来搭配

CN-75-50 改进型炮塔。这样的 M50“超级谢尔曼”在 1958 年～ 1960 年 7 月之间，共生产了 80 辆，为此以色列从各种渠道得到了数百辆 M4A3 车体。截止到 1967 年第三次中东战争爆发前，以色列国防军共拥有 220 辆分别基于 M4A3 和 M4A4 底盘的 M50“超级谢尔曼”。

7.5　廉颇老矣，尚能饭否？——增强型“超级谢尔曼”M51

如果说，在苏伊士运河战争之前“老谢尔曼”们作为以色列装甲部队的一等主力是能够为人们所理解的——与这支军队当时浓厚的非正规习气也是搭调的，那么到了苏伊士运河战争之后，以色列国防军一边决心要踏上正规化建设的康庄大道，但另一边却仍在不遗余力地继续修改“老谢尔曼”则会是令人惊讶的，然而事实的确如此。

1957 年，以色列国防军第 7 装甲旅的 M1/M3“超级谢尔曼”开始撤离西奈半岛

其实，苏伊士运河战争之后，由于这场战争中的道义问题，以色列面临的国际形势反而更糟。以战败的埃及为首，包括叙利亚、伊拉克在内的很多阿拉伯国家加快了倒向苏联的步伐，特别是“黎巴嫩危机”以后，苏联对埃及的军事援助明显加大了力度，其结果就是这些国家用大批现代化的苏制武器重新武装起来，其中不乏 T-54/55 主战坦克这样的一流装备（当然，还有看起来很吓人的 IS-3）。而更糟糕的是，虽然第四共和国时期，法国和以色列关系很好，比如以色列在法国国防部有专门负责军事合作的特别代表，但 1958

年戴高乐上台以后，进入第五共和国时期的法国要奉行独立政策以显示自己的独特性，要向第三世界显示亲善，解散了以色列军事代表团，降低了两国军事合作的级别，虽然仍批准向以色列人出售最新型的喷气式战斗机，但在更敏感的坦克问题上却断然回绝了犹太人。这就是为什么以色列人抱怨“没有一个国家愿意出售新式坦克给我们，我们只能使用过时的垃圾。我们不理解为什么一些国家能够偶尔将诸如新式战斗机这样的现代化武器装备卖给以色列，但执意不肯出售坦克给以色列”的原因——“老谢尔曼”们不坚守岗位又能怎么样？

当然，在苏伊士运河战争后以色列装甲部队完全没有获得新式坦克来源的说法也不客观，但这个来源并不能让以色列人满意。英国政府在 1956 年第二次中东战争爆发后同意向以色列出售武器，急需重装备的以色列迅速将“百人队长”主战坦克列入了采购优先顺序表的首位。这是当时英国人手中最好的坦克，比“萤火虫”强多了。但在战争结束后，英国人又顾虑重重地延缓了坦克的交付时间。结果到了 1958 年，以色列只得一边向美国申请购买 100 辆 M47（结果遭到了拒绝，只能从联邦德国买二手车应急），一边加紧生产 M50“超级谢尔曼”以保持装甲部队的规模和战斗力（仅仅是保持而已，谈不上扩充）。后来英国人考虑到，虽然英军主力已全部撤离中东，但英国传统势力在这里的影响还是比较大的，而且从六七十年代开始开发北海油田后，就不怎么依赖中东石油，因此不必像法国那样刻意讨好阿拉伯国家。于是在 1959 年，英国开始向以色列交付第一批“百人队长”。

苏伊士运河战争（第二次中东战争），“百人队长”成为以色列国防军装备的首批现代化主战坦克（1958 年 12 月首批“百人队长”主战坦克自英国起运，到 1959 年 2 月，以色列国防军已经获得了 30 辆“百人队长”，其中包括 14 辆全新的 MKVIII 型以及 16 辆二手的 MKV 型）

不过，当千思百想盼来的“百人队长”到手后，以色列当时仍然以 M1/M50“超级谢尔曼”为主要装备（当然还包括 240 辆令其厌恶的薄皮坦克 AMX-13），即使装备又少又差，其装甲兵们也对这种新得的现代化英制坦克并不满意。主要意见集中在三个方面。首先是“百人队长”

坦克的机械和电气系统比“谢尔曼”系列坦克复杂得多，仍然没有走完草创时期的以方装甲兵后勤维护部队对付起来有点吃力，加上基层坦克兵们要从美制设备转而适应英制设备，在习惯上也存在问题；其次则针对“百人队长”的痼疾——战术机动性，英制流星汽油机功率有限、油耗高，坦克的燃料携带量也不足，因此“百人队长”坦克的速度和作战行程受到很大限制（因为同样的原因，以色列人正在忍痛淘汰所有使用汽油机的“谢尔曼”）；最后，“百人队长”是针对欧洲平原的季风海洋性气候条件设计的，而高温多沙的沙漠作战环境对冷却系统和空气滤清器的要求则要高得多，因此，刚刚到达以色列的“百人队长”坦克发动机冷却系统以及空气滤清器故障频发。当然，尽管有各种各样的不满，但以色列装甲兵当时要解决的首先是有无的问题，他们不但没有富裕到可以把“百人队长”扔到一边不管的程度，甚至连那些“老谢尔曼”（当然以色列人的说法是“超级谢尔曼”）也舍不得扔掉，而且还要继续升级，这就是 M51“超级谢尔曼”的由来。

以色列国防军第 7 装甲旅装备的“百人队长 - 肖特”主战坦克

历史上的 M4 最大缺点是车体太高，比 M26 还高，车体被弹面积大。而且作为一个仓促的战时设计，由于原计划是要安装星形航空发动机以降低成本，传动轴布置得很高，炮塔吊篮底板要在传动轴之上，所以造成炮塔座圈整体超高，炮塔只有更高而且传动轴两侧的空间也基本只能放油箱等。在这种情况下，如果要保留其本身炮塔大致结构和车体结构不变，安装 CN-75-50 这种级别的火炮实际已经是其极限了，要想在火力上再进一步，只能另辟蹊径。但犹太人毕竟是个能够而且善于创造奇迹的民族，他们很快想到了办法。当然，这个办法没能脱离“换炮”的套路，但在换法上却有了新思路——这次以色列人没打算再让“老谢尔曼”（或者说是“超级谢尔曼”）发射更强的动能弹（因为这不现实），而是想要在化学能破甲弹上打主意。如此一来，火炮口径与后坐力同步增加的矛盾也就得到了一定程度的缓解，如果主要以发射破甲弹为目标，那么为所谓的“超级谢尔曼”安装更大口径的坦克炮也就成为可能。以色列人是这样想的也是这样做的。不过，最初以色列盯上的法国 105mm CN-105-F1 式坦克炮（也就是 AMX-30 的主炮），身管长径比高达 56 倍，炮口初速 1000m/s，就这样装在“谢尔曼”坦克的炮塔上明显过长，初速过高，车内缺乏所需的后坐空间。为此，以色列再次向法国布尔日兵工厂求助，提出修改 CN-105-F1 式火炮的要求，将炮管长度缩短 1.5m（长径比降为 44），使初速降至可以接受的 800m/s，并能够发射以色列自己研制的 105mm 破甲弹。该火炮可以发射 OCC 105F1 式非旋转稳定的空心装药破甲弹、60 式榴弹、发烟弹和教练弹。破甲弹与法国 AMX-30 主战坦克配用的炮弹相同，初速为 905m/s, 破甲深度为 360mm/0° 或 150mm/60°。

陈列于以色列坦克博物馆的 M51“超级谢尔曼”（笼形的炮口制退器是 D1504 105mm 坦克炮与 CN-105-F1 在外观上的最大区别）

如此改造后的 105mm CN-105-F1 式坦克炮被以色列称为 D1504，而坦克炮问题的解决也就意味着 M50“超级谢尔曼”升级之路上的最大障碍被一扫而光，于是随后 M51“超级谢尔曼”的出现也就顺理成章了。1960 年 3 月，一辆 M50“超级谢尔曼”被升级为 M51“超级谢尔曼”进行测试。这辆基于 M4A1 底盘的样车沿用了此前的改进项目，包括康明斯公司的 460 马力柴油机、M4A3E8 的水平螺旋弹簧悬挂系统和宽幅的履带，以及改进型转向装置、传动装置、排气装置等。不同之处在于，它对炮塔尾舱和弹药储存箱进行了改进以便安放新型 105mm D1504 坦克炮所用的 105mm 弹药，在火炮防盾上方安装了一个白光 / 红外探照灯、炮塔两侧安装了两具烟幕弹发射器，并用小型紧凑的直流发电机取代了原来的发电机——以上所有项目共耗费了 25000 个工时的工作量，而战斗全重则增加到了 39t。但测试表明，为这辆样车所做的这些改进都是值得的，其最大公路速度仍然达到了 45km/h，行程 270km，而且高达 2000 发的实弹射击试验更是证明，这辆样车完全能够承受 D1504 105mm 坦克炮的后坐力。不过，在决定是否将这种性能得到成功提升的“超级谢尔曼”投产的问题上，以色列却稍有犹豫。

1967年，以色列国防军第7装甲旅第79装甲营装备的M48A2“巴顿”主战坦克

1960年7月，也就是M51“超级谢尔曼”样车正在测试的同时，经过并不容易的谈判，以色列和德国终于签订了一项购买150辆二手M48A2/M47A1坦克的协议。正是这项协议的签订，使以色列国防军对是否有必要将M51“超级谢尔曼”投产产生了疑虑。不过，由于阿拉伯国家的强大压力，这批坦克最终只有40辆交到了以色列军队的手里，这使以色列国防军最终下定决心，用一批增强型的M51“超级谢尔曼”进行弥补。于是从1961年1月起，陆续有180辆M1 M50“超级谢尔曼”被升级为M51“超级谢尔曼”。当然值得一提的是，虽然德国没能完全履行那份二手坦克交易，但不久之后美国人主动找上门来，改变了对以色列的军售立场，补齐了联邦德国所欠的110辆M48A2，并另外追加了100辆。从此以后，以色列开始大批量接收美制坦克，1965年接收了90辆M48，1966年120辆。到1966年底，以色列装甲部队共拥有250辆M48，其中包括150辆M48A1和100辆M48A2。不过以色列人认为这些M48坦克的M41型90mm坦克炮在反装甲能力上不如M51“超级谢尔曼”的D1504 105mm坦克炮，所以以色列实际上是一边接收M48，一边坚定不移地继续将部分M1/M50“超级谢尔曼”升级成M51“超级谢尔曼”。值得一提的是，在这一过程中，以色列的技术人员一直参与其中。毫无疑问，这对于以色列后来研制“梅卡瓦”坦克起到了预先培养技术人才的巨大作用。

7.6 被遗忘的救星——“超级谢尔曼”的最后战斗

1964年，以色列开始兴建从加利利海到内格夫沙漠的引水灌溉工程。虽然这项庞大工程的着眼点在于改善以色列的农业生产状况，但这仍然引起了周围阿拉伯国家的猜忌。特别是叙利亚声称加利利海东北岸是戈兰高地的一部分，因此其一面在联合国对以色列大加抨击，一面也开始将加利利海的淡水引向约旦作为回击，并且扬言要摧毁以色列已经建好的水利设施，于是很自然地，双方在加利利海加强了戒备（莫斯科、开罗、大马士革都传出了“以色列军队正在北部集结兵力，准备进攻叙利亚”的消息）。

参加1967年“六日战争”的M50“超级谢尔曼”

1965年5月6日，在一次以色列国防军的例行巡逻中，一个M50“超级谢尔曼”坦克排发现对岸的叙利亚军队正在重新布置一门100mm无后坐力炮，而几天前正是这门炮炸死了一名在加利利海参与施工的以色列拖拉机手，于是坦克手们决定报仇，拔掉这个钉子。当时，以色列控制的加利利海南岸距叙利亚控制的北岸约1.8km，对任何坦克来说都是个极限射程，后来被尊为“以色列装甲兵教父”的塔尔将军却认为，在这样一个距离上，他所钟爱的M50“超级谢尔曼”完全能够击毁这门无后坐力炮——而他也的确做到了。在其亲自操作下，一辆M50“超级谢尔曼”的CN-75-50 75mm炮准确地将目标击毁了（事实上，在塔尔将军的反复要求下，其麾下的坦克手们对1.5km以上的远距离射击普遍进行过长期而艰苦的训练）。几天以后，另一辆M50“超级谢尔曼”和一辆装有L7 105mm线膛炮的“百人队长”MKIII主战坦克又被派出，准备伺机再为叙利亚人的水利建设“添把火”。而这个机会很快就来了。趁着叙利亚人向一支以色列巡逻队打冷枪的机会，按照早已标定的射击诸元，两辆很早就埋伏在附近的以色列坦克向2km外正在施工的叙利亚拖拉机猛烈开火，短短两分钟的时间里，两个以色列车组各自居然都打出了10发炮弹——其训练有素可见一斑。令人惊奇的是，在全部被摧毁的8辆拖拉机中，M50凭借CN-75-50 75mm炮“包办”了其中的5辆，而以射击精度著称的L7 105mm炮仅仅击毁了3辆，这样的差距不由得让人们对M50刮目相看。

参加1967年“六日战争”的M51“超级谢尔曼”

由于加利利海淡水资源的争端，以色列与阿拉伯国家本来就脆弱的停战状态濒临崩溃。特别是巴勒斯坦解放组织于1965年5月14日在耶路撒冷成立后，以色列开始不断遭到来自约旦和黎巴嫩的袭击。最终，这场连绵不断的低强度战争的结果是事态不可避免地向一场大规模的全面战争演进——用1966年5月12日《纽约时报》的话说就是：“为了杜绝袭击事件的发生，除了对阿拉伯国家行使武力外别无他法。”不过，由于深知自己家底薄弱，所以面对愈发严峻的形势，以色列的战争策略是扬长避短，不与实力雄厚的阿拉伯国家拼消耗，而是利用内线作战易于调动的特点，先发制人，速战速决。不过，这种战争策略显然需要动员起自己的一切力量，于是尽管有了“百人队长”和“巴顿”的以色列国防军装甲部队境况大为改善，但正在焕发第二次青春的“超级谢尔曼”（包括M50/51）们还是在“六日战争”（即第三次中东战争）中发挥了自己的作用（其中进攻戈兰高地的主力，北部军区的艾伯特·曼得勒装甲旅装备的是清一色的M50/M51“超级谢尔曼”，并在与叙利亚装备的德制老式坦克的对抗中表现出了一定的优越性）。

参加1967年“六日战争”的M51“超级谢尔曼”（西奈半岛）

不过，如果说 1967 年的“六日战争”是犹太人给阿拉伯人的一个“意外惊喜”，那么到了 1973 年同样的“惊喜”就落到了犹太人头上阿拉伯世界向以色列发动了突然袭击，第四次中东战争爆发，也叫“赎罪日战争”。但在这场危急程度堪比 1948 年的战争中，按照计划即将全面退役的“超级谢尔曼”却扮演了以色列救世主的角色。本来，在“六日战争”之前，虽然美国人已经同意向以色列提供 M48“巴顿”主战坦克（甚至包括少量最先进的 M60“巴顿”），但由于数量过少，犹太人根本没指望将美制坦克当作主要来源，他们真正看中的还是英国货（事实上，直到 1973 年“赎罪日战争”之前，美国都未就以色列军援问题做出过明确而具体的答复）。1966 年，英国政府启动了装有 120mm 火炮的新型“酋长”坦克研制计划，但英国紧张的国防预算使他们缺乏足够的资金来完成此项目。为此，英国政府同意向以色列出售 300 辆“百人队长”坦克以筹集资金，作为交换，以色列得以参与“酋长”坦克的最后阶段研制，并拥有购买“酋长”坦克的优先权（英国甚至允诺帮助以色列建立“酋长”坦克的生产线）。如果这个计划成功，以色列就可获得堪与 T-62 坦克抗衡的武器，所以，大喜过望的以色列开始考虑逐步淘汰手中的 M50/M51“超级谢尔曼”（M1“超级谢尔曼”已在 1965 年之后全面淘汰），按照时间表，装有 CN-75-50 75 炮的 M50 将从 1970 年开始退役，装有 CN-105-F1 105 炮的 M51 则转入预备役，并计划于 1973 年前撤装所有型号的“超级谢尔曼”。然而，阿拉伯国家当然不允许这种不利情况出现，他们用将外汇储备从英国的银行提走等经济制裁措施来威胁英国。最终到了 1969 年 11 月，英国被迫终止了与以色列在“酋长”坦克上的合作。此时，该合作计划已经进行了 3 年多，以色列在“酋长”坦克的最后研制阶段投入了相当大的精力和资金，但结果却只得到了两辆“酋长”坦克原型车和 300 多辆“百人队长”MK3/5 坦克。或许是这个教训过于深刻，以色列人不但开始了自己的现代化坦克研制计划，而且“超级谢尔曼”的退役时间表被大大延后了。岂料，这一决定在不久后拯救了以色列。

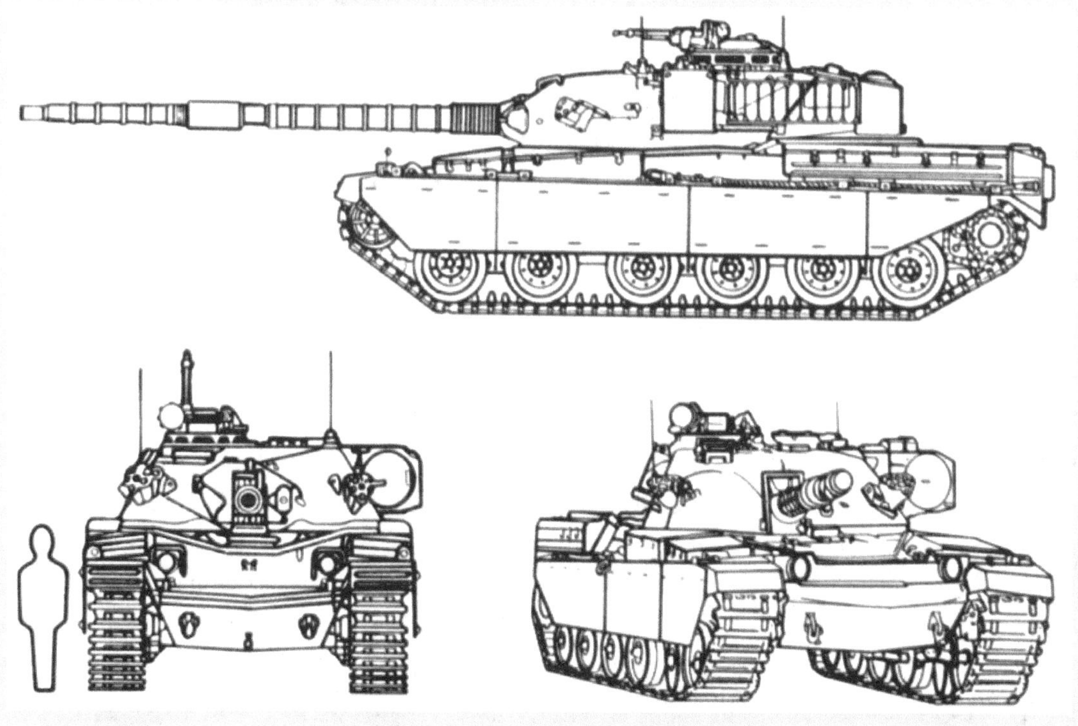

英国“酋长（Chieftain）”MK5 主战坦克（由于在“酋长”主战坦克的引进上的失败，以色列国防军只能硬着头皮继续使用本该早早功成身退的“超级谢尔曼”，并在随后的漫长岁月中，仍然对后者进行持续不断的改进）

在1973年“赎罪日战争”爆发时，无论是M50还是M51都已经沦为了彻头彻尾的过时装备，它们在综合性能上完全低于阿拉伯国家大量装备的苏制T-54/55，更不用说令人畏惧的T-62。然而，性能上的劣势并不意味着这些超期服役的“超级谢尔曼”就无法发挥作用。在战争爆发前，尽管有一部分M50“超级谢尔曼”（约50辆）被作为机动装甲碉堡加强巴列夫防线的各火力支撑点，但大部分车况良好的M50/M51“超级谢尔曼”却被集中在第19、20两个后备装甲旅的车库中，经短时间动员后即可拉上前线。不过，当这两个装备“老爷车”的后备装甲旅于1973年10月7日凌晨在北线（戈兰高地方向）被仓促投入战斗时，这些预备役坦克手没人能想到将要面临怎样的一场恶战——此时，负责戈兰高地南段战线的以色列装甲部队精锐第188“巴拉克”装甲旅已经在前一天的防御战中受到敌人的全面打击，只剩下12辆坦克，旅长本·肖哈姆阵亡在自己的坦克中，整个旅基本都战死了。当天夜里，以50 ∶ 1的压倒性数量优势碾过“巴拉克”装甲旅的叙利亚军队，打开了一个2公里宽的巨大缺口，戈兰高地防线就这样被突破了。叙利亚第5步兵师的第46坦克旅突入了拉菲德地区。该师第132旅利用这一突破口，沿着与拉卡德悬崖平行的拉菲德-阿勒公路呈扇形展开。10月7日拂晓，第5步兵师的部队到达拉马特马格西米姆，与第132机械化旅会合，叙军第47坦克旅开始与拉菲德-阿勒公路平行地向北推进。在晨曦中，叙利亚人惊愕地俯瞰着令人激动的加利利湖。在那水波粼粼的湖水对面，他们看到了以色列的第一个大城镇——太巴列，他们兴高采烈，胜利几乎是垂手可得了。

1973年10月，参与进攻戈兰高地的叙利亚装甲部队T-55主战坦克

作为堵塞因第188装甲旅覆灭而留下的缺口的预备队，当以军包括第19、20预备役装甲旅在内的国防军后备部队以连排为单位向拉菲德-阿勒公路前线赶来时，看到的是这样一幅地狱般的场景：“一些坦克乘员在火焰中奔跑着；脱离坦克底盘的炮塔掉在被砍去‘脑袋’的坦克旁；紫色和红色的火舌不断地舔着周围的弹药车和装甲人员输送车，车辆不时地炸成碎片。蘑菇状的白色烟幕笼罩在烧焦的坦克残骸上空……”这些前一天还在家中与亲人团聚或在犹太教堂神圣祈祷的预备役坦克手们，在不到24小时内即发现自己置身于战斗的恐怖景象之中。10月7日凌晨2时，叙军第48和第51坦克旅越过侯什尼亚地区的塔普林路，并沿耶胡迪阿公路推进，企图到达加姆拉赖斯高地和约旦河的阿里克桥地区。而到了2:30，以军第19旅旅部随第一个赶到的“超级谢尔曼”坦克营（但并不满员，实力只有两个半坦克连）到达阿勒，在距阿里克桥4.5公里处与叙军第1装甲师的前卫分队展开了短兵相接的坦克拼杀。由于并没有意识到危险存在，叙利亚坦克排着整齐的行军纵队，而以军第19装甲旅的“超级谢尔曼”

们则已经呈扇形展开。在最初的对射中，双方互有伤亡——叙利亚损失了 5 辆 T-55，而第 19 装甲旅损失了 2 辆“超级谢尔曼”——尽管损失不大，但整个叙军纵队却惊慌失措，坦克互相冲撞。利用这个机会，以色列人的“超级谢尔曼”坦克营开始有条不紊地挨个消灭目标，叙军坦克接二连三地着了火，乱成了一团。叙军被打了个措手不及。他们试图重新整顿部队，但指挥官始终无法判定火力的来源。45 分钟的战斗结束后，叙军丢下了 20 辆 T-55 坦克残骸，“超级谢尔曼”营则仅仅损失了 4 辆。随着拂晓的到来，得到了一个来自“巴拉克”旅“百人队长”后备坦克连增援的“超级谢尔曼”营向南转移到特勒哈里延，隐蔽在树林和灌木丛中监视公路。叙军残余部队在拂晓时集合起来搜索他们，最后，叙军认为要寻找的目标已经离去，便继续向主要公路前进，径直走向“超级谢尔曼”为他们准备好的理想歼灭区。“超级谢尔曼”营的第一次炮火齐射就击毁了 5 辆叙军坦克，105mm D1504 坦克炮的价值得到了充分的体现。接着，“超级谢尔曼”们来到公路上，驱车向库奈特拉驶去，沿途寻歼敌军的残余部队：他们又击毁了 10 辆躲藏在丢弃的炮兵阵地上的 T-55 型坦克，还袭击了一支正在毫无顾忌前进着的叙军补给纵队……尽管离太巴列仅有 10 分钟的路程，但叙利亚人从此再也无法前进一步了，以军这支仓促投入战斗的“超级谢尔曼”后备装甲部队在耶胡迪阿和阿勒一线获得了惊人的战果。

以色列在 1967 年缴获的埃及“谢尔曼”杂交战车——由 M4A4 底盘与 AMX-13 轻型坦克炮塔组合而成，以色列军队后来仿效了这种做法，生产出一批简易版的 M50“超级谢尔曼”

然而，尽管老迈的“超级谢尔曼”们暂时顶住了叙利亚人的钢铁洪流，但戈兰高地的局势仍然是危险的：根本没有战略纵深，几乎没有机动的余地，所以必须把叙利亚人彻底赶出这一地区以色列才能得救（以色列总参谋部的战略决策一直把戈兰高地置于优先地位。这一地区和西奈不一样，没有纵深，叙军的任何局部突破都足以危及加利利北部的以色列人口中心。因此，必须尽快将叙军赶出该地区）。虽然以色列国防军在过去 36 小时的战斗中已经遭受了前所未有的巨大损失，但他们现在必须为自己国家的生存发起反击。由于装备精良的装甲部队主力已经损失殆尽，这次事关生死的反攻只能以 19、20 这两个装备“超级谢尔曼”的预备役坦克旅为主力（此时这两个旅划归穆萨·佩莱德将军的装甲师），主攻方向是沿拉菲德 - 阿勒后备公路，由第 19 后备旅作为先导（该旅自 7 号凌晨就一直在战斗，并已有伤亡），第 20 后备旅准备跟随突破，第 70 后备旅随后跟进，肃清残敌并在拉卡德悬崖上方掩护右翼。在主攻的左翼是第 14 后备旅（这个旅拥有一个奇怪的 M50“超级谢尔曼”营，不同于第 19、20 两个旅的 M50“超级谢尔曼”，该旅的 M50 实际上是由 1967 年“六日战争”中缴获的埃及 AMX-13 轻型坦克炮塔与 M4A3E8 底盘组合而成——事实上，这是仿效埃及人的做法），它沿着从吉瓦特约夫的加姆拉赖斯高地直到马兹拉特库奈特拉的道路，经纳哈盖谢尔直扑侯什尼亚。然而，反攻开始后第 19 旅在阿勒地区遭到有力的抵抗，初次攻击，便损失了 7 辆“超级谢尔曼”。但好在佩莱德很快发现这块平坦开阔的地带可以展开更多的部队，于是他立刻把第 20 旅的“超级谢尔曼”投入战斗。战斗进行得缓慢而艰苦。叙军以非常猛烈而密集的炮火进行反击，但以军的“超级谢尔曼”们坚强不屈，不久就占了优势，在摧毁了 15 辆以上的叙军坦克后，叙军第 132 机械化旅开始溃退，“超级谢尔曼”们趁势推进到了拉马特马格西米姆对面的第一条横向公路（战后查明，在拉马特马格西米姆和阿勒之间的战场上，叙军共丢下了 60 辆 T-55 坦克残骸，这些全都是 19、20 旅的“超级谢尔曼”坦克手们拼命换来的）。接着，第 20 旅向北推进，第 19 旅在补充燃料后掩护前进部队的左翼。佩莱德命令第 19 旅利用拉马特马格西米姆通向北部的横向公路，把部队向第 14 旅的左翼运动，以扩大师的正面，在进行了一场机动装甲战后，全师向前推进。

1973 年 10 月，参与进攻巴列夫防线的埃及第 3 装甲师 T-62 主战坦克

这时，以军第 20 旅的先头营已到达特勒萨基村地域，这是一个距主要公路以东约 100m 远的小山包。在这里他们进入了敌反坦克防御地域（它设在特勒萨基村到朱哈德尔的公路两边），叙军的一个反坦克混合营——由装备“萨格尔”式反坦克导弹的三个步兵战车连和两个 106mm 无后坐力反坦克炮连组成，奉命加入了叙第 132 机械化旅进行阻击。第 20 旅的“超级谢尔曼”们遭到了大约 30 枚反坦克导弹和反坦克火炮的猛烈射击，尽管最终歼灭了这股敌人，但“超级谢尔曼”损伤不少，几乎每一辆坦克都被击中过，17 辆“超级谢尔曼”彻底失去了战斗力。10 月 9 日（星期二）凌晨 3 时，佩莱德向他的指挥小组下达命令，规定了全师要保持的总前进路线。第 20 旅向边境线推进，其左翼与拉菲德 - 特勒法里斯公路平行；第 14 旅继续在拉菲德 - 阿勒主要公路左侧前进；第 19 旅则继续保持其速度，向侯什尼亚前进。奉命进攻侯什尼亚的第 19 旅一直在进行激烈的装甲战。他们和从侯什尼亚东西侧开进的拉纳的第 21 师协同作战，并在当天上午 11 时到达侯什尼亚东南部高地。佩莱德命令第 19 旅猛攻小山，因

为那里的敌军使第 14 旅左翼遭到严重损失。第 19 后备装甲旅旅长密尔上校在 11 时行动，以便与第 17 旅的一个营协同作战，该营将沿耶胡迪阿公路实施进攻。在他们接近时，密尔看到在宽约 2 英里，纵深 1 英里的阵地上有大量叙军。那里集结了大约 50 辆坦克和大量反坦克武器、导弹和反坦克火炮，而密尔指挥的部队此刻所剩的“超级谢尔曼”不到半个营，但在本部后勤连紧急提供了 30 辆修复的“超级谢尔曼”后，多少恢复了点元气的第 19 旅在炮火支援和首次近距离空中支援下，再次向侯什尼亚地区发起进攻。这次，该旅对敌阵地实施翼侧包围，并从后方实施进攻。

参与 1973 年“赎罪日战争”的 M68 L-33 155mm 自行榴弹炮

进攻于 4 时开始，以两个营为先头部队，第 19 旅的“超级谢尔曼”又一次同叙军第 1 装甲师的第 40 机械化旅展开了战斗。在所有现有火炮和飞机的支援下，伤痕累累的“超级谢尔曼”们占领了山头，并从侯什尼亚沿叙军防御阵地继续前进，穿过这个村庄占领了其北面的阵地。当该旅猛攻特勒法兹拉时，它又损失了 1/3 的“超级谢尔曼”，但大卫王的“超级谢尔曼”们仍然在推进。到 10 日中午，在大约 1400 辆叙利亚坦克向以色列发动大规模攻势几乎整整 4 天之后，叙利亚在原以色列控制的“紫色线”以内已没有一辆坦克处于战斗状态。在侯什尼亚诱歼地区，以军消灭了叙军两个旅，这里成了埋葬叙军车辆和装备的大坟场：在高地和山坡上有数百门火炮、补给车辆、装甲人员输送车、加油车、“萨格尔”导弹、坦克和成吨的弹药。叙军进攻的所有路线上，叙军的精良装备在燃烧着。包括两个“超级谢尔曼”预备役装甲旅在内，每一支以色列部队都赢得了各自的胜利。叙利亚人在戈兰高地丢下了 867 辆坦克，其中有些是最现代化的 T-62 型坦克，此外还有大量汽车、反坦克车辆、大炮和各式装备。苏联向叙利亚提供的最现代化的武器装备布满了戈兰高地起伏的山丘，这是历史上在最难以令人置信的条件下取得的一次坦克战胜利的明证——特别是考虑到这其中相当一部分战果是由“超级谢尔曼”们创造的，这场来之不易的胜利就更让人们为之叹服（仅沿耶胡迪阿公路，就有约 200 辆叙军坦克被第 19、20 两个旅的 40 ～ 50 辆“超级谢尔曼”坦克所摧毁）。事实证明，“廉颇虽老，但尚能一战”。

以色列为功勋卓著的“超级谢尔曼”竖立的纪念碑

7.7 以色列国防军中的其他“谢尔曼”变形车

相对其他同时期生产的车辆，M4的潜力可以说是被挖掘得最大的了，虽然高大的车身对高后坐的大口径长身管火炮有诸多不利，但底盘却有足够的空间来容纳其他设备，这就为以色列国防军中的“谢尔曼”向多用途化发展提供了可能。

自行火炮

M50“超级谢尔曼”155mm 自行榴弹炮

最先出现在以色列国防军装甲部队战斗序列中的“谢尔曼”变形车，是被称为 M50 的 155mm 自行榴弹炮。该车是法国布尔日兵工厂在 1950 年为满足以色列需要研制的。与二战末期美军同样基于 M4 底盘的 M12 155mm 自行榴弹炮类似，M50 车体上层结构也采用了简单的开放式设计，但区别在于前者安装了一门 1918M1 式 155mm 加榴炮，而后者则利用能够获得的各种 M4 底盘搭载了一门法制 M50 式 155mm 榴弹炮（该自行火炮也就如此得名），发射的榴弹重 43kg，最大初速为 650m/s，最大射程为 17.6km。M50 155mm 自行榴弹炮于 1963 年服役，参加了之后的“六日战争”，但在 1973 年“赎罪日战争”爆发前，与大部分“超级谢尔曼”一样主要服役于预备役部队。

L-33“超级谢尔曼”155mm 自行榴弹炮

L-33 是另一种服役于以色列国防军的“超级谢尔曼”自行榴弹炮，实际上是位于海法的以色列索尔塔姆 (Soltam) 有限公司模仿 M40“远程汤姆”生产的一种以色列版本，两者同样基于 M4A3E8 底盘，但 L-33 车体上层结构装有 1 个全焊接的炮塔和 1 门索尔塔姆 155mm M68 式火炮 / 榴弹炮。该自行火炮 / 榴弹炮 1973 年服役并于当年中东战争中使用。而除了 L-33 外，索尔塔姆公司在 1969 年还利用退役的 M1/M3“超级谢尔曼”底盘（由于装有源自 M4A3E8 的 HVSS 水平螺旋弹簧悬挂系统和宽幅履带，承载能力大为提高），搭载 160mm 口径后装式重型迫击炮，制成了简单却实用的 M66 自行迫击炮系统。该车取消了炮塔，代之以垂直的侧装甲板和前后装甲板，前装甲板可向前转放下，呈水平状态。160mm 迫击炮为炮尾装弹式，安装在车体中央位置，向车前方发射炮弹，方向射界活动量有限，高低射界为 +43° ~ + 70° ，可以发射榴弹，榴弹重 40kg，最大射程 9600m，弹内装有 5kg 炸药或 2 枚烟幕炸弹。整辆自行迫击炮有 8 名乘员，56 发迫击炮弹，分别放置在迫击炮的两侧及底板下，通过驾驶员右边的舱口存取炮弹，射速 5 ~ 8 发 /min。在车体上部两侧各安装 1 挺 7.62mm 或 12.7mm 高射机枪。战斗全重 36.7t，公路最大速度 43km/h，最大行程 300km。以色列军事工业公司 (Israel Military Industries) 也利用“谢尔曼”坦克底盘研发了一种 MAR290 型多管火箭发射车，火箭直径为 290mm，射程 25km，战斗部重 320kg。

M66 160mm 重型自行迫击炮系统

装甲指挥车 / 水陆两栖装甲车 / 炮兵前沿观察车

基于“谢尔曼”底盘的装甲指挥车实际上是与第一批次的 M50“超级谢尔曼”一同进行改装的，但总体布置与坦克有较大不同，动力装置的安装位置从后部移至前部，然后在车体后部加装 1 个上部结构件，顶上装有指挥塔，塔上用垂直枢轴安装 1 挺 7.62mm 机枪。而基于“谢尔曼”底盘的水陆两栖装甲人员输送车，则是另一个与第一批次 M50“超级谢尔曼”共用生产线的产物，总体布置与装甲指挥车相似，均为动力装置前置，后部改作载员舱。该车于 1969 年服役，但在 1973 年的“赎罪日战争”中主要被作为装甲救护车使用，车体后部的担架上可运载伤员，车上还配有各种医疗设备，并且为了安全迅速地从战场上后撤伤员，在车底甲板上还开有活动地板门。此外，在 1969 年，以色列国防军中还有一种奇特的“谢尔曼”炮兵前沿观察车在服役。与前面的装甲指挥车或水陆两栖装甲人员输送车不同，这种炮兵前沿侦察车实际上是取消了炮塔、加装了一个剪式液压升降臂的 M1“超级谢尔曼”，因此又称为“车载升降台”。虽然它其貌不扬，但在 1973 年生死攸关的南线战场发挥了重要作用。

“超级谢尔曼”装甲救护车

“超级谢尔曼”炮兵前沿侦察车

工程和扫雷车辆

以色列国防军装甲部队至少使用过两种基于 M4A3E8 坦克底盘(或者说是 M1“超级谢尔曼”

底盘）的工程 / 扫雷车辆：一种是将动力传动装置前置，炮塔位置从中部移至后部，并去掉炮塔武器和航向机枪，车上装有探照灯，车体前部装有液压系统操作的推土铲；另一种则被称为“开路先锋（Trail Blazer）”，同样装有水平螺旋弹簧悬挂系统，但去掉了炮塔，车体右边前部装有 1 部液压吊车，与豹 1 和 AMX-30 装甲抢救车上安装的吊车相似，用途是清除障碍和在野战条件下更换动力传动装置，吊车不使用时，沿车体右边卧放。该车前后均装有液压铲，前者用于清除障碍物，后者通常在进行抢救作业时使用。绞盘舱在车体中部，车体两侧布置有储物箱。

“赎罪日战争”之后的 M60“超级谢尔曼”火力支援车

“赎罪日战争”中，以色列国防军的“超级谢尔曼”们造就了一个不折不扣的传奇。这些二战时的老爷车在修修改改之后，不但击毁了超级大国制造的现代化主战坦克，更拯救了自己的祖国，这一切只能用奇迹来形容。传奇终有成为历史的那一天，但对大卫王的“超级谢尔曼”来说，其隐退却是一个缓慢的渐近式过程。事实上，尽管在“赎罪日战争”中，“超级谢尔曼”们的胜利实际上是惨胜——自身损失之大令以色列装甲兵痛彻心扉，但毕竟证明了自己存在的价值。这使以色列国防军意识到，在塔尔将军主持研制的国产主战坦克大批装备部队之前，将现有的“超级谢尔曼”进一步改装后，仍能作为现役坦克车队的有效补充。考虑到其能够掌握的资源从来就是紧巴巴的，这种设想无疑非常诱人。于是在 1976 年，一种最现代化的“超级谢尔曼”改型——M60 高速火力支援车出现了。该车主要特点有两个，一是采用了一门高初速的 HVMS 60mm 口径自动炮，二是采用了全新的动力 / 传动系统及现代化的火控装置。

陈列于俄罗斯库宾卡坦克博物馆的 M51“超级谢尔曼”（该车为“赎罪日战争”中叙利亚军队所缴获，然后由苏联军事顾问运回国内）

HVMS 60mm 口径自动炮的发射方式与众不同，可采用普通后坐循环或前冲后坐循环方式，即不仅能在发射位置发射，而且也能在一般火炮不能发射的位置发射。当该炮在后坐部分通过复进机构运动时，耳轴拉力下降到 22.54kN。该炮具有两大特点，一是初速高，二是自动装填。

初速高能提高对装甲的侵彻力，脱壳穿甲弹初速为 1220m/s，在 2000m 射程上，可击穿 60° 倾角的 120mm 钢装甲，直射距离 1500 ～ 2000m，榴弹最大射程 12km。至于其自动装弹机的装弹方式是先由 2 个 10 发装的输弹鼓按需要将弹输入 1 个 9 发装的弹仓，然后由弹仓将弹输入自动装弹机内，再通过凸轮装置将弹送入炮闩。自动装弹可使火炮射速达到 10 发 /min，并能选装包括尾翼稳定脱壳穿甲弹在内的 5 种弹。自动装弹机可以从下部供弹，从上部抛出空药筒。另外，还有 11 ～ 16 发弹存放在车体内后部，必要时可由人工将弹装入弹鼓内。自动装弹机的使用不仅提高了发射速度，缩小了供弹装置和弹仓的体积，而且还能使炮塔体积减小，这使 M60 的炮塔形状相对 M50/M51“超级谢尔曼”发生了很大的变化，低矮的防弹外形特别有助于减少被弹面积。特别值得注意的是，由于自动装填具有点射能力 (可点射 2、3、4、5 发弹)，从而对目标的某一部位可实现多发击中，增大侵彻效果，这使 M60“超级谢尔曼”高速火力支援车具有正面挑战 T-62 主战坦克前装甲的能力（试验表明，该弹在 1500m 距离上对 T-62 坦克的击毁概率为 M68 105mm 坦克炮 M456 式 105mm 空心装药破甲弹的 3 倍，仅稍低于 M735 式 105mm 尾翼稳定脱壳穿甲弹）。

集结中的 M60 高速火力支援车 (HVMS)

随着时代的进步，以色列对 M60 高速火力支援车 (HVMS) 的改造已经不同于 M50/M51“超级谢尔曼”，而是全方位综合性的。一台底特律 8V92AT 柴油机和 XGT-411 液压机械传动装置构成的组合，使 M60“超级谢尔曼”的机动性产生了质的飞跃——最大功率在 2400r/min 时为 552 马力，公路最大速度可达 70km/h，车辆从静止加速到 32km/h 所需时间为 6s，最大行程为 483km。至于火控系统则有两种可选方案：一是由 M32 瞄准镜 (带 AN/VSG-2 坦克热像瞄准镜) 组成的光学火控系统；二是数字式火控系统，由 AN/VSG-2 坦克热像瞄准镜、AN/GVS-5 型激光测距仪和数字式弹道计算机组成。可惜的是，尽管后者更能保证该车在行进间获得较高的首发命中率，但出于成本考虑，以色列国防军最终还是选择了前者，不过相对于观瞄系统简陋的M50/51“超级谢尔曼”来讲，这已经是一种革命性的进步了。

现存智利某地的M51“超级谢尔曼”

智利陆军安装有扫雷装置的M51“超级谢尔曼”

当 1975 年令人耳目一新的 M60 高速火力支援车出厂时，人们再一次惊叹于这种二战老车的顽强生命力。此后的两年时间里，以色列国防军共获得了 80 辆“崭新”的 M60“超级谢尔曼”高速火力支援车用于替代仍在服役的 M50/M51“超级谢尔曼”（大约 120 辆整修后的 M51“超级谢尔曼”被卖给了阿根廷，用于填补 TAM 计划的空缺）。然而，随着国产梅卡瓦主战坦克的入役，M60“超级谢尔曼”高速火力支援车只在以色列国防军中服役了短短的几年，在入侵黎巴嫩的战斗结束后，以方便于 1983 年匆匆将其中的 60 辆 M60 卖给了智利军队（还包括一批 M51“超级谢尔曼”），至此，这些最现代化的“超级谢尔曼”在以色列国防军的服役经历基本完结了。但有意思的是，此时少量老迈的 M50/M51“超级谢尔曼”却仍在服役——它们在南黎巴嫩找到了自己的归宿，成为亲以的南黎巴嫩军的主要装备。

7.8 结语

馆藏于美国阿伯丁的 M51“超级谢尔曼”

“特殊的环境造就了特殊的作战理念，而作战理念又决定了武器装备的发展思路”——这句话用在以色列国防军身上非常合适。中国人所崇尚的以求实为本的处世哲学，在犹太人身上也得到了极为明显的体现。事实上，相对而言犹太文化更是一种既注重理性思辨，又强调功利性、机巧性与实用性的文化。为了让自己这个渺小而坚强的祖国存在下去，在历次以弱胜强的命运之战中，以色列国防军逐渐形成了独树一帜的作战理念与装备研制套路。而这种民族性格、族群文化在资源有限的情况下体现于军事方面，便造就了“超级谢尔曼”的传奇。

退役后弃置于以色列南部某地的M50“超级谢尔曼”

退役后弃置于以色列南部某地的M51“超级谢尔曼”

第8章

“分寸”之间的艺术——苏联坦克变身希伯来重装甲战车

艺术家笔下的早期型“阿奇扎里特”重型步兵战车

人类当前遂行战争的手段已与古罗马时代大有不同，但构成战争本质与特性的各种基本力量却未改变。战争仍是政治意图主导下的一种暴力行为，人们竞相以智能、意志力和情感来追求胜利。也正因为如此，“阿奇扎里特”这样的“东西”能够出自犹太人之手，绝非偶然。犹太人的流散经历导致他们对待世界具有理性、科学乃至务实的态度，这在他们的军事理论中表现为对科学技术的充分肯定和对经济代价的“通透”。作为一种身世奇特的“反传统”装备，“阿奇扎里特”的背后很有些故事。

8.1 背景

作为一种身世奇特的“反传统”装备，“阿奇扎里特”的背后很有些故事

刘易斯·卡罗尔的《艾丽斯漫游奇境记》中，曾有这样一段隐晦的对话：她有点羞怯地问道：“柴郡猫，请你告诉我，这里我该走哪条道？”猫儿答道：“这主要看你想到哪里去。”柴郡猫说得完全正确。一切有意义的计划、纲领和行动必须以明确的目的为基础。这是一个基本观念，但是大多数人往往认识不到或不重视这一点，即便是国家这个人的“聚合体”也往往迷失于此。有着2000多年“流散”经历的犹太人，在历经艰辛完成复国，并为保卫自己的国家进行了一场又一场“流血斗争”后，却对此有着愈发明晰的认识。到20世纪80年代中期，在经历了5次“中东战争”的以色列人看来，追逐财富和追求军事实力不是国家政策的两个不同的、互相对立的目标，而是越来越被认为是密不可分的。事实上，这时的以色列军事哲学不仅仅是这么一种艺术：为一个国家可能卷入其中的武装冲突做准备，以争取最后获胜的方式规划国家资源的使用与其武力的部署，它在一种更广泛的意义上，更是17和18世纪期间所谓“国家理由”的现代等同物——合乎理性地确定一国的紧要利益，确定对其安全必不可少的需求，确定它关于各项不同目标的轻重缓急次序。简而言之，如果一定要用一个词来概括这一时期的以色列军事哲学，那么“分寸”两个字是极为恰当的，而“阿奇扎里特”正是这样一种“有分寸”的装甲战斗车辆。

早期型“阿奇扎里特”的车尾通道高度较低

通过统一底盘使得步兵战斗车辆能够达到坦克的防护水平，其实是个非常古老的想法，这其中的战术合理性不难理解。早在第一次世界大战末期，英国人就已经利用MK IV过顶履带坦克底盘衍生出了MK IX装甲人员输送车；第二次世界大战中，英联邦军队更是利用“谢尔曼”“格兰特/李”“十字军战士”“丘吉尔”等坦克底盘，衍生出了一系列“袋鼠”式装甲人员输送车。所以从这个角度来看，基于T-54/55坦克底盘改装而来的“阿奇扎里特”重型装甲人员输送车，似乎并非什么了不起的“新鲜玩意儿”。然而，“阿奇扎里特”的不凡之处却在于，它不仅是一种在战术上有其合理性的技术装备，在超越战术的层面上，更蕴含着犹太人的睿智之光，而这首先要从孕育它的背景说起。

“阿奇扎里特”的不凡之处却在于，它不仅是一种在战术上有其合理性的技术装备，在超越战术的层面上，更蕴含着犹太人的睿智之光

在1982年的“黎巴嫩战争”之前，以色列国防建设的总目标是：随时保持常规战场的军事优势。虽然各国地图上早已有了以色列（当然，这里的“各国”指的是不包括埃及外的阿拉伯国家——当时只有埃及打算正式承认以色列的存在，并且在1982年也的确这样做了），但是以色列大多数领导人却无法高枕无忧，他们认为邻国庞大的军事力量随时可能联合起来对付他们。另外，还有一些以色列领导人认为，潜在敌人的数量在不断增加，因为技术和政治变革把其他距离更加遥远的国家带到了这个圈子里。因此，以色列必须不断地努力保持其军事装备数量和质量的优势，以便能够击败可能的对手所组成的任何联盟。以色列前总理拉宾更是一针见血地说过：“不论哪个对手进攻以色列，以色列都准备给他以百倍的打击。”显然，建国以来，以色列的战略目标就是要保持对潜在敌人的军事优势。为此，以色列必须建立十分发达的军事工业，具有生产先进常规武器的能力。当时，以色列制定的军事战略是做好进行一场常规战争的准备，这就要求以色列武器装备发展的重中之重是要发展先进的进攻型武器装备，而且是以“质胜于敌”为标准的。然而，1982年的“黎巴嫩战争”却彻底改变了以色列国防建设的“基调”——虽然随时保持常规战场军事准备的大方向没变，但进攻性的防御战略却有了“松动”的迹象，防御的因素被突出了，进攻的色彩则被淡化。这其中的原因固然复杂，却也绝非无法理出明晰的脉络。

在情况复杂的“低温战争”背景下，为了将令人头疼的伤亡数字保持在一个“合理”的程度上，能否为士兵提供足够数量的重型装甲人员输送车也就成了以色列装甲部队由一支纯粹的“进攻型力量”成功转型的关键

对以色列军事力量来说，1982 年的“黎巴嫩战争”（第五次中东战争）是一场巩固自身战略环境改善成果的战争，也是一次近乎完美的表演。此次战争，以色列拥有的有利条件和军事优势超过了以往任何一次战争。1982 年以色列投入战场的部队是其有史以来最好的部队，不仅装备精良、训练有素、目标明确，而且像以往一样，指挥得力。以色列在以往战争中的薄弱环节，如后勤指挥与控制、炮兵与工兵，在这次战争中已转变为突出的优点，这表明以色列汲取了 1973 年“赎罪日战争”的教训。战争的结果似乎也是令人满意的——成建制的巴解武装基本被消灭，在黎巴嫩的叙利亚军队也遭受重创。以色列在 1973 年的战争中对阿拉伯国家形成的威慑在这次战争中得到了巩固，阿拉伯国家虽然表面上一如往昔地强硬，但毕竟承认了以色列的军事优势（曾经的宿敌已经相继淡出——埃及与以色列和解，被戈兰高地卡住喉咙的叙利亚安于现状，已经没有勇气在军事上发起挑战），在战场上将以色列从地图抹去的想法已经烟消云散。阿拉伯各方在“黎巴嫩战争”中的表现印证了这种判断的正确性——除了无家可归的巴解和半心半意的叙利亚（叙以两军之间的地面战斗规模其实有限，叙利亚基本不会使战争升级，只投入两个装甲师和一些反坦克突击营），其他阿拉伯国家在整场战争中都抱着事不关己、高高挂起的态度袖手旁观，埃及与以色列和解后，阿拉伯世界再也不可能协调起来对以进行全面的军事斗争了。

以色列国防军对伤亡数字一向极为敏感，太多的伤亡在某种程度上就意味着军事斗争的失败。这最终不可避免地产生了对所谓“重型装甲人员输送车”的诉求

不过问题在于，“加利利和平”之后的以色列人却并没有过上“安生日子”，反而面临着一种前所未有的军事态势——1982年军事上的胜利非但没有带来政治上的预期成果，而且反过来又刺激了一种反传统战争态势的形成，一种令人无奈的“低温战争”在以色列人的生活中“燃烧”着。一方面，巴解组织的建制部队被消灭，但政治部分却完好无损（虽然在1983年巴解组织领导人阿拉法特及其追随者在的黎波里又受到由叙利亚支持的内部反对派的袭击，被困6周之久，但在撤至一艘挂有联合国旗的希腊轮船上后得以脱困），结果，这种战场上的彻底失败使巴解组织从斗争中吸取了教训，化整为零的巴解游击队再次出现在从黎巴嫩到加沙的漫长边界上。另一方面，作为1982年以色列在黎巴嫩采取军事行动的一个副产品，真主党及其武装力量正在以一种不可思议的姿态崛起，而这却是以色列人始料未及的。从很多角度来讲，在以色列人看来真主党都是一个极为不寻常的敌人。当然，这并不是说真主党武装的战斗力有多强大——尽管其组织严密、装备精良，在年轻的穆斯林教徒中很有影响（真主党总部设在贝卡谷地的巴勒贝克市，最高领导机构是由12人组成的协议委员会，主要活动区域集中在贝卡谷地、贝鲁特南郊和黎巴嫩南部等什叶派聚居地区，在1985年拥有基干兵力约5000人）。但就纯军事角度而言，真主党尚且不如全盛期的巴解——不但在规模上要小得多，而且没有任何坦克、装甲车、重炮之类的重武器，与以色列国防军的力量相比基本可以忽略不计。不过，就是如此一支算不上正规军队的武装力量，却从此成为以色列的心腹大患。

战术机动中的“阿奇扎里特”重型装甲人员输送车

1983年一年的游击战对以色列军队造成的伤亡就超过了“加利利和平行动”，这使以色列人意识到，打一场决定性战争的时代过去了，期望他们的进攻型军队在下一场战争中迅速、决定性并以相当小的伤亡取得胜利的想法已经不切实际，但战争的火焰毕竟又在以一种不寻常的方式在燃烧，对其置之不理是不可想象的。然而，军人守旧是个通病，正规军在对付游击队中遇到的大多困难，起因于他们不能将其行动规模和暴力手段的力度缩减下来，以适应对手那捉摸不定的手法。要知道，在工业时代出现之前，对过去战争经验宝库的研究很好地达到了为士兵服务的目的。变化的周期长达几个世纪，并且产生变化的因素，诸如人口、政治以及竞争对手的相对实力，是持久不变和非常熟悉的。这使士兵相信，从过去的战争中吸取的经验教训与今天的战争依然有密切的关联，可以用作迈向未来战场的路标。但是自从工业时代开始，技术战争——杀人的应用科学——掩盖了战争变化的所有其他形态。对于这一点，无论是对以色列国防军的职业军人还是其他国家的职业军人其实都一样——科学技术所具有的巨大和全新的力量与作战环境之间的不匹配性，动摇着前人经验教训的可靠性，使其不能成为预测未来战争走向的主要依据——在与阿拉伯国家正规军的战争中战绩赫赫的以色列国防军，面对真主党这类“非国家正规武装力量”的对手时，就产生了这样的困惑。

让步兵战车装备上专门用来与坦克作战的武器，这种观点是对步兵战车作战任务要求的最大误解

可以说，当时以色列装甲部队的建设方向与其现实中的作战用途之间存在着一种难以调和的矛盾，这或许需要一种人类有史以来最为高超的战争艺术手段才能调和，因为在这样的反间

接战略游击战争中，摧毁敌人抵抗的决心比削弱敌人的物质能力远为重要，尽管在某些情况下绝对优势的重型武装力量可以起到很好的作用，但暴力和瓦解民族意志相比，暴力的作用微乎其微。相反，对于原因和结果所做的研究往往证明，如果暴力不能彻底摧毁敌人，那么不仅不能削弱敌方人民抵抗的决心，反而会增强这种决心。结果，当这种战争被证明是极度困难和损失惨重时，以色列人变得更激动了，公众迫使以色列军方改变他们的军事策略，而这种改变不可避免地在战术层面形成了呼吁装备变革的牵引力——于是，在情况复杂的“低温战争”背景下，为了将令人头疼的伤亡数字保持在一个“合理”的程度上，能否为士兵提供足够数量的重型装甲人员输送车，也就成了以色列装甲部队由一支纯粹的“进攻型力量”进行成功转型的关键。

1982年的“黎巴嫩战争”无疑是一道分水岭，此战之后以色列军事环境发生了不寻常的变化，拥有重装甲防护的步兵战斗车辆成为“必需品”

8.2 重型装甲人员输送车——一个并不过分的诉求

1982年的“黎巴嫩战争”实际上是以色列国防军最后一场有着明确作战目标的战争，在这场战争结束之后，昔日所向披靡的以色列装甲力量在失去了明确的进攻方向的同时，却要更多地将注意力集中到如何保护自己脚下的土地免受不知来自何方的袭击。长期以来，以色列军队给全世界的印象就是极具攻击性，"先下手为强"似乎就是他们的不二法门，从"六日战争"到千里奔袭恩德培，从"歌剧院行动"到"加利利和平行动"……以夺取战场主动权和军事上的胜利为最高目标，无视一切其他影响已然成了以色列军政高层在面对军事危机时的一贯做法。然而此时中东已非曾经的模样，以色列的总体军事态势也由过去的"进攻"渐渐转向"防御"。所以真主党对以色列发出的不仅仅是战争的威胁，更是军事艺术上的一种挑战，而要应付这种挑战，作为以色列国防军主体的装甲机械化力量就必须进行相应的调整。于是自 1983 年真主党正式亮相之后，以色列装甲机械化部队开始以一种特有的节奏在装备和作战理念上进行着又一次解构式重建。

"阿奇扎里特"与当时的一切货架产品都不会有太多的共同点，完全为以色列的军事环境量身定制

这种重建首先是理念上的。在以色列国防军总参谋部看来，针对真主党的反游击战当然是一场战争，战争当然是一桩死人的事情（即使是使用长矛和棍棒的战争对交战各方通常也是毁灭性的），然而战争的目的却并不是一定要消灭多少敌人，而是要打垮敌人的战斗意志。所以，必须放弃长时间与阿拉伯国家正规军进行正面作战时养成的"恶习"——比如不受束缚的行事方式，沉湎于持续大规模使用武力的畅快淋漓等。这是因为持续大规模使用武力常常起到与战争目的适得其反的效果，而要在与真主党的"游击战 / 反游击战"斗争中一如既往地善于取胜，原先以对等装甲力量为主要作战目标的以色列装甲力量就不应当再追求完全消灭敌人的部队（事实上这也是不可能的），而是要发挥自身在装甲防护、火力和机动性上相对于小规模轻装步兵的天然优势，转向毁坏那些对真主党组织机构及黎巴嫩民众最有影响力的目标——其目的是双重的：一是显示继续抵抗的无效性，二是造成导致真主党武装继续

抵抗意志崩溃的态势。同时以色列国防军还意识到，要打败一个高度分散的敌人，就必须以分散对分散——要把在广阔地域分散的敌人压垮，这就需要部署许多小股、自主和特别有机动性的战斗部队，原先高度集中使用装甲机械化部队的作战原则已经不再适用。要知道装甲机械化部队本身就具有高度机动化的特点，如果在合理的编成架构内实现尽可能的小型化，那么其后勤补给组织就可以缩减，机动性就会进一步加强，其安全保障问题上的困难和弱点也就能够得到某种程度的克服。只有一支编制结构均衡，既能适应激烈紧张的运动又依赖于固定交通线的小型装甲机械化战斗群，指挥官的指挥效果才可能得到充分发挥，而不只是把作战当作一种流血的行动。

“阿奇扎里特”重型装甲人员输送车车体首下装甲板特写

其次，以色列装甲部队理念上的重建，最终必然要反映到战术和装备的层面上。作为一个最终的结论，以色列国防军认定传统的装甲机械化部队经过编制、战术和装备上的相应改进，仍然可以在对付真主党游击队的战斗中承担最主要的作战任务。不过在战略层面上，以色列国防军意识到需要由以往的“借故开战，主动进攻”向“保障和平，积极防御”的大方向进行转型，但在内心深处，与阿拉伯世界在正面战场上再打一场全面战争的想法又同样根深蒂固（这种想法其实并不缺乏现实中的合理性）。于是在经历了 1982 年的战争之后，以色列装甲机械化部队很自然地呈现了这样一个复合性特点——主要的作战理念依然着眼于大规模机械化战争，但在细节上又企图使战术和技术装备具有更佳的多用途性，以满足在长期而复杂的低烈度军事环境中的斗争需求。

降低的伤亡数字，乃至由此产生的对装备的信心，无疑对维系以军士气是至关重要的，而士气往往与战斗力是同义词

每当一辆 M113 被击毁，总是伴随着惊人的伤亡数字——是的，一辆坦克中有 4 个人，而一辆 M113 却要塞入 11 个人！这种代价是以色列人无法忍受的

然而令人遗憾的是，“装备精良”与“战争的合理性”并非总是同义词，结果在随后与真主党游击队的漫长“低烈度”战争中，以色列装甲部队战斗序列中的美制 M113 装甲人员输送车因此成为“令人痛恨的对象”——它们总是能够被轻而易举地击毁，即便有坦克掩护也无济于事，更严重的是，每当一辆 M113 被击毁，总是伴随着惊人的伤亡数字——是的，一辆坦克中有 4 个人，而一辆 M113 却要塞入 11 个人！这种代价是以色列人无法忍受的——以色列国防军对伤亡数字一向极为敏感，太多的伤亡在某种程度上就意味着军事斗争的失败。而长期的军事斗争实践又让以色列军方深切地意识到，用于搭载步兵的装甲战斗车辆在战术灵活性上要远远高于坦克，常规的机械化战争如此，在与真主党的“游击战 / 反游击战”斗争中更是如此。这样一来，要求步兵战斗车辆拥有与主战坦克相当乃至更好的装甲防护也就并不过分——这样便不可避免地产生了对所谓“重型装甲人员输送车”的诉求。

“阿奇扎里特”并非一种高技术车辆，但实实在在地赢得了士兵的信赖

8.3 卷起袖子自己动手

就以色列人的眼光而言，即便是西方式的“步兵战车”也无法满足他们的军事斗争需求

1982 年的黎巴嫩战争无疑是一道分水岭，此战之后以色列军事环境发生了“不寻常”的变化，拥有重装甲防护的步兵战斗车辆成为必需品。但令人苦恼的是，这又是一种难以寻觅的必需品。当然，东西方两大阵营当时普遍装备的所谓“步兵战车（AFV）”似乎算是一个选择，这种出现于 1970 年初的步兵战斗车辆拥有比 M113 这类装甲人员输送车（APC）更好的装甲防护，而且仅就装甲防护来讲，“西方的”还要比“东方的”更厚一些，这一点从“布雷德利”与 BMP-1 在战斗全重上的差异便可明晰（两种步兵战车在火力强度和载员数量上接近，而战斗全重却相差近 10t）。遗憾的是，就以色列人的眼光而言，即便是西方式的“步兵战车”也无法满足他们的军事斗争需求。与其“东方阵营”的同类一样，它们在本质上仍然是为“核环境”下打一场大规模机械化战争而设计的“薄皮货”，机动性和火力的强化才是重点（火控系统的“豪华”甚至超过了坦克），虽然三防性能完备，但装甲防护却只是“尽力而为”，远远达不到所谓的“主战坦克级别”——而这恰恰是以色列人所看重的——一旦脱离了所谓的“核环境”，这些“薄皮大馅”的“步兵战车”无力应对复杂战场环境的缺陷便会凸显：如果要打一场“非核环境”下的常规机械化战争，那么由于装甲防护与主战坦克存在质的差别，步兵战

车的“伴随”能力无从谈起；如果要与游击队在城市和乡镇“捉迷藏”，那么步兵战斗车辆的装甲防护就更是一个大问题，太多血淋淋的教训证明了这一点。需要指出的是，无论是“东方式”还是“西方式”的“步兵战车”，它们过分强调火力至上的设计意图都令以色列人感到“不安”——在以色列人看来，这意味着很多基层官兵，很可能将拥有大量载员的战车作为坦克的替代品使用，但结果却会招致不必要的重大损失。显然，如此一种“高不成、低不就”的装备，在“反游击战”中派不上用场，在常规机械化战争中的价值也为经验丰富的以色列国防军所否定。

以色列士兵对“阿奇扎里特”的信赖是写在脸上的

况且，当时有些紧张的美以关系也让以色列人对从美国人手中获得刚刚投产的“布雷德利”兴趣索然。要知道，因为“加利利和平行动”，美以关系面临巨大挑战。从美国方面来讲，里根政府对以色列采取的一些单方举动极为不满，再加上以色列议会通过了吞并戈兰高地的法案，导致美国暂停了两国国防部长刚刚签署的战略合作备忘录，同时停止了对以色列3亿美元的军援，两次叫停向以色列交付已经定购的F-16战斗机。从以色列方面来说，以政府对里根政府试图改善和阿拉伯国家的关系以及向沙特提供先进武器感到不安，并对美国政府的对以制裁措施非常愤怒。美国暂停美以合作备忘录的决定一度引起了以色列的强烈反弹，以色列总理贝京对美国的政策发出前所未有的抨击，并称以色列认为美以联盟已经被取消了。贝京指责美国对待以色列甚至就像对待仆从国一样，就好像以色列是一个“不听话就要挨揍的14岁男孩”。以色列内阁也马上宣布美以战略合作备忘录无效，并在里根提出解决中东问题的新政策后第二天，以色列内阁就加以拒绝。更令以色列感到愤怒的是，里根事先没有将他的计划告诉以色列，却告诉了约旦和沙特。以色列人据此认为，这是里根用他的计划对以色列进行“突然袭击”……显然，仅从当时已经陷入低谷的美以关系来看，以色列人对从美国获得“布雷德利”就毫无兴趣——在军事上没有意义，在政治上更是得不偿失，更何况这还涉及“敏感的费用问题”，一辆M2“布雷德利”的价格，甚至足以采购4辆M113，而如此昂贵的一个“鸡肋”，以精明著称的犹太人是断然不会接受的。

要求步兵战斗车辆拥有与主战坦克相当乃至更好的装甲防护并不是过分的要求

事实上，以色列人需要的是一种技术上未必“拔尖”，但针对性极强的步兵战斗车辆——它与当时的一切货架产品都不会有太多的共同点，完全为以色列的军事环境量身定制，火力和机动性被置于次要地位，装甲防护却一定要突出，同时结构要简单耐用，价格更要实惠公道，以应付高频率的使用和以色列的国防预算。不能是货架产品，而军事上的需要又是切实存在的，于是犹太人决定卷起袖子自己动手——这一次他们直接打上了手中一些旧式坦克的主意。应该说，利用坦克底盘发展所谓的“重型装甲人员输送车”，这种想法完全是基于一种朴素的军事哲学，几乎不用太多解释便可领会其中的奥妙。更有利的是，在 1982 年的“黎巴嫩战争”爆发之前，以色列装甲部队的战斗序列中就已经装备了少量十分接近重型装甲人员输送车的“纳格玛肖特”——这是一种基于“百人队长 - 肖特”或 M48A2“巴顿”坦克底盘的突击工兵战斗车，在 1982 年的“黎巴嫩战争”中证实了自己的价值。它们的表现令以色列军方确信，只要对其稍加改进，便能够满足输送机械化步兵的复杂军事需求。然而即便如此，在发展重型装甲人员输送车的问题上，选择适合的坦克底盘却仍是一个令人头疼的问题——用于改装“纳格玛肖特”突击工兵战斗车的“百人队长 - 肖特”和 M48A2“巴顿”底盘存量有限，而“黎巴嫩战争”的经验又表明，以色列军队对“纳格玛肖特”突击工兵战斗车的需求不是太多而是太少；M50/51“超级谢尔曼”底盘过于老旧；M60A1 正在被改装成各种“马加奇”重新焕发青春；至于“梅卡瓦”的底盘则过于昂贵和紧俏，用于维持坦克生产尚且不足。

存放于以色列莱特隆装甲兵博物馆的“阿奇扎里特”原型车铭牌——这上面很清楚地向人们解释了该车的底盘来源

事情最后的结果是颇为戏剧性的，在权衡了各种利弊之后，无奈而又精明的以色列人最终剑走偏锋，将目光锁定在了手头那批数量可观的苏制 T-54/55 身上。至于理由则非常充分。首先，犹太文化的世界性令他们并不排斥这种选择。要知道，犹太文化是一种典型的民族文化，但其民族性成分并不意味着否定自身所具有的“世界性内涵”，也就是说，犹太文化与其他民族文化的不同之处在于，它同时也是一种具有世界性特质的文化。其次，这种选择具有理所当然的现实性。冷战中，阿拉伯国家的军队普遍是由苏联人武装起来的，因此在与阿拉伯国家长期的武装斗争中，大量苏制装甲战斗车辆作为战利品落入了以色列人之手，这批 T-54/55 的来历便是如此，在经过多年的战火积累后，数量居然有上千辆之多（仅仅在 1967 年的第三次中东战争中，以色列军队就一举缴获了 700 辆 T-54/55），这显然是一笔不容忽视的巨额军事资源。要知道，以色列人一向本着物尽其用的态度来对待战利品——PT-76 水陆坦克、BTP-50 两栖装甲人员输送车甚至 T-62 主战坦克都曾被以色列国防军直接纳入战斗序列，按照以色列人的精明，这批数量巨大的 T-54/55 自然不可能沉睡在仓库里。

以色列国防军装备的“蒂朗”5 型坦克

更何况，对它们的再利用，早在被缴获的那一刻便已经开始了。1967 年“六日战争”期间，以色列国防军先发制人，阿拉伯部队溃不成军，很多阿拉伯士兵丢弃装备落荒而逃。在这场战争中，以色列缴获了近 700 辆苏制 T-54/55 坦克，其中相当一部分战备状态完好。以色列把这批缴获的坦克稍加改进就投入部队使用。为了与阿拉伯国家的同型号坦克相区别，以色列人把这些坦克的改进型号称为“蒂朗”4 型 (T-54) 和“蒂朗”5 型 (T-55)，而西方国家则称之为 Ti-67(表示 1967 年被缴获)。以色列为“蒂朗”坦克换装了以军 VRC 标准电台和勃朗宁 12.7mm 机枪，主炮仍是原来的 D-10T 100mm 坦克炮。在 1968 年～1970 年与埃及进行的一系列消耗战中，以色列“蒂朗”坦克派上了用场。1969 年 9 月，一支由具有埃及涂装的“蒂朗”5 型坦克和 BTR-152 装甲车组成的以军装甲部队乘夜晚搭乘 LST 两栖运输舰登陆苏伊士湾，沿着濒海公路大胆向埃及境内突破，向南一路杀过去，沿途摧毁了大量埃及军队的交通设施、雷达和防空阵地。这次行动持续了近一天半，完成任务后，部队仍搭乘两栖运输船返回基地，基本全身而退。以军在战斗中首次使用苏式坦克，就取得了不凡的战绩。

以色列国防军装备的“蒂朗”4型坦克

1973年“赎罪日战争”期间，部署在“巴列夫防线”附近的第14曼德勒装甲旅依靠“蒂朗”5型坦克和M48/60“巴顿”和“百人队长”坦克在西奈半岛与埃及军队展开激烈战斗。在10月14日的战斗中，“蒂朗”5型坦克部队虽遭到重创，损失惨重，但以色列装甲兵仍利用幸存的“蒂朗”5型坦克进行防守，给进攻的埃及军队造成了重大损失，击毁了不少更先进的T-62坦克。作战中，埃及装甲兵甚至误认为是友军向自己开火，引起了混乱。最终，曼德勒装甲旅在孤立无援的情况下抵挡住了埃及部队的冲击。此战过后，以军缴获了更多的苏制坦克，并根据在西奈半岛得到的经验教训对“蒂朗”5型坦克进行了更大幅度的改进。经过对T-54/55坦克进行细致的解剖分析后，以色列专家认为T-54/55坦克是一款非常好的坦克：装备有当时最好的悬挂、行走系统和出色的传动系统，其机动性能超过20世纪50年代的西方坦克，能在崎岖地形或沙漠中快速行驶；坦克外形低矮，车体采用大倾角首上装甲板，以及采用椭圆形炮塔，中弹概率及被发现概率都有所降低，其生存力比当时西方的坦克更高。为了使这些坦克更适合以军使用，以色列国防军让尼达姆公司在20世纪70年代中期实施了一项庞大的升级计划。

首先是更换火炮。在对T-54/55的火炮和炮塔进行评估后，尼达姆公司认为“蒂朗”5型

（原 T-55）坦克应最大限度地保留其火炮和炮塔结构。但由于以色列 100mm 炮弹不足，且 D-10T 型 100mm 火炮的性能也稍逊于 L7 线膛炮，尼达姆公司决定用 L7A1 105mm 线膛炮取代 D-10T 型 100mm 火炮，火炮膛压增大，炮口初速提高，但后坐力也更大了。而尼达姆公司并没有对炮塔座圈、耳轴以及炮塔布局进行大的改动。为了获得更好的火炮稳定效果，尼达姆公司用美国卡迪拉克公司的双向稳定器取代了苏制电液型稳定器。原稳定器的高低稳定性（采用液压）非常好，但是方向稳定性（采用电机）比较差，而美国新型稳定系统双向稳定效果都非常好，坦克在 1500m 距离上的静对动射击命中率提高到了 80%。

特拉维夫阅兵式上的“蒂朗”4/5 型坦克群

其次是加强防护性能。“蒂朗”5 型坦克的炮塔两侧和后面还增加了金属储物箱，这些金属箱除了能装载一些必要的工具和其他装备外，还能提高坦克对破甲弹和其他空心装药弹药的防护性能，同时还改变了坦克的外形，使坦克易于战场识别。1975 年～ 1979 年间，尼达姆公司为“蒂朗”5 型坦克加装了当时最先进的“夹克衫”爆炸反应装甲，进一步提高了坦克的防护性能。“蒂朗”4/5 型坦克还用低外形车长指挥塔取代了 T-54/55 坦克上的炮塔舱口，增大了车长的安全性和前视视野。

再有便是动力系统的升级。“蒂朗”4/5 型坦克的动力传动装置也进行了升级，换装了美国通用动力公司的 8V-71T 柴油发动机，功率提高到 609 马力，比原装发动机提高了 109 马力。坦克的手动变速箱也被一个带液力变矩器的半自动变速箱所取代。这种改进使换档操作变得非常简单，而且使坦克的机动性能有所提升，坦克可在 30s 内从静止加速到 27km/h 的速度。T-54/55 坦克的外部油箱在使用中效率低下，缺点明显，尼达姆公司将这些外部油箱全部改置于车体内部，将其中一些设计为弹架油箱，既可储存柴油，也可存放弹药。“蒂朗”4/5 型坦克的动力装置在 1980 年还进行了进一步升级，改造了主离合器，新的主离合器能随发动机整体拆卸，易于替换，在野战条件下，30min 内就可更换发动机。尼达姆公司也对坦克的空气滤清器等发动机附件进行了更换。原车使用的是颗粒过滤器和空气滤清器，在中东这种沙尘较多的环境中极不可靠，每工作 25h 就要进行一次大清理。而新型滤清器装在一个装甲盒中，空气流量大 ($800m^3/s$)，滤清效果好，每工作 50h 才需进行一次清理，而且清理非常方便。

显然，在经过长达 20 年的使用后，T-54/55 已经成为以色列人最为熟悉的苏制坦克，更重要的是，这批数量可观的战利品坦克还在“蒂朗”4/5 的名目下进行了多次累进式改装，在相当程度上“制式化”了。也正因为如此，虽然随着“梅卡瓦”的服役，大量“蒂朗”4/5 开始退居二线，但除了将一部分转手南黎巴嫩军或出口非洲国家外，仍有近 500 辆车况良好的“蒂朗”4/5——将这些车辆简单回炉未免可惜，而如果要避免它们成为“食之无味，弃之可惜”的“鸡肋”，那么将它们改造成重型装甲人员输送车无疑是一条上佳的出路。

以色列士兵正在检查“阿奇扎里特”的顶置武器站

8.4 XM4 的启迪

20 世纪 80 年代是一个充满变革和彷徨的时代。微型计算机和传感技术的迅速发展很可能会导致精致的非核武器越来越多样化，那将使得军队往回退一步，退到一种较为传统、较为专业化的战法。新型武器需要有精英式的、经过高度训练的军人来有效使用，而不是庞大的军队。1982 年的马尔维纳斯群岛战役似乎证明变革之风正在这个方向上劲吹。阿根廷空军是支小规模的精英武力，大胆和熟练地使用精确武器给英军造成了重大伤害，而阿根廷陆军这一被征召来的大众军队却被决定性地击败了。现代技术仿佛正在把我们带回 18 世纪，带回小规模的职业军队打小规模专业化战争的时代。然而，同时期以色列人却提出了完全不同的看法。

XM4 重型步兵战车车体上部结构

虽然在 1982 年 6 月入侵黎巴嫩的“加利利和平行动”中，以色列拥有的有利条件和军事优势超过了以往任何一次战争，但其政治领导人却清醒地认识到，当初发动这场战争的主要政治目的并没有达到。换句话说，“黎巴嫩战争”在战术上当然是成功的，但以色列在战略上似乎没有彻底消除巴解的威胁——沙龙的目标从一开始就是摧毁巴解组织在黎巴嫩的永久性军事设施和消灭其指挥所，并为此不惜以武力驱逐庇护巴解组织的叙利亚军队，然而巴解残部最后却在国际调停下撤出贝鲁特，转移到突尼斯，作为一个政治组织幸存了下来。而以军不但没能建立起一个强有力的黎巴嫩政府（为避免巴解组织重新回到黎以边境，只能继续扶持南黎巴嫩军作为屏障），反而在撤出贝鲁特之前卷入了萨布拉和夏蒂拉难民营大屠杀的丑闻，在政治上留下了污点。负面影响的发酵将是一个意想不到的长期过程，纳巴提耶事件便是一个再典型不过的例子。

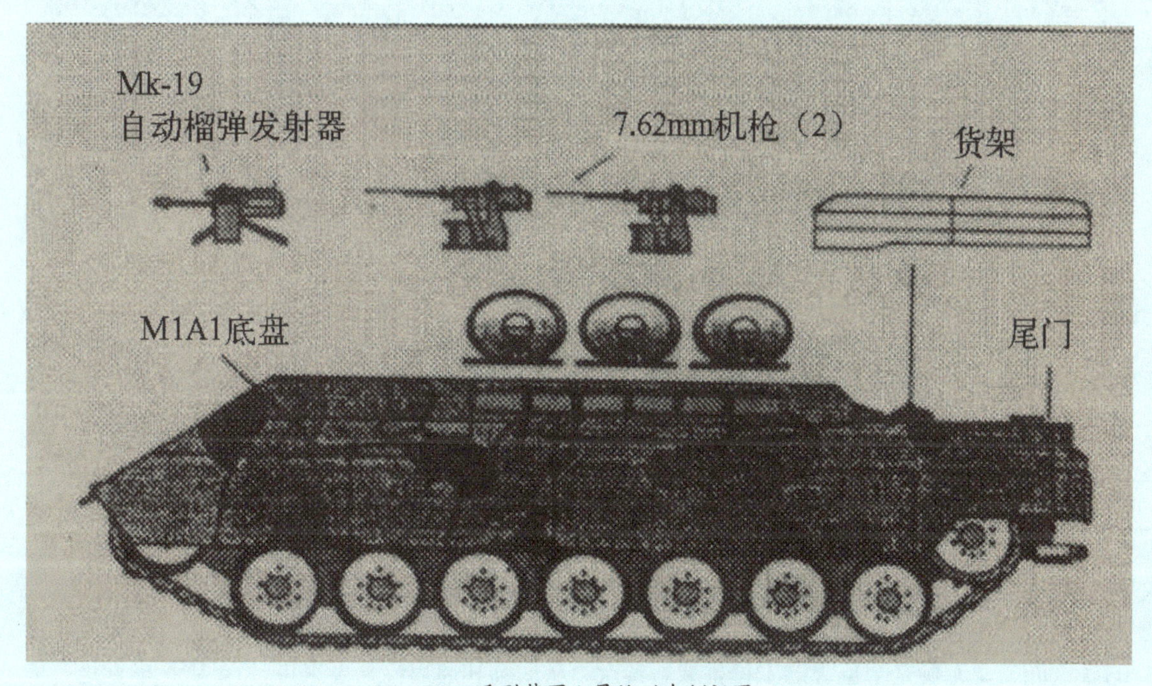

XM4 重型装甲人员输送车侧视图

1983 年，一支以色列巡逻队误入纳巴提耶城 (al-Nabatiya)，当时该城正在举行大规模的阿舒拉纪念活动（纪念什叶派穆斯林的一位圣人），以军士兵为驱散聚会的人群，开枪打死几名参加纪念活动的什叶派穆斯林。纳巴提耶事件对黎巴嫩什叶派穆斯林的宗教感情造成了极大的伤害，并被认为是以色列对阿舒拉纪念活动的亵渎，其结果是更加激起什叶派对以色列的反抗和仇视——纳巴提耶事件后，什叶派游击队针对以军的袭击越来越频繁，再加上在伊朗的支持下真主党武装也已经羽翼渐丰，到 1984 年，袭击频率高至以军每三天就有一名士兵死亡。在这种情况下，以色列国防军面临的显然不是什么“小规模的职业军队打小规模的专业化战争”，连绵不断的“低烈度战争”使得对重型装甲人员输送车的需求骤然变得迫切起来。不过，尽管他们很快将部分“纳格玛肖特”突击工兵战斗车改装为“纳格玛科恩”重型装甲输送车作为应急手段，但这种车辆在很大程度上仍然是一种“急就章”式的产物——其车体结构与“纳格玛肖特”区别不大，特别是仍然缺乏尾部舱门的缺陷在很大程度上阻碍了该车战场价值的发挥。于是，对手中的近千辆战利品 T-54/55 进行深度改装就变得势在必行。

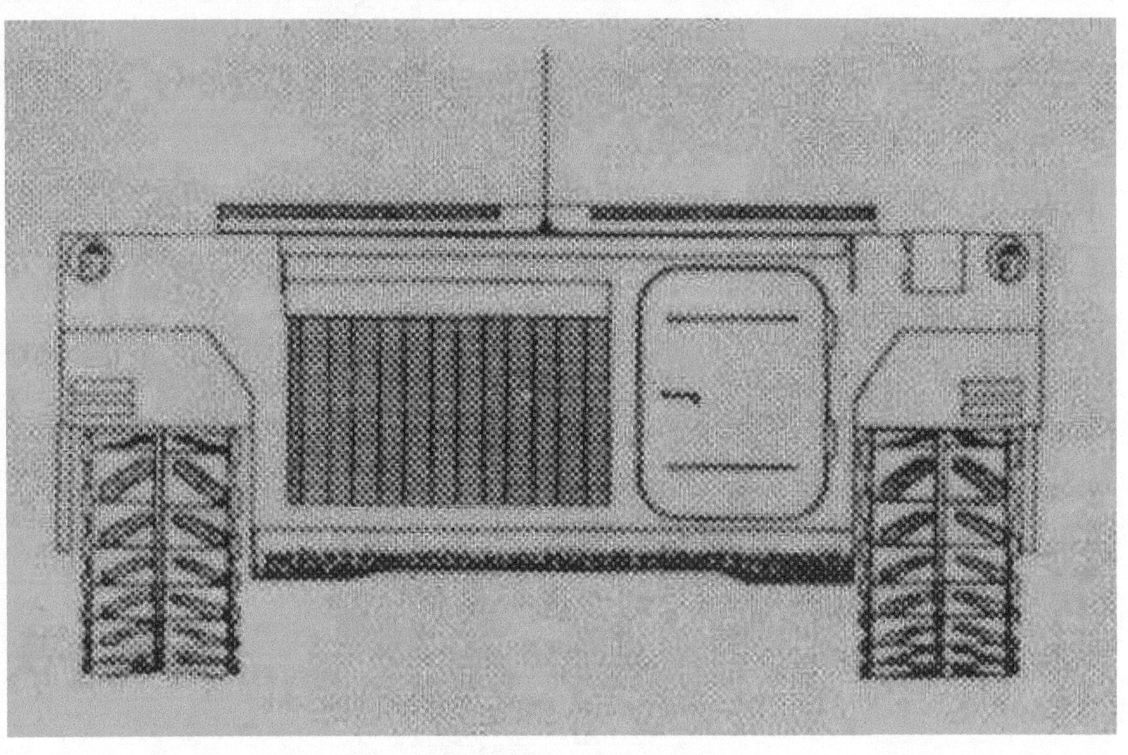

XM4 重型步兵战车后部视图

应该说，选择“蒂朗”4/5（T-54/55）作为重型装甲人员输送车的底盘提供者是一个颇为明智的决定——既满足了复杂环境中迫切的军事需求，又利用了一笔闲置的军事资源。然而，将闲置的战利品转化成有效的军事资源却绝非是一件轻松的事情。首先从设计角度来讲，尽管 T-54/55 与“百人队长 - 肖特”或 M48A2“巴顿”底盘在布局上颇为相似——均为动力舱后置，诱导轮在前，主动轮在后——但以色列人将“百人队长 - 肖特”改造成“纳格玛肖特”的经验却不一定能够用于 T-54/55 底盘的改造。要知道，“纳格玛肖特”对车体结构的改造程度有限，特别是动力舱未改动造成载员只能从顶部舱门进出，这在一定程度上减损了该车的战场价值。而车尾舱门正是以色列军方对重型装甲人员输送车的重要要求，这对一种动力 / 传动装置后置的底盘而言，无疑是个巨大的工程挑战。其次，从后勤和通用性角度来讲，T-54/55 毕竟是“华约”装备，而以色列装甲部队战斗序列却西方色彩浓重，即便是“梅卡瓦”也可视为西方技术与犹太智慧的结晶。所以要对如此一种苏式血统的复杂技术装备加以改造后作为制式装备纳入自己的战斗序列，就必须在关键部件上以西方技术进行“换血”，如此方能满足后勤和通用性的苛刻要求。显然，无论从哪一方面考虑，将“蒂朗”4/5 变废为宝都是一件考验智慧的事情。不过，令以色列人感到欣慰的是，他们并没有对此感到太过头疼，而其中的原因非常简单——早在 XM1 计划正在推进中的 1977 年，富有想象力的美国人便在 XM1 底盘基础上衍生出了 XM4 重型步兵战车，这自然成为一个非常好的参考样板。

标准军械配置的 XM4 重型步兵战车

人道主义救援行动配置的 XM4 重型步兵战车

XM4 采用了去掉炮塔的 XM1 底盘（底盘部件通用性达 75%），以为搭载步兵提供足够的装甲防护、机动性和恰当的火力。该车战斗全重 46t；乘员 2 人，载员 10 人；出于车体结构和燃油经济性方面的原因，一台 1200 马力的 12 缸底特律柴油机取代了 XM1 的 1500 马力燃气轮机，尽管动力稍有下降，但 XM4 的最大公路速度仍然高达 72km/h；除了 XM1 底盘本身的基层装甲外，XM4 还在车体两侧、后部、顶部安装了大量附加装甲模块。相比于当时西德装备的“黄鼠狼 1”或苏联的 BMP 步兵战车，XM4 的火力则被削减到了可怜的程度——两挺 7.62mm 机枪和一挺 40mm 自动榴弹发射器。显然，从很多方面来讲，XM4 都是以色列人的“梦中情人”。当然令人遗憾的是，XM4 不可能成为一种现成的货架产品为以色列人所用 ——它被认为与美军当时的作战环境格格不入，仅能止步于绘图板阶段——不过即便如此，XM4 项目的存在仍使以色列人受到了极大的启发，1985 年开始设计的“阿奇扎里特”重型装甲人员输送车在很大程度上可以视为对 XM4 创意的一种模仿，只不过底盘由美国人制造的 M1 换成了苏联人制造的 T-54/55。

第1章 第2章 第3章 第4章 第5章 第6章 第7章 第8章 第9章 第10章

8.5 “阿奇扎里特”的结构和主要技术特点

在对T-54/55主战坦克底盘实施改造的过程中，以色列人保留了底盘动力/传动装置后置、主动轮（上图）在后、诱导轮（下图）在前的原有布局

“阿奇扎里特”将T-54/55原有的干销履带和大直径负重轮保留了下来，但采用了全新的扭杆，以增大负重轮行程

在1982年战争过后，以色列国防军开始了向应付“低强度战争”的转型，在阿拉伯各国似乎已经不再与其发生大规模战争的情况下，其装甲部队在装备和战术训练上针对反游击战的“非正规化”建设趋势日益明显，“阿奇扎里特”便是如此环境下的产物。基于苏制T-54/55主战坦克底盘改造而来的“阿奇扎里特”重型装甲人员输送车项目始于1985年4月，1986年11月首辆样车推出，1987年第一次巴勒斯坦人起义的爆发加快了“阿奇扎里特”的定型（这次起义基本上属于非暴力抗议，巴勒斯坦人以石块作为武器，却遭到以军枪弹的镇压。值得注意的是，此次起义并非由巴解领导和组织，而是被占领土的巴勒斯坦人自发起事），1988年2月首批“阿奇扎里特”正式列装入役，到1998年已经装备440余辆。

“阿奇扎里特”的车宽由T-54/55的3.27m增加到3.64m

“阿奇扎里特”的动力舱仍然置于车体后部，为载员舱车尾通道的设计增加了很多难度

以色列国防军素以创新的才干和更新过时装备的才能著称于世，“阿奇扎里特”表明了这一点。要说清“阿奇扎里特”的改造幅度和结构特点并不是一件太过复杂的事情，但其中的精髓却相当具有启发性。在对 T-54/55 主战坦克底盘实施改造的过程中，以色列人保留了底盘动力 / 传动装置后置、主动轮在后、诱导轮在前的原有布局，全车从前到后分为驾驶舱、载员舱、动力舱三大部分；原有的干销履带和大直径负重轮也被保留下来，但采用了全新的扭杆，以增大负重轮行程，改善越野机动性能（扭杆变形和吸收能量之间的关系为线性，而理想的变形 - 吸能关系应为非线性，动行程越大，表明坦克抗地面冲击和越野行驶能力越强）；在第 1、第 5 负重轮处增加了由以色列飞机工业公司生产，也用于“梅卡瓦”主战坦克的液压减振器。这实际上是一个阻尼器，由减振器体、隔板、叶片及轴、减振器盖、连接臂和拉杆组成。当负重轮上抬时，液压减振器中的液体顶开叶片上的单向活门由 1 室较顺畅地流入 2 室，保证扭力轴能充分吸收冲击能量。当负重轮下降时，扭力轴放出能量，但是，由于此时的单向活门是关闭的，使液体被迫从叶片和减振器体间很小的径向间隙由 2 室流向 1 室，强大的节流阻尼作用使振动衰减，最终变成热能消耗掉。作为一种典型的苏制坦克，T-54/55 的一个缺点是乘员空间小，人机工程考虑欠佳，所以苏联坦克士兵都是精挑细选的小个子。但即便是小个子士兵在坦克炮塔和驾驶舱内也感觉很不舒服，空间狭窄，通风又差，让乘员很容易疲劳，使作战效果大打折扣（以色列人认为，由于对“人—机—环”方面考虑不足，T-54/55 坦克的战场效能只能实现 50%～70%左右）。显然，要将这样一种以人机工程性差而饱受诟病的苏式坦克改造为重型装甲人员输送车就必须对驾驶 / 载员舱进行大刀阔斧的重新设计。

“阿奇扎里特”动力舱与载员舱之间的外置储物区

在设计乘员工作位置的过程中，重点在于乘/载员座席的空间结构上。首先，要求做到专业操作区的最优化设计，并根据完成操作的特殊性来保证工作区域。同时必须考虑到，车辆质心距乘/载员身体的支承点越远，乘/载员感觉到的肌肉压力越大，疲劳越快。其次，必须保证有必要的活动范围和视野，以及稍作休息和长时间休息的环境。显然，周到地考虑到乘/载员“吃喝拉撒睡”的基本要求，确实不是一件小事情，而摆弄了几十年坦克的以色列人当然很清楚这一点，于是我们在“阿奇扎里特”的车体内部看到了犹太人的一片良苦用心。“阿奇扎里特”重型装甲人员输送车乘/载员共计10名，驾驶员位于车体左前部，右侧是车长，右后侧是机枪手，此3人为车组乘员，余下7人则为载员，全部位于乘员后方的载员舱。由于载员舱是由原坦克的战斗室改装而来的，所以布局显得较为凌乱，左侧的一条长椅上坐3人，右侧的3个单独折椅上坐3人，在后部中间坐1人。为使乘员舱有更大空间，原先的车体侧甲板上部被去掉，使载员室向外加宽了许多。在每个乘员座位处各有一个个体式三防装置的柔性通气面罩，提供经过过滤的洁净空气。位于车体前部的3名乘员头上各有一个舱门。车长门是圆顶形的，可以向上提升至半升起位置，这使车长在将头部探出车外观察时能得到一定程度的防护。在前部乘员舱3个舱门后方，还开有另外2个舱门，一个位于乘员舱中央部位，另一个在其左后侧。驾驶员有4具1倍倍率的潜望镜，在乘员舱顶部还有另外6具潜望镜，2具位于左侧，4具位于右侧，这样车内的人员在闭舱情况下也能看到车外的情况。遗憾的是，由于自坦克底盘改装而来，车体两侧装甲板较厚，再加上需要安装附加装甲模块，“阿奇扎里特”并没有为载员在舱室两侧设置射击口，这使该车的乘车作战能力受到了一定影响。

周到地考虑到乘/载员“吃喝拉撒睡”的基本要求确实不是一件小事情，以色列人就很清楚这一点

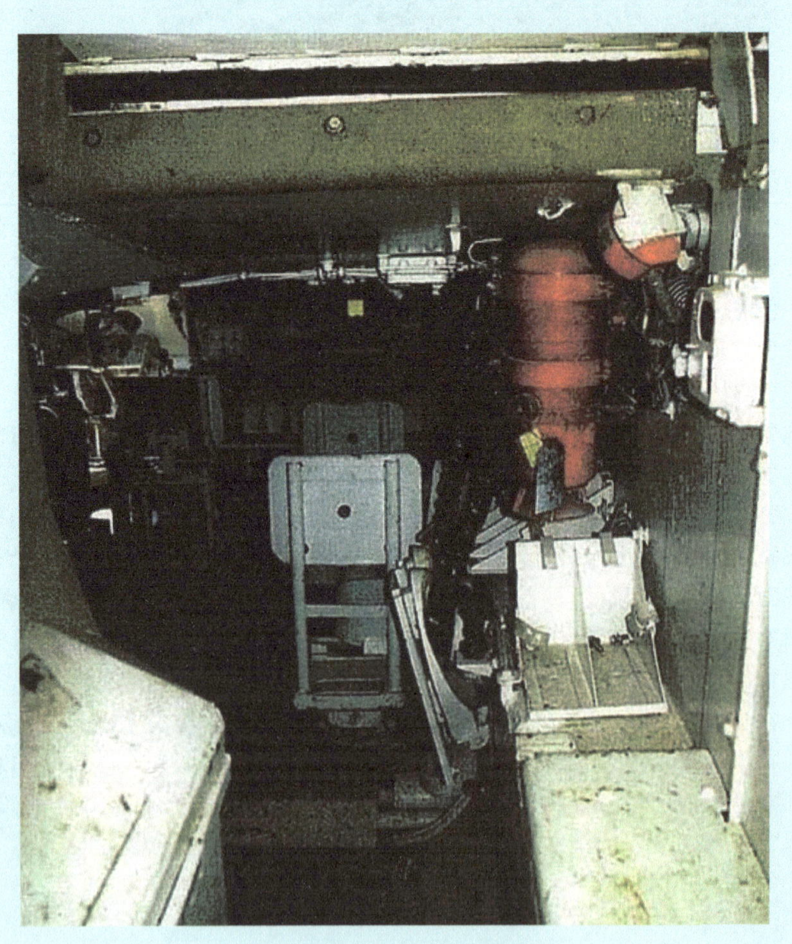

“阿奇扎里特”载员舱内部特写

位于车体前部的3名乘员头上各有一个舱门，车长门是圆顶形的，可以向上提升至半升起位置，这使车长在将头部探出车外观察时能得到一定程度的防护

在前部乘员舱3个舱门后方，还开有另外2个舱门，一个位于乘员舱中央部位，另一个在其左后侧

在乘员舱顶部还有另外6具潜望镜，2具位于左侧，4具位于右侧

除了由机枪手操作的顶置武器站外，在车长舱门及后面的载员室舱门外，还安装有3个简易式机枪架

机枪手操纵一个由拉法尔公司生产的顶置武器站，该武器站主体为一挺 M240 7.62mm 机枪，既可由机枪手在车内遥控操作，又可由射手在开窗状态下手动操作。机枪备弹 2500 发，分为内外两种弹盒，当使用车内弹盒而又需要联结新弹带时，会有一个闪光指示器警示射手

不过，作为一种弥补，机枪手操纵一个由拉法尔公司生产的顶置武器站——这是“阿奇扎里特”的主要军械。该武器站主体为一挺 M240 7.62mm 机枪，既可由机枪手在车内遥控操作，又可由射手在开窗状态下手动操作。机枪备弹 2500 发，分为内外两种弹盒，当使用车内弹盒而又需要联结新弹带时，会有一个闪光指示器警示射手。在进行车内遥控射击时，机枪手使用一具潜望式瞄准具进行瞄准，该瞄准具昼用光学通道分为两条，分别为放大倍率 8 倍、8° 视角以及 1 倍、25° 视角，夜视通道则采用 25mm 像增强器技术，可在放大倍率 7 倍、7° 视角以及 1 倍、22° 视角间变化。除了由机枪手操作的顶置武器站外，在车长舱门及后面的载员室舱门外，还安装有 3 个简易式机枪架，这在很大程度上弥补了载员室没有射击口的缺陷。然而需要指出的是，一个装置 7.62mm 机枪的顶置武器站与 3 挺简易车载机枪已经是“阿奇扎里特”的全部火力了——这与东西方那些武装到牙齿的步兵战车形成了鲜明的对比，甚至也不如 BTP-50、M113 这些“薄皮货”，用“寒酸”二字来形容是不过分的。事实上，这种在火力配置上的“寒酸”是以色列人有意而为。要知道在“阿奇扎里特”走上绘图板之时，其设计意图便定下了基调：“将载员步兵在敌人火力下送至距目标最近处，然后由载员下车完成车辆无法完成的任务”。这样一来，任何偏离这一设计意图的做法都会造成对载员生存的不利影响，而过分的重火力配置显然被认为有悖于这个目标。

“阿奇扎里特”重型装甲人员输送车车尾动力舱细部特写

有意思的是，将载员室的重新设计认定为“阿奇扎里特”由 T-54/55 变身为重型装甲人员输送车的“重头戏”却是个错误的判断——事实上动力 / 传动系统的根本变革才是真正值得注意的。以色列人之所以用美国通用动力公司 650 马力的 8V-71TTA 8 缸水冷二冲程柴油机与艾利逊 XTG-411-4 传动系统替换原先的苏式动力包（或是“蒂朗”4/5 的升级版动力包），有着多方面的考虑。首先，当然是后勤通用性方面的因素。在当时的以色列装甲部队战斗序列中，美国泰莱达因・大陆 (Teledyne Continenta) 公司的 AVDS-1790-2A 风冷涡轮增压柴油发动机以及艾利逊公司的 CD-850-6 型自动传动系统几乎成为所有以色列坦克的标配——从“百人队长 - 肖特”到“巴顿”，从“马加奇”到“梅卡瓦”皆如此，由“百人队长 - 肖特”（也包括部分 M48A2“巴顿”）改装而来的“纳格玛肖特”也沿用了 AVDS-1790-2A 与 CD-850-6。遗憾的是，相对于 T-54/55 的动力舱空间，这对成功的动力包体积偏大，而且与 T-54/55 底盘原先的两级行星齿轮传动式侧减速器在匹配性上也不够理想。在这种情况下，以色列人只得退而求其次，将用于其 M109A6 自行火炮、M992 野弹药车、M578 装甲抢救车上的 8V-71TTA 8 缸水冷二冲程柴油机与艾利逊 XTG-411-4 传动系统塞入这种苏式坦克底盘，算是满足了后勤通用性方面的要求。其次，其自身的出色技术性能也是不可忽视的一个因素。比如，8V-71TTA 8 缸水冷二冲程柴油机由“蒂朗”4/5 使用的 8V-71T 发展而来，虽然基本结构与 8V-71T 相同，继承了这一系列二冲程发动机结构紧凑、单位功率密度大的传统优点，但为了提高发动机的可靠性、耐久性和改善燃油经济性，8V-71TTA 以中冷、增加进气密度、降低缸套进气口高度、加长膨胀行程、改善气缸内涡流特性等技术措施加以改进，更采用了重新设计的扫气泵和新一代涡轮增压器，又增加了空气侧散热片密度的中冷器、新凸轮轴和气缸套、低摩擦的气缸套和活塞环组合以及温度控制的机油散热器，使燃油经济性提高了 6%，并因此改称 8V-71TTA。

“阿奇扎里特”动力舱散热格栅

至于艾利逊公司的 XTG-411-4 传动系统在技术水平上甚至比 8V-71TTA 更为先进，其突出优点为结构极为紧凑，包括输入齿轮组、变速机构、转向装置和控制装置在内的部件均集中于一个箱体内。具体来说，XTG-411-4 的输入齿轮组是一对锥齿轮，其作用是将纵置在车体内的发动机功率输出轴与传动装置输入轴相连接，并传递其功率；变速机构包括 2 组液压泵和马达、2 个变速行星排、1 个差速行星排、2 个输出行星排、3 个制动器和 1 个离合器。操纵离合器和制动器可实现挂 3 个前进档和 1 个倒档。一档和倒档合并使用一套机构，方向由液压泵和马达的旋转方向确定。挂一档或倒档时，制动两侧的一档 / 倒档制动器，功率完全以液压传动方式传递。2 组液压泵和马达以正方向旋转时，车辆前进；反方向旋转时，车辆倒驶。即使发动机转速不变化，通过变化液压泵的排量也可以改变液压马达和车辆的速度。挂二、三档时，功率流分为机械和液压两条支路传递，然后在输出行星排汇合，呈液压机械传动工况。差速行星排既参与二、三档的功率传递，又可以使两条履带产生差速，使车辆转向。侧传动装置与传动装置输出轴相连接，为一级行星减速器；转向是通过改变左右 2 个液压马达的旋转方向和转速实现的。因为液压马达转速可以进行无级调节，所以车辆可以进行无级转向。挂一档或倒档时，车辆可进行一侧履带前进、另一侧履带倒退的原位转向，也可以进行制动一侧履带、转向半径为二分之一履带中心距的原地转向，还可以进行一侧履带速度快、另一侧履带速度慢的缓转向。挂二、三档时，能进行缓转向，操作方法与一档缓转向一样，部分地制动一侧制动器。通过连续改变差动速度，得到转向半径从该档最小规定转向半径值

（液压泵排量最大时）至转向半径无穷大（直线行驶）的无级变化；采用电控液压自动操纵，以电测法测出发动机负荷、发动机转速和车速等参数，按一定顺序通过操纵液压件实现换档。XTG-411-4 的液压分路功率是经过 2 组球形活塞泵和马达传递的。两者结构相同，但油液的进出方向相反，且液压马达的座圈是固定的。每个液压泵的液压缸体带有 9 个球形活塞，缸体支撑在有进出油口的固定轴上，同时安装在可以活动的油泵座圈内。座圈相对于缸体的偏心度决定着液压泵的排量。因为液压马达的排量固定，通过改变液压泵的排量来改变液压马达的转速来达到改变车速和行驶方向的目的。

后期型“阿奇扎里特”车尾通道明显加高

令人感兴趣的是，二冲程发动机本身就具有重量轻、体积小、功率密度大的突出优点，而艾利逊公司的 XTG-411-4 传动系统又是一种以结构紧凑、传递效率高而著称的先进液压机械传动装置，这使两者构成了一个结构紧凑的一体式动力包——不但功率提高了 27%，体积更仅相当于原先“蒂朗”4/5 动力包的 3/5，这就使车体尾部动力舱的一侧留出一条通道，从车体中部载员舱通向车尾成为可能。该通道在车尾用一个蚌状的舱门覆盖，门的下半部分形成一个进出车辆的跳板，门的上半部分可从前悬吊轴处向上翻起，以增加通道后部的顶高，这样一来，尽管 T-54/55 底盘动力舱后置的布局未变，增加了载员舱在结构上的复杂性，却仍使搭载的机械化步兵可从车尾进出车辆，满足了以色列军方对重型装甲人员输送车反复强调的这一战术性能要求。需要指出的是，这种完全模仿 XM4 的设计，其另一个精妙之处在于，尽管仍然将动力舱置于车体后部为载员舱尾部通道的设计增加了很多难度，但也使得动力 / 传动系统与原有侧减速器的连接变得容易，而且保证了防护结构的完整（即装甲最厚的正面装甲仍然是车首），并使得后置的动力舱与车首装甲形成了良好的平衡，对越野机动性助益颇大，令采用动力舱前置布局的“梅卡瓦”相形见绌。有意思的是，车尾通道的细微差别也成为区分“阿奇扎里特”早期型与后期型的一个显著外观标志——后期生产的“阿奇扎里特”不但车尾通道加高，而且在后门还增加了防弹玻璃做的瞭望口，可以提供后方视野。

后期生产的“阿奇扎里特”不但车尾通道加高，而且在后门还增加了防弹玻璃做的瞭望口

最后需要指出的是，无论是“纳格玛肖特”还是“阿奇扎里特”，它们之所以选择以坦克底盘为改造对象，除了“废物利用”这一层意思外，更为直接的军事因素则是打上了坦克那厚重装甲防护的主意，这样一来，强悍的装甲防护性能自然成为“阿奇扎里特”的一大看点。事实也的确如此，相比于“纳格玛肖特”，由 T-54/55 底盘改装而来的“阿奇扎里特”在装甲防护性能上跃上了一个新的台阶——在完成了上述改造后，“阿奇扎里特”的战斗全重超过了 44t，而 T-54/55 主战坦克的战斗全重不过 36t，在去掉炮塔后，底盘更是不过 30t 而已，再考虑到动力 / 传动系统在升级后出色的紧凑性，这“多出来”的 14t 显然大部分被用在了装甲防护的加强上，“阿奇扎里特”装甲防护的强悍程度由此可见一斑。说明“阿奇扎里特”装甲防护得到强化的另一个迹象，则是其车体尺寸的变化——在车体两侧加装了大量以色列拉法尔公司研制的“TOGA”被动附加装甲模块后，“阿奇扎里特”的车宽由 T-54/55 的 3.27m 增加到了 3.64m。有意思的是，尽管基体装甲够厚，完全能够安置爆炸反应装甲模块，但考虑到该车的预定作战环境多集中于情况复杂的城镇，为了避免对伴随步兵造成附带伤亡，“阿奇扎里特”很少安装爆炸反应装甲模块。厚厚的装甲固然是“阿奇扎里特”战斗全重飙升的一个原因所在，但也从一个侧面表明：以色列人深谙“装甲越厚、后效越小”的真理对一辆重型装甲人员输送车究竟意味着什么。值得注意的是，“阿奇扎里特”的战场生存能力并非仅仅体现在装甲的厚度上，由于本质上是一个拆除了炮塔

的 T-54/55 底盘，车高一下子降到了 2m，如此低矮的车体外形轮廓自然令该车的战场生存机会显著增大。

没有安装任何附加装甲的早期型“阿奇扎里特”

8.6 关于“阿奇扎里特”的军事价值

即使不考虑底盘的来源，“阿奇扎里特”仍然是一种极不寻常的装甲战斗车辆。就其直接军事价值而言，这种拥有主战坦克级别装甲防护的重型装甲人员输送车蕴含的设计理念是十分反传统的，但在以色列所处的军事环境中却又具有最充分的合理性。首先，无论是以“黄鼠狼 1”“布雷德利”为代表的西式步兵战车，还是以 BMP-1/2/3 为代表的苏式步兵战车，均是核时代的产物，其中以苏式步兵战车最为典型。核环境下的使用要求使得苏联式的步兵战车成了一种异化的产物——在核火力准备过后，步兵战车仅仅是伴随坦克实施冲击的一个附庸品，实际上是为了并不复杂的作战环境而设计的简单车辆。至于西方风格的步兵战车，虽然普遍比苏式步兵战车更大、更重，仪器设备也要更为复杂精巧，但它们本质上仍然与其东方同类没有太大区别，同样是一种高度专业化的武器，而高度专业化武器的最初效率易受反措施抵消，这并非偶然——在琢磨不定的战争环境中，永远存在的敌对反应使得通过高度专业化取得巨大效率的大部分希望化为乌有——结果薄弱的装甲防护性能同样限制了它们执行复杂任务的能力。这对于身处复杂战场环境的以色列人来讲显然是极不可取的。

即使不考虑底盘的来源，“阿奇扎里特”仍然是一种极不寻常的装甲战斗车辆

以色列之所以会对重型装甲人员输送车产生迫切需求，战术上的一个重要因素在于，无论应付低强度还是高强度战斗，只有重型装甲人员输送车能被灵活有效地运用。一方面，虽然有明显的费用界限使无限制地追求多样化成为不可能，但正如以色列塔尔少将在多年前就已指出的那样，仍有足够的理由要求步兵战斗车辆比坦克有更强的装甲防护，因为步兵的任务是冲击目标地域并占领该地域，而坦克只需用火力在一定距离外控制目标地域。在步兵战斗车辆诸要素相对价值的分析中，防护应取得优先权——这是一切灵活性目的的基础。步兵战斗车辆的防护等级应该达到或超过与之协同作战的主战坦克的防护级别。况且，坦克如果需要步兵在其左右协同作战，那么步兵最起码要满足两个条件：第一，步兵要具备足够的机动能力，以赶上坦克快速机动的步伐；第二，步兵要有足够的装甲防护，以保证步兵在与坦克协同作战时具有足够的生存能力。在“阿奇扎里特”或“纳格玛科恩”出现之前，各类装甲步兵输送车 / 步兵战车基本可以满足第一个条件但是，不管这些车辆是轮式的还是履带式的，都离第二个要求相差甚远。这些装甲车不管采用什么新的装甲材料，其防护性能仍明显不足，甚至轻型反坦克武器都会使它们不寒而栗。

“阿奇扎里特”车体装甲细部特写

另一方面，在 1982 年的"黎巴嫩战争"结束后发生的连绵不断的反游击战战例中，以色列国防军发现他们拥有的大多数装甲人员输送车都难以在低强度战争中适应突然出现的高强度突发情况。这些高强度突发情况指的是在"反暴乱的环境下"无法避免可能出现的某些突发暴力事件。如果不考虑这些突发情况，将会使似乎能较好适应低强度战斗的装备在面临突然爆发的激烈战斗时很容易遭受重创。美军在索马里的经历就是一个在低强度冲突中遇到突发情况的实例，从中人们看到了以不适当的技术应对这种突发情况时的危险——在"恢复希望行动"整个过程中有 99% 属于低强度战斗，但遗憾的是，构成另外 1% 的 18 小时战斗却明显属于高强度战斗，美军为此付出的代价是有目共睹的。如果注意到低强度冲突中的这一重要特点，那么只有真正意义上的重型装甲人员输送车才能够适用。显然，在使用灵活性上，"阿奇扎里特"这类重型装甲人员输送车与西方那些自以为是的重型步兵战车是截然不同的——后者正在自觉或不觉地走入高度专业化的歧途。由于拥有主战坦克级别的装甲防护能力，"阿奇扎里特"在设计风格上显得特立独行。

由于拥有主战坦克级别的装甲防护能力，"阿奇扎里特"在设计风格上显得特立独行

另一个值得指出的地方则是"阿奇扎里特"一反当时步兵战斗车辆"重火力化"趋势的风格，转而采取了一种较为克制的态度，这一点是极为值得赞赏的。要知道，让步兵战车装备上专门用来与坦克作战的武器是对步兵战车作战任务要求的最大误解。正如在此方面深有体会的以色列人所指出的那样，用车载武器与敌主战坦克交战将使搭载的步兵面临本可避免的危险，应该用坦克来打坦克。显然，以色列人意识到（当然，这并不排除是因装甲防护和机动性需求的增强而做出的某种妥协），步兵战车在出去执行主要任务时应该具有生存下来的能力，保证步兵班、步战车与坦克构成一个协调统一的系统，这才是最重要的事情，而不是代替坦克冒不必要的风险。进一步来讲，就实战经验丰富的以色列装甲部队而言，装甲人员输送车与步兵战车之间的区别实际上已经很小。对步兵战车来说，其较为突出的只是"输送 - 战斗车辆"中的"战斗"因素，但这种突出程度其实较为有限，体现在"阿奇扎里特"的设计意图中便十分明

显。比如，尽管“乘车作战”与“下车作战”曾被认为是步兵战车与装甲人员输送车在定位上的显著区别，但这种区别在“阿奇扎里特”身上却变得模糊了。

“阿奇扎里特”车体侧部安装的焊接式攀爬栏杆

举例来说，就传统的苏式步兵战车而言，由于强调核战场环境下的乘车作战能力，所以对下车作战争论的焦点之一在于车内的步兵班应该在离目标多远处下车。其实，对于装甲防护与坦克相差较大的东西方步兵战车而言，这都是一个重要问题，但对“阿奇扎里特”这类拥有主战坦克防护级别的重装甲步兵战车而言，这个问题却无关紧要。事实上，站在敌人的角度来看，“阿奇扎里特”是比坦克更难对付的一种战场目标。因为装甲防护相当甚至优于主战坦克，所以“阿奇扎里特”这样的重型装甲人员输送车能够在主战坦克主要威胁方向上护卫主战坦克，传统的步兵战车除非冒极大的风险，否则不会采取这样的战术。更糟糕的是，如果传统的步兵战车试图为坦克提供主要威胁方向上的掩护，那么由于装甲防护远远弱于坦克的缘故，步兵班只能提前下车，这在战术角度显然是不利的。而“阿奇扎里特”却不存在这样的问题。凭借厚重的被动式装甲，它们有能力在很近的距离上将步兵班释放出来，下车的步兵不但能够对步战车和坦克平台实施掩护，自身也能够得到步战车和后方主战坦克在远近距离上的火力支援，战术上的定位是相当清晰的。

值得一提的是，在以色列国防军当时普遍面临的低强度作战环境中（但这类低强度作战环境往往蕴含着高强度突发情况的因素），政治因素还为部署重型步兵战车增加了一种有趣的情况。要知道，尽管因提前预料到高强度突发情况而部署坦克可能很具吸引力，但政治上的因素却往往限制了将此种手段付诸实施，而部署轻型装甲防护车辆又意味着可能的巨大伤亡，在这种情况下，形象较为温和的“阿奇扎里特”显然是以色列政治家的一个绝佳选择。总之，尽管身世奇特，但“阿奇扎里特”并非一种高技术装备，不过作为一种极富实用性和针对性的装甲战斗车，其有效的战场价值是无法否认的——这一点在加沙、黎巴嫩南部地区得到了一次又一次的证实。

早期型“阿奇扎里特”的车尾通道顶部特写

8.7 第二次黎巴嫩战争——“阿奇扎里特”的“舞台”

2006年的第二次黎巴嫩战争中以军装甲部队使用的“阿奇扎里特”重型装甲人员输送车

1982 年，为了赶走巴解组织，以色列入侵黎巴嫩，直抵贝鲁特郊区，迫使巴解组织游击队撤离黎巴嫩。以色列国防军最后赢得了主动权，改变了战争的潮流，但付出了人员和物资上极大的代价并且没有赢得一场决定性胜利。以色列的军事胜利最后被证明实际上是空洞的，得到的只有生命损失，并且无法隐瞒以色列国防军远没达到它自称的优异军事表现这一事实。1982 年的“黎巴嫩战争”之后，以色列面临的主要现实威胁并非阿拉伯国家或伊朗日渐提升的正规军事力量，而是泛伊斯兰旗帜下的各种武装激进组织。特别是“9·11 事件”之后，中东阿拉伯各国民众对伊斯兰极端组织的同情度急剧上升，黎巴嫩真主党武装此时已成为影响以色列安全形势的心腹大患。而且随着国力在冷战结束后日渐回升，伊朗对真主党的支持力度也在不断加大，这一切都造成真主党的实力在 20 世纪 90 年代后期开始爆发式增长。于是，以色列国防军的装甲力量不得不开始两条腿走路——既要按照打一场大规模机械化战争的设想去建设部队，在现实中却又必须按照“反间接战略”的原则，将这支部队用于连绵不断的非常规低强度战争。要知道，同那些与以色列进行常规部队间对抗的阿拉伯国家不同，真主党没有高价值的目标和重要的能力系统，如工业设施和指挥与控制节点等，真主党主要的目标就是其领导人、野战部队和武器，而这些都隐藏在平民中间很难当作攻击目标。这些目标非常分散，缺乏明显的结构。真主党依赖无数行踪不定的喀秋莎火箭和不对称战术在平民集中居住地区发动袭击，频繁地移动他们的攻击能力，以免被敌人摧毁。要打击这些目标，以色列国防部试图利用远程炸弹和火炮来解除真主党的武装并击败对手无异于海底捞针。

在使用灵活性上，“阿奇扎里特”这类重型装甲人员输送车与西方那些自以为是的重型步兵战车是截然不同的

针对真主党的不对称战术，以色列国防部曾将目标规定为利用远距离打击能力杀死真主

党领导人和摧毁机动的火箭发射装置。然而实战证明，以色列国防部不仅击中的目标有限，而且也造成了黎巴嫩平民的伤亡。远距离武器难以分辨真主党士兵和黎巴嫩平民，结果造成约 1100 名平民伤亡。黎巴嫩政府计算伤亡人员的时候不会区分真主党士兵和平民，这也显示了近距离区别两种人的困难，更不用说远距离攻击的战斗机和轰炸机了。真主党也利用媒体获得了外界的支持。各种效果的综合应用和对真主党信心的增长，都让以色列获胜的代价进一步提高。所以，要想有效削弱真主党的实力，以方只能出动地面部队进入黎巴嫩境内，而在这种情况下，由于拥有极为厚重的装甲防护和设计巧妙的尾部舱门，“阿奇扎里特”就发挥了比设想中还要出色的战场价值。

早期型“阿奇扎里特”车体侧装甲特写

有意思的是，虽然自 1988 年服役以来“阿奇扎里特”便常年奔波于火线，但其真正赖以成名之战却还是 2006 年的第二次黎巴嫩战争——此时据其服役已经整整过去了 18 个年头。在 2000 年 5 月从南黎撤军后，以色列执行的是以总理巴拉克的政策：迫使黎巴嫩政府和叙利亚政府承担保证黎巴嫩边界安全的责任。巴拉克声称真主党的挑衅行动将招致以军针对黎巴嫩和叙利亚的相关目标发动报复打击的后果。在 2001 年 6 月发生了一系列真主党对以军的挑衅行动后，沙龙命令对贝卡谷地的叙利亚雷达目标发动袭击。以色列此次行动表明其对真主党的政策已发生改变，即通过向叙利亚实施威慑，迫使其约束真主党的行动。然而，自以国防军从南黎撤离后，真主党又在伊朗革命卫队的支持下重建其基地。在黎巴嫩，真主党重建其指挥总部、前沿阵地、情报机构以及后勤保障等，同时，在军事战略上，真主党部署了中程导弹、地空导弹和无人飞机等。南黎与贝鲁特南部变成了真主党控制下的军事“飞地”，在这些地方真主党部署了大量的军事设施，而贝卡谷地则建成了真主党训练与后勤供应的基地。随着军事部署的开展，真主党开始在与以色列接壤的边境线附近实行针对以国防军的行动，包括绑架、枪击以军士兵、在边境线设置爆炸装置等，并且大部分的活动发生在谢巴赫农场地区。可以看出，以军从南黎撤军及政策的改变并未使真主党的行动有所收敛。真主党与以色列的不断冲突与零星交火促使以色列政府“一劳永逸”地铲除真主党的思想越来越强烈，并最终导致了 2006 年的第二次黎巴嫩战争，这场战争在黎巴嫩国内被称为“七月战争”。

集结中的“阿奇扎里特”装甲纵队

2006 年 7 月 12 日，真主党武装分子在以色列境内使用反坦克地雷和 RPG（火箭助推榴弹）蓄意向以军的两辆 M113 装甲人员输送车发动攻击，伏击使 3 名以军死亡，2 名以军受伤。真主党武装分子俘虏了这两名以军伤兵，以色列国防军立即派遣了一辆梅卡瓦 MK2D 主战坦克和一个“阿奇扎里特”机械化排营救他们，但是营救坦克压上一枚重 500 ~ 600 磅的简易爆炸装置后 4 名坦克手死亡。与真主党武装分子交火过程中，8 名以色列士兵阵亡。这是 1987 年以来真主党武装造成以军伤亡最重的一天。当天，以色列总理奥尔默特得到了以军总参谋长哈卢兹的战争建议书和打赢战争的口头保障，决定与真主党武装开战。结果 2006 年的第二次黎巴嫩战争是真主党领导人始料未及的。真主党的挑衅行为招致了以色列国防军和空军的“过度反应”。但令人意想不到的是，本来被寄予厚望的新型“梅卡瓦”（即“梅卡瓦”MK3）表现欠佳，反倒是“阿奇扎里特”这种其貌不扬的怪物大出风头。以 2006 年 7 月 17 日以方第 401 预备役装甲旅攻占玛隆埃瑞斯镇的战斗为例。在黎巴嫩 7 月 12 日发动伏击作战的当天，以方空军就出动航空兵力进行了反击。到了 7 月 17 日，以色列国防军决定出动装备 17 辆 M113、31 辆“阿奇扎里特”和 28 辆“梅卡瓦”（包括“梅卡瓦”MK2/3）的第 401 预备役装甲旅在玛隆埃瑞斯镇附近发动地面作战行动，企图切断真主党武装的供应线——在集结过程中，大批怪模怪样的“阿奇扎里特”吸引了众多媒体记者的注意，以至于此战尚未开始，“阿奇扎里特”就成了家喻户晓的“明星”。

在集结过程中，大批怪模怪样的“阿奇扎里特”吸引了众多媒体记者的注意，以至于此战尚未开始，“阿奇扎里特”就成了家喻户晓的“明星”

战斗开始后，真主党武装人员使用掩体、坑道和射击阵地进行了有效的防御，不过借“阿奇扎里特”的厚重装甲和“梅卡瓦”的强大火力，经过 6 天的近距离激烈作战后，以军就仅以 6 人阵亡、18 人负伤的代价拿下了玛隆埃瑞斯镇——参战的“阿奇扎里特”无一遭受不可修复的损坏。在占领玛隆埃瑞斯镇后，该镇随即成为以军攻击什叶派重镇本特吉贝尔的集结地。在进攻本特吉贝尔镇之前，以军向该镇附近的目标发射了 3000 发炮弹，但仍遭遇了顽强抵抗。不过，“阿奇扎里特”强大的战场生存能力再次凸显，真主党武装分子隐藏在废墟中使用简易爆炸装备和反坦克武器对行进间的以军装甲纵队发动多次伏击，但在这一连串袭击中，虽然承担侦察任务的两辆 M113 被击毁，一辆“梅加瓦”MK3 也遭受重创，两名坦克手阵亡，但真主党却拿皮糙肉厚、外形低矮的“阿奇扎里特”没有办法——每次反伏击战斗几乎都以“阿奇扎里特”慢慢近距离逼近而宣告结束。随后，以军第 35 空降旅在该镇的西北地区建立起防守阵地，但是他们的目标未能实现，第 401 装甲旅只得受命向城市的东部地区机动实施增援，不过遭遇到了猛烈的反坦克导弹、RPG 和迫击炮火力的攻击。考虑到城镇中狭窄的街道使以军的装甲车辆机动变得非常困难，也非常危险，配属第 401 预备役装甲旅的 M113 被迫全面撤出，只由重装甲的“阿奇扎里特”和“梅卡瓦”相互配合实施强行机动，才成功穿透近 1400m 长的危险地带——在这一过程中，虽然一辆“阿奇扎里特”被击毁，两辆遭受重创、被迫从战场拖走，30 名以军官兵伤亡，但如果换成装甲薄弱的 M113，伤亡数量很可能会达到一个不可接受的程度。

配属第401预备役装甲旅的M113被迫全面撤出，只由重装甲的“阿奇扎里特”和“梅卡瓦”相互配合实施强行机动，才成功穿透近1400m长的危险地带

由于兵力不足，经过8天激烈战斗，以军仍未完全占领本特吉贝尔镇。以军地面指挥官只得一边继续在该镇的作战行动，一边将主要进攻方向转至艾塔伊尔萨博镇。以军在该镇仍遭到真主党的抵抗。但这次真主党武装采取打了就跑的战术，与此同时，在周边山上的真主党武装针对以军实施了大量的伏击战，又有3辆“阿奇扎里特”在反伏击战斗中受损，但由于装甲防护性能优异，乘载员伤亡很少，仅有1名车长在开舱观察过程中被迫击炮弹片击中头部而阵亡。8月11日，以军对艾哈迈德村发动大规模进攻，试图占领一条通向利塔尼河南部的战略公路，摧毁真主党的火箭、发射阵地和隐藏的基地。第401预备役装甲旅奉命在附近发动清剿行动，为以军装甲部队从东部经过艾哈迈德村提供安全保障。战斗中，真主党武装迅速在附近地带部署，在浓密的灌木丛中建立起伏击阵地。他们首先起爆了一枚简易爆炸装置，炸坏了以军装甲机械化纵队的首车，爆炸声引发真主党武装的大规模反坦克伏击战，他们向以军发射大量的反坦克导弹、RPG和迫击炮弹，但以军的“阿奇扎里特”却显然成了这种战术的克星——每当以军机械化战斗群遇袭，往往几辆“阿奇扎里特”便迅速前来，迎着炮火推进到一个极近的距离上，将真主党武装人员赶走。事实上，这种“简单”而有效的战术是此次行动中“阿奇扎里特”不断上演的拿手戏，直到8月14日，以军结束大规模地面作战行动，撤回国内。

战斗行动中的“阿奇扎里特”重型装甲人员输送车

由于极佳的耐摧毁性和战术灵活性，2006年的第二次黎巴嫩战争经验表明，“阿奇扎里特”已经成为最受以色列国防军官兵信赖的装甲战斗车辆。然而很少有人意识到，这种“信赖”还意味着什么。要知道，以军的预备役是很奇特的一个东西，以军可能也是世界上少有的预备役比常备军更能打仗的国家之一。以色列人人必须服兵役，男女都一样。很多有才华的犹太人服完兵役，不愿在军中发展，而是早早回到社会。这些人都是预备役，他们离开军队的原因不是因为军事素质不好，而是因为地方上有更大的发展机会。以色列是一个小地方，这些预备役回到地方上后，每年依然要回到军队中接受强化训练，军事能力的培养并不放松。另外，同村、街坊邻居在同一个预备役部队服役，整个连队经常一起服役、退役，中下级军官和士兵之间互相熟悉，配合默契，团队和从属精神也更强——在玛隆埃瑞斯镇战役中，担任主力的以军第401预备役装甲旅便是这样的一支部队。然而问题在于，在1982年后长达20多年的和平主义环境下，到2006年再次决定大举出兵黎巴嫩时，犹太人从军的热情也不是很高了，以军预备役部队的战斗力也有下降的趋势。早年犹太人为犹太民族的生存而战，现在一些人已经不再这么想，以军以前特有的拼命三郎的劲头也大减，对伤亡数字的承受力比任何时候都要差——预备役的基干部队构成决定了这一点。再加上以军预算严重不足影响了预备役人员的训练和备战，2003年，预备役人员没有进行任何训练，以色列陆军领导人决定将预备役人员的大规模训练削减至每三年举行一次，这必然造成军事素养的下滑。在这种情况下，“阿奇扎里特”这类耐摧毁性装备在另一个层面的意义便开始凸显——降低的伤亡数字，乃至由此产生的对装备的信心，无疑对维系以军士气是至关重要的，而士气往往与战斗力是同义词。

由于极佳的耐摧毁性和战术灵活性，2006年的第二次黎巴嫩战争经验表明，“阿奇扎里特”已经成为最受以色列国防军官兵信赖的装甲战斗车辆

8.8 谈谈“阿奇扎里特”的“分寸”

后置的动力舱与车首装甲形成了良好的平衡，对越野机动性助益颇大

缴获的战利品底盘、主战坦克级别的装甲防护、适度的车载火力——显然，正如本章开头所述，如果一定要用一个词对“阿奇扎里特”进行高度概括，那么“分寸”两字是极为恰当的。

的确，无论从政治、战术-技术还是经济的角度来看，“阿奇扎里特”处处体现出它是一种有“分寸”的复杂技术装备。例如从政治角度来看，“阿奇扎里特”的顺势而出本身就是一种“分寸”，而且这种“分寸”随着海湾战争结束后“泛伊斯兰主义”取代“泛阿拉伯主义”的乱局越发变得有意义。海湾战争彻底击碎了阿拉伯世界的统一梦想，但含义更为复杂的泛伊斯兰主义却渐成主流。结果，中东地区的非国家武装组织日益活跃，整个伊斯兰世界的力量构成也在不断变化，以色列的国家安全形势处于一种前所未有的复杂与微妙中，远没有看起来那样令人满意，而普通以色列人更是难以用语言来表达他们究竟是更安全了还是更危险了——以色列国防部和军队领导人以往那种“干就大干，要么不干”的态度，也已证明严重缺乏灵活性。于是以色列的政治精英转向企图主要靠政治手段来减少阿拉伯人发动突然进攻的机会，并且希望能减慢向全面战争的过渡。

“阿奇扎里特”重型装甲人员输送车车尾动力舱特写

为了加强防御态势，以色列军方在指导思想和技术方面都有了变化。在这种情况下，防御性色彩浓厚（表现为适度的车载火力）、战术灵活性甚佳（表现为主战坦克级别的装甲防护）而且形象良好（相对于坦克）的"阿奇扎里特"代表的那种"分寸"是不言而喻的。正是它的存在，表明以色列人摒弃了"军事技术的攻防优势将自动改变国家军事战略"的观念。这种观念认为，当军事技术有利于进攻时，国家就采取进攻战略；当军事技术有利于防御时，国家就采取防御战略。这种做法实际上是将军事技术的攻防优势变化与军事战略转型视为一种天然关系。然而，以色列人却认为有大量军事战略与军事技术不相符的现象在历史上一再发生，这些史实并不支持以上观念。事实上，在以色列的战争哲学中，战争与战斗的目的并不完全是等同的。战斗的目的可能就是消灭敌军，但这并不是必然的，战斗的目的也可能完全是别的东西。既然打垮敌人不是达到政治目的的唯一手段，还有其他对象可以作为战争中追求的目标，那么不言而喻，这些对象就可以成为某些军事行动所追求的目的，从而也可以成为战斗的目的。在这种情况下，"阿奇扎里特"这类"有分寸"的军事技术装备，其意义也就首先体现在政治层面，或者也可视为政治投射在军事领域的一个风向标。

以色列人之所以用美国通用动力公司650马力的8V-71TTA 8缸水冷二冲程柴油机与艾利逊XTG-411-4传动系统替换原先的苏式动力包（或"蒂朗"4/5的升级版动力包），有着多方面的考虑

"阿奇扎里特"显然算不上是什么高技术装备，其"分寸"恰恰体现在技术与战术的取舍间。要知道，优越的军事力量在面对一个"灵巧型对手"时往往具有局限性，后者若能找到有效对策，很可能使战争变成充满不确定性、混乱和人类弱点的血腥之战。在这种情况下，用无限的暴力歼灭敌人来达到目的显然已经无法行通——这与以色列奉行的战争哲学乃至国家目的是背道而驰的。以色列奉行的战争哲学始终坚持这样一个原则，既完全合乎理性地制定战略，又在执行战略时实事求是地评估当时的国际环境，准确地判断潜在对手的能力和倾向，依据一个基本前提，即军事力量的积聚和使用是否合理必须由可以展示的政治裨益证明，同时决不使国家资源背上过重的负担。换句话说，在其他国家的军事哲学中，在战争理论中主张节制

或者使用一种不使敌人丧命的武力都是荒诞不经的，但在以色列的军事哲学中却是未必。以色列人认为，在1982年的“黎巴嫩战争”过后，阿以双方陷于根深蒂固的敌意而不能自拔的说法其实只是一种不能说破的政治伎俩，真实情况是，阿拉伯人对以色列的敌意开始松动，这也促使以色列采取了减弱敌意的态度和政策，所以随着国际环境的变化，施加“无限武力”在国际关系中的地位已经减弱，靠不加节制的武力可以得到的好处正在减少，而代价可能提高了。这些代价有：政治上受到世界舆论的谴责、对外国统治敏感的第三世界国家的敌视、国内的政治动乱和经济失调，以及如果有核战争危险的话，本国将遭到实际上的毁灭。

“阿奇扎里特”车尾底部拖钩特写

于是，进攻型的以色列军事力量必须转型，这样一来，就必然要涉及如何在技术与战术间进行取舍的问题。就技术而言，现代战争的经验教训之一是，只靠技术并不能赢得战斗或战争。面对现代化的武器，为了生存，必须拥有在技术上可与对方抗衡的某些兵器。因此，技术是不能忽视的。但是除非对方不能做出反应，否则，单靠技术任何一方都不能取胜。在战斗中，战术仍然是主要因素。技术装备落后但战术使用得当的一方能打赢，而装备先进的一方若战术使用不当则将失败。在这种情况下，如果能够将战术与技术进行紧密结合，那么很可能要比单纯强调技术的高技术装备更能适应复杂的战场情况。从这个角度来看，“阿奇扎里特”很显然是一个在技术与战术的取舍间极有“分寸”的技术装备——旧式的苏式坦克底盘与先进的美国发动机、厚重的装甲与薄弱得可怜的火力，处处矛盾却又处处调和——这一切突出的显然是战术的实用性，而非技术的推动性。可以说，由于克服了最初的缺乏准备，加上随着时间的推移更充分地利用了创造力和资源，“阿奇扎里特”在技术与战术间的这种“分寸”和“节制”掌握得恰到好处，它的出现实际上代表着以色列人开始在连绵不断的低强度战争中掌握了某种规律，从而得以将一些资源和创造力从过去进行着的自导式主动行动中解放出来，以支持由新威胁引起的防御反应。

大开后门的“阿奇扎里特”重型装甲人员输送车

从经济角度考虑，“阿奇扎里特”不寻常的底盘来源便是一种“分寸”，当然也可以将这种“分寸”理解为一种“精明”，但这种“精明”的内涵却是十分复杂而深邃的。首先来讲，战争对经济具有破坏性，规模越大，破坏性越强，这是不言而喻的。故《司马法》言：国虽大，好战必亡。《孙子兵法》亦言：夫兵久而国利者，未之有也。这些著名论断无不说明战争对经济的破坏性，乃至对国家的危害性。况且几千年来，犹太人在漂泊流离的生活中一直过着逆境中的生活。在这漫长的日子里，一方面他们把逆境视若寻常事，任凭风吹浪打，而且在这个过程中学会了忍耐和等待，坚信一切很快就会过去，学会了如何在逆境中生存发展，另一方面，他们把逆境看作一种人生挑战，发挥自身潜在的能力，精神抖擞地在逆境中崛起。也正因为如此，在经历了千辛万苦的“复国”之后，虽然以色列在战场上屡战屡胜，似乎掌握着对阿拉伯世界的军事主动权，但正所谓“居安而思危”，深知自己家底的犹太人一直在用做生意的思维来经营着不多的军事资源，始终如履薄冰，不敢有丝毫挥霍。

从经济角度考虑，“阿奇扎里特”不寻常的底盘来源更是一种“分寸”，当然也可以将这种“分寸”理解为一种“精明”，但这种“精明”的内涵却是十分复杂而深邃的

独特的犹太文化造就了独特的犹太式战争哲学，在这种战争哲学中，战争成本与伤亡数字一样敏感，而战争成本从某种意义来说就是钱的问题。犹太人似乎与钱有不解之缘。但实际上，犹太人善于理财完全在于犹太人对钱有着与众不同的认知。由于犹太人的历史境遇，钱在他们的生活中成为一种独特的文化指令，从而影响和决定了犹太人对钱的实际行为。作为商业民族，犹太人具有一系列有别于其他民族的商业观念。形成了一种对钱的不同寻常的理解。通常情况下，钱被视为一种决定生活水平高低的物质力量，但在犹太人眼中，钱常常更决定着生活的本质——即生存和生活的权利，也就是说，犹太人往往视钱为“生命的一种根本性的保障力量”。在漫长的流散过程中，犹太人作为外来者无时无刻不在寻求和争取生存的权利——包括物质生活的权利和精神信仰的权利。没有钱，犹太人在敌人面前就没有任何护身之物。

于是在 1948 年复国之后，犹太人很自然地会把这种关于钱的智慧和谋略运用到战争中。更何况，以色列还有一支全民军队。穿着便服的将军们占据着政府部门和整个经济中的所有关键位置，这使世界上恐怕没有第二支军队比以色列国防军更清楚这样一个事实——军事力量与经济力量不是同义词，虽然后者是前者的必要条件之一。经济力量反映在制造业产品的数量上，无论它是否充分利用了国家可用的资源，而军事力量同消费货物与资本货物产量之间的分配具有更密切的关系。结果，你很难说得清以色列人究竟是不是因为“打得一手好算盘”才“无师自通”地学会了打仗，同理，你也很难说得清，将缴获自对手的坦克改造成“阿奇扎里特”这样的事情是否还会发生在其他民族身上。一个广为流传的故事可能很能说明这个问题。

由于备件消耗问题，部分后期型“阿奇扎里特”换装了“百人队长”的负重轮

有位非常富有的犹太人走进一家银行。“先生，您有什么事情需要我们效劳吗？”贷款部营业员一边小心翼翼地问，一边打量着来者身上的穿着：名贵的西服，高档的皮鞋，昂贵的手表，还有镶宝石的领带夹子。“我想借点钱”。“完全可以，您想借多少呢？”“1 美元”。“只借 1 美元？”贷款部的营业员感到非常吃惊。“我只需 1 美元。可以吗？”贷款部营业员的心中立即有了另一种念头，这人穿戴如此豪阔，为什么只借 1 美元呢？他是在试探我们的工

作质量和服务效率吧。于是便装出高兴的样子说：“当然，只要有担保，无论借多少，我们都可以照办。”“好吧。”犹太人从豪华的皮包里取出一大堆股票、债券等放在柜台上。“这些做担保可以吗？”营业员点过之后，“先生，总共 50 万美元，做担保足够了，不过先生，你真的只借 1 美元吗？”“是的，我只需要 1 美元。有问题吗？”“好吧，请办理手续，年息为 6%，只要您付出 6% 的利息，且在一年后归还贷款，我们就把这些作保的股票和证券还给您。”犹太富豪走后，一直在一边旁观的银行经理怎么也搞不清楚，一个拥有 50 万美元的人，怎么会跑到银行来借 1 美元呢？于是，他立即追了上去：“先生，对不起，能问你一个问题吗？”“当然可以。”“我是这家银行的经理，我实在不清楚，您拥有 50 万元的家当，为什么只借 1 美元呢？您若要借 30 万元、40 万元，我们也会乐意为您服务的。”“好吧！我不妨把实情告诉你。我来这里办一件事，随身携带这些票券很不方便，便问过几家金库，要租他们的保险箱，但租金却都很昂贵。所以，我就到贵行将这些东西以担保的形式寄存了，由你们替我保管，况且利息很便宜，存一年才不过 6 美分。”经理茅塞顿开，非常钦佩这位先生精明的做法。

作为常规军事力量转型的一个标志物，“阿奇扎里特”这样防御色彩浓重的装甲战斗车辆之所以能够出现，与以色列在核威慑力量上取得的成就密不可分

事实上，在犹太人看来，这个世界已经准备好了一切资源，你需要做的仅仅是把它们搜集起来，并让智慧把它们有机地组合起来。做生意如此，打仗亦然。如果将这种犹太人成功的经商思维用于战争，那么选择深度利用战利品这一特别的军事资源也就变得顺理成章了——这正是在仔细衡量了战争目的与国家资源之后进行的理智选择。可以说，“阿奇扎里特”所代表的是一种“堂堂正正的犹太式精明”。犹太人在生意上极其认真仔细，一分一厘的利润他们都会算得非常清楚。但与许多商人不同的是，犹太商人不会羞于斤斤计较。他们认为，该赚取的利润绝不放手。他们不仅善于计较，而且又能迅速地计算出结果。这两者合起来，正是犹太人精明之处，也是他们做生意的诀窍。在犹太人的心目中，精明似乎也是一种自在之物，精明可以以“为精明而精明”的形式存在。犹太人不但极为欣赏和器重推崇精明，而且还堂堂正正地欣赏、器重、推崇精明，他们对钱的态度是如此，对战争的态度亦然——于是，作为人类战争史上的奇观之一，由缴获的战利品改造而来的制式装备“阿奇扎里特”重型装甲人员输送车

便这样出现了。

独特的尾部通道是“阿奇扎里特”设计上最为引人注目的亮点之一

最后需要指出的是，作为常规军事力量转型的一个标志物，“阿奇扎里特”这样防御色彩浓重的装甲战斗车辆之所以能够出现，与以色列在核威慑力量上取得的成就密不可分——一面强有力的核盾牌是以色列军事力量得以由以往的“借故开战，主动进攻”向“保障和平，积极防御”大方向进行转型的根本保障。以色列的核计划起步很早，到 1968 年底，以色列每年可以生产 4 ~ 5 枚核弹头，从此走向全面生产核武器之路。20 世纪 70 年代初，以色列开始制造尽可能多的核弹。据以色列政府前官员透露，至 1973 年，以色列核武器库中的弹头至少有 20 枚。迪莫纳中心在 20 世纪 70 年代末已经解决核武器小型化的许多基本问题。1979 年 9 月，美国“船帆座”卫星在南大西洋上空发现两次神秘的爆炸闪光。当时专家认为，这是以色列和南非联合进行的核爆试验，但后来美国调查小组称是流星撞击卫星。以色列一些前政府官员透露，这次试验的弹头是以色列国防军使用的一种低当量核炮弹。至此，以色列的核设施虽然规模不大，但具备了有限的实战性。1986年10月5日，英国《星期日泰晤士报》头版发表文章《昭然若揭——以色列核武库揭秘》和数十张照片，更是直接披露了以色列的核秘密，称以色列约有100枚核武器，还拥有再制造100枚核弹的钚。出逃的以色列核科学家瓦努努还透露了以色列核弹头体积和投掷系统的具体资料。美国人因此确信，以色列能精确地投掷核弹头。

以色列的核武器无法威慑和遏止巴勒斯坦自杀性人体炸弹的袭击，也阻止不了黎巴嫩真主党对以色列的火箭袭击，而驾驶着重型装甲车的以色列士兵却能够将代表“国家意志”的报复切切实实地施加到敌人的肉体上

需要注意的是，以色列在大力发展核武器的同时，也在不惜一切代价阻止周边阿拉伯国家和海湾国家拥有核武器，旨在谋求和保持以核武器为后盾的单边战略优势，防止这些国家对以色列构成核威胁。1968年伊拉克萨达姆政权上台后，开始推进核计划。以色列对此非常不安。1977年以色列总理贝京执政后，对伊拉克实行强硬政策，绝对不允许伊拉克有核能力。此后，以色列展开了一连串针对阿拉伯国家核设施的行动，比如，1981年6月7日，以色列空军战斗轰炸机通过长途奔袭炸毁了伊拉克首都巴格达以南30公里的奥西拉克核反应堆，沉重地打击了伊拉克发展核武器的计划。在以军事手段直接摧毁阿拉伯国家“核潜力”的同时，以色列还利用一切可能的政治手段对阿拉伯世界乃至整个伊斯兰世界的“核努力”施压——伊朗核问题的背后就有以色列的影子。结果，迄今为止，以色列仍是中东地区唯一事实上拥有核武器

的国家，这使它在与阿拉伯国家和伊斯兰国家的对峙中既掌握常规军力优势（但这种所谓的优势其实是脆弱的，1973 年的战争在某种程度上表明了这一点），又持有单方面核优势的王牌。以色列正是靠这种核威慑保证了国家生存安全，使其包括装甲部队在内的常规力量成为一种低成本的“象征物”。不过，即便是“象征物”，作为以色列常规力量的核心，装甲部队的作用仍然是不可替代的，毕竟在国境线的模糊地带以色列的核武器无法威慑和遏止巴勒斯坦自杀性人体炸弹的袭击，也阻止不了黎巴嫩真主党对以色列的火箭袭击，而驾驶着重型装甲车的以色列士兵却能够将代表“国家意志”的报复切切实实地施加到敌人的肉体上——在这类行动中，有“分寸”的“阿奇扎里特”表现尤其令人满意。

“阿奇扎里特”的设计者们充分利用了“自身”亲历的宝贵战斗经验，当系统的战术要求被牢固、合理地确定后，才对可用的技术进行了分析和选择

在任何关于步兵战车战术要求与可选技术的讨论中，对战术和技术关系的充分理解是十分重要的。虽然在技术装备的研制规律中，全新的技术促进战术的发展，战术也推动了技术的进步，但在多数情况下，战术要求却是推进步兵战车发展进程的主因，技术只是在战术要求下被选择的对象。事实上，在当今和未来的可能作战环境下，关于步兵战车的战术用途应进行比平时更为深入的讨论。没有对步兵战车功能、角色的理解，就不能得出正确的技术要求。而“阿奇扎里特”重型装甲人员输送车的价值恰恰在于，它从一开始就确立了战术要求而非技术要求的突出地位，这使设计得以排除了各种技术的“诱惑”，在一个坚定的理性化方向上推进。当然，一旦战术在步兵战车发展中的相对首要地位被确认，下一个问题就涉及如何区分有充分根据的战术要求和没有根据的战术要求。虽然这是一个难以解决的问题，但“阿奇扎里特”的设计人员却认为在战斗中发展起来的战术要求比在和平时期形成的更具合理性（如果通过战斗实践来发展战术要求是不可行的，那么由具有战斗经验的组织或个人在和平时期提出的要求就可能是最佳的）。也正因为如此，在确定系统性能要求时，“阿奇扎里特”的设计者们充分利用了“自身”亲历的宝贵战斗经验，当系统的战术要求被牢固、合理地确定后，才对可用的技术

进行了分析和选择。这个过程的结果便是人类装甲战斗车辆发展史上最不可思议的产物之一，“阿奇扎里特”——利用战利品坦克底盘发展而来的，世界上最有生存力优势和最具作战灵活性潜力的新概念重型装甲人员输送车。

“阿奇扎里特”重型装甲人员输送车的价值恰恰在于，它从一开始就确立了战术要求而非技术要求的突出地位，这使设计得以排除了各种技术的“诱惑”，在一个坚定的理性化方向上推进

第 9 章

红伞兵突击——苏联伞兵突击炮的研发历程

艺术家笔下的 ASU-85 伞兵突击炮

虽然大纵深理论强调空降兵的大规模使用，但在苏德战争的一系列史诗性会战中，红军数量庞大的空降兵并没能得到成功运用，更多只是作为精锐步兵被投入作战，这不免令人感到遗憾乃至不解。其实，这种情况虽然有东线战场环境方面的原因，但更多还是出于无奈：红军空降兵部队缺少重武器，独立作战能力有限，以致在战争中难当大任。不过，战火中生存下来的红军毕竟是善于学习的，这种尴尬的局面在战后得到了迅速改观——以 ASU-85 伞兵突击炮为代表的一系列技术装备表明了红军重建空降兵的决心与努力。

9.1 背景

按照西方的标准，在国内战争中建立起来的红军（PKKA）是一支十分原始的军队，它编制庞大、装备低劣，缺乏学院化的军事理论。不过，虽然苏联作为一个新生政权，一切都是从零起步的，军队建设也是如此，但以图哈切夫斯基为代表的一部分苏联红军高级将领却受过良好的高等军事教育，许多人参加过第一次世界大战和大战后的国内战争。常年的征战使这些掌握系统军事科学知识的将领积累了丰富的战斗经验，为苏军军事思想的发展奠定了基础。另外，每个时代都有属于自己时代的战争样式，20 世纪 20 年代正是传统战争样式向机械化战争过渡的敏感时代，因此在苏联红军的新军事理论体系中，坦克与飞机两种机械化战争的主要元素占有支配性地位，是其理论得以实施的灵魂与核心所在，原因是这两种武器分别代表着一个大纵深作战可能的实现途径。由于这个深层原因，在图哈切夫斯基的蓝图中，作为实施纵深作战的重要力量，红军空降兵担负着配合快速集群将战术胜利发展为战役胜利的重要使命——这是与其他国家空降兵有本质不同的一点。因此，自这个兵种组建伊始，红军领导层为提高其战斗力所做的种种努力便随之展开，其中出现了一些非常有益的大胆尝试。

携带武器/弹药空投吊舱的苏联空军P-5双翼战斗机

用于实施快速机降作战的人员吊舱

P-5双翼战斗机机翼下的轻型摩托车（红军加强伞兵部队战斗力的最初尝试是从这类“小打小闹”开始的）

TB-1 4M-17 1928 年型

TB-3 4M-34 FRN 1937 年型（TB-1 与 TB-3 是 1930 年～ 1940 年红伞兵部队的主要载机）

悬挂于 TB-1 重型轰炸机机腹挂架的 1913 年型 76.2mm 野战炮

由 TB-1 实施空投中的 1913 年型 76.2mm 野战炮

由于技术条件有限，各国在最初发展空降部队时大都受到缺少重型装备的困扰，苏联红军自然也不例外。所以早在 1927 年为适应空降部队的需求，一些刚刚出厂的 TB-1 重型轰炸机便被改装为特种载机，后来当更大更强的 4 引擎 TB-3 出现后，又有一批 TB-3 进行了类似的改装（根据资料这批接受改装的 TB-3 数量约在 60 ～ 80 架之间，型号既包括初期型的 TB-3 4M-17F 也包括后期型的 TB-3 4AM-34FRN）。这批在当时各国绝无仅有的大型载机成为红军空降兵部队初创时期的宝贵财富。从 1928 年到 1934 年间，红军空降兵部队利用手中规模相当可观的 TB-1/3 机群进行了大量试验。最初，空降兵部队仅仅将摩托车、轻型汽车或中小口径野战炮之类的装备挂在了 TB-3 的挂架下，在试验取得初步成果后，包括 GAZ-AA 中型卡车、T-27、T-37 轻型坦克在内的重型装备也相继出现在空降试验场。

悬挂于 TB-3 4M-17F 重型轰炸机机腹的 T-41 水陆坦克

准备由 TB-3 实施空投试验的 T-27 超轻型坦克

大胆的尝试很快结出了硕果，在 1935 年的基辅大演习中，红军空降兵部队成了最耀眼的明星。1935 年，为试验大纵深进攻作战所需各军兵种间的协同，图哈切夫斯基在基辅军区举行了一次集团军级演习，其主要目的之一便是研究在复杂战役情况下的空降兵运用。演习在基辅军区司令员一级集团军指挥员I.E.亚基尔的指导下进行，同时密切关注这次演习的还有许多领导人，国防人民委员伏罗希洛夫、骑兵总监布琼尼、副国防人民委员加马尔尼克、副国防人民委员图哈切夫斯基，还有总参谋长叶戈罗夫都在名单上。演习的预案是：一个步兵军在加强1个坦克营和最高统帅部预备队炮兵之后突破敌人的严密防守，然后再投入1个骑兵军和1个机械化军发展已达成的突破，同时还发动一场大规模的空降兵突击战支援地面突破力量合围并歼灭敌人。空降突击力量包括2个伞降团（1188人）、2个机降步兵团（1765人，乘坐滑翔机），以及作为支援力量的一个伞降装甲车连与一个伞降炮兵连（6辆D-8装甲车，9门F-10式1902/30型76.2mm野战炮）。他们将在基辅东北的布罗瓦雷空降，肃清登陆场后强渡第聂伯河，阻止东部敌军增援部队的推进，配合担任地面进攻任务的骑兵军和步兵军的部队从西面进攻基辅城区。伞降梯队的1000多人从280公里外的基地起飞，同时实施伞降后为后续部队肃清登陆场，作为主力的2个步兵团在成功机降后将与2个伞兵团一道完成上级赋予的作战任务。1935年9月14日在距基辅不远的布罗瓦勒地区举行了人类史上空前规模的空降。经过加强的空降兵第3旅的4个特种营，共1188人在1小时50分钟内实施了武装伞降，攻占了机场，随后由步兵第59师的第43、90两个团1766人以及包括坦克、火炮在内的重装备顺利通过机场机降。这次空降演习震惊了世界，特别是从天而降的火炮装甲车给人们留下了极为深刻的印象，作为演习特邀观察员的英国将军乌埃维尔表示："假如我本身不是这次演习的目击者，我到任何时候也根本不会相信这样的举动竟然是真的。"法国将军卢阿佐则说："我认为，我在基辅附近所看到的大规模军队伞降是世界上史无前例的事实。"

1935 年基辅大演习中令人震惊的一幕——由一架 TB-3 4M-17F 重型轰炸机空投至水面的一辆 T-37 水陆坦克（载员状态）（早在 1935 年之前，苏军便利用 TB-1 和 TB-3 轰炸机进行了大量轻型坦克的空运、空投试验，甚至成功地将 T-37 坦克空投到水面上，以便能以较短的时间投入战斗）

准备由 TB-3 4M-17 特种载机携带实施伞降作战的 D-8 轻型装甲车

准备由 TB-3 实施空投的轻型卡车

即将落地的轻型卡车

不过，虽然基辅大演习在空降兵的使用方面积累了大量成功经验，从天而降的装甲车和大炮更是在全世界面前出尽了风头，但个中的真相却只有苏联人自己才清楚。众所周知，在使用伞降方式时，无论是伞兵还是伞降技术装备，从空中缓缓飘落到地面的过程需要很长时间，处于被动挨打状态，容易造成伤亡，人员装备落地时的完好率也低。即便平安着陆，也会因为降落地点分散难以快速集结形成战斗力。再加上伞兵还必须卸除降落伞、寻找分开投放的武器装备，花费的时间相当长，容易贻误战机，使得本来就实力堪忧的伞兵战斗力大打折扣。基辅大演习中，红军空降兵暴露出的这类问题其实并不少，只是伞兵本来就是新生事物，需要花大本钱的重装伞兵更是只有苏联一家在搞，再加上宏大的场面实在耀人眼眶，包括很多西方军事观察员在内的职业军人们一时间只是看了个眼花缭乱。不过，这并不等于没有人能看出破绽。1936 年 9 月，一批德国军官以观察员的身份参观了苏联红军在明斯克附近举行的另一次空降作战演习。苏军在这次演习中利用 TB-3 重型轰炸机运载了 1500 名伞兵进行空降，还在其炸弹舱挂载大量卡车和轻型装甲车一同进行伞降。整个空降演习给德国军官们留下了深刻印象，其中正包括了日后的德军空降部队司令库特•斯徒登特（Kurt Student）将军。尽管当时德军自己的伞兵部队还处于摸索阶段，但斯徒登特将军却敏锐地注意到，红军的伞降重型装备与其说是用于作战，不如说是用于“作秀”，在伞降的 18 辆装甲车 / 卡车中竟有 11 辆倾覆或损坏，另有 1 辆直至观摩结束也没被伞兵找到，也就是说接近 72% 的重装备在空投后就直接成了一堆毫无用处的废铁，更何况这还是处于没有敌人火力干扰的“理想状态”，再加上此种方式重型装备的重量级别也要受到很大限制，即便侥幸在落地后尚能使用，能否有效与敌方同类装备抗衡还是个未知数。显然，以伞降方式空投重型装备的实战价值着实令人怀疑。

进行空降作战训练的 TB-3（苏联空军十分重视对伞兵这一新兴兵种的建设，在 1935 年之前，列宁格勒、基辅以及白俄罗斯军区分别组建了自己的伞兵旅，主要装备了 TB-3 与 R-5 两种飞机用于人员及装备运输。随着 TB-3 数量的增加，苏联伞兵部队的作战能力也在不断提高，以白俄罗斯军区为例，在 1934 年的演习中，该军区伞兵部队一次可空投 900 名伞兵及其装备，而到了 1935 年，这一数字就变为了 1800 名。）

受制于技术原因，在 20 世纪 30 年代末红军空降兵部队的实际情况与纵深战斗原则的要求相距甚远。一些目光敏锐的红军将领当然察觉到了这个问题，新一轮的试验摸索正在酝酿之中，其中的重点便是提高伞兵的机械化程度——为此，红军机械与装甲车辆管理局 (Automotive and Armoured Vehicle Administration) 甚至联手图波列夫设计局对“飞行坦克”

展开了试验（尽管在早期试验中空投的装甲车多半严重受损，但苏联却歪打正着地发现挂装装甲车的轰炸机整体阻力较小，飞行性能稳定。受此启发，苏联军方希望装备一种可由大型运输机牵引能在空中滑翔的飞行坦克）。可惜在不久后的大清洗中，主管红军现代化建设的图哈切夫斯基被指控为西方资产阶级混进工农红军的代表，从年轻有为的国内战争英雄成了“祖国的叛徒、卖国贼和帝国主义的间谍”——“其搞军队机械化改革的实质是破坏红军建设”。结果意识形态斗争严重阻碍了红军正常的建设，红军空降兵建设的最有力推动者、纵深战斗理论之父、红军最早的五元帅之一图哈切夫斯基惨遭处决（差不多同时遭到处决的还有苏联空军杰出的领导者阿利克斯尼其以及图哈切夫斯基的坚定支持者、主管机械化装备研制的红军机械与装甲车辆管理局局长哈列普斯基），包括空降兵在内的红军现代化建设一下子陷入了停顿。

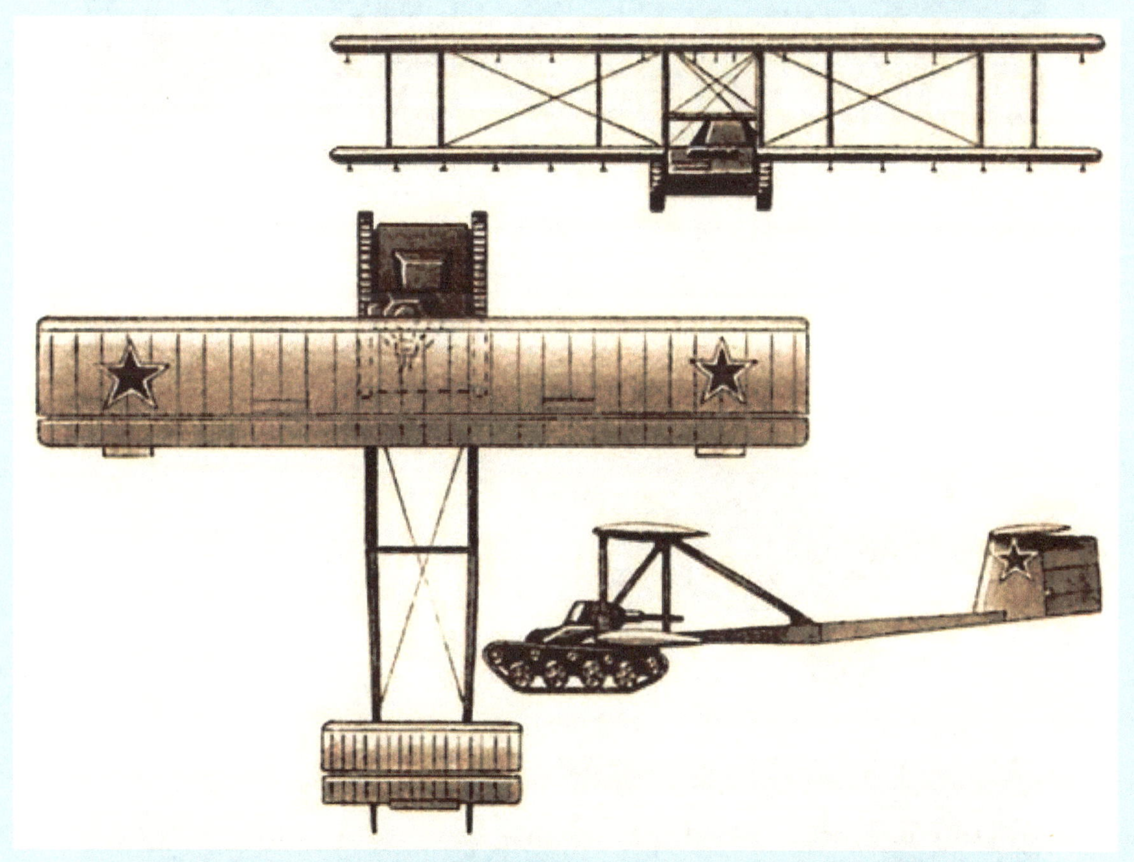

苏联KT-40型飞行坦克（飞行坦克的实际设计工作由图波列夫设计局负责，设计意图是在1辆T-60轻型坦克上加装机翼、尾翼和机尾，组成一架滑翔机。1940年，一辆样车完成，被定型为“KT-40型飞行坦克”，KT是俄语“有机翼坦克”的缩写。KT-40在空中滑翔时的操控方式极为特殊：炮管转向后方，与机翼、副翼以及尾翼的方向舵相连，通过炮塔的转动控制方向舵，炮管的上下摆动控制副翼。KT-40像滑翔机一样由牵引机牵引到目标上空后松开牵引索，滑翔着陆。着陆前，KT-40的发动机将驱动履带高速转动，以便安全地接触地面；着陆后，车组成员拆除机翼和机尾，使KT-40恢复T-60轻型坦克的本来面目，迅速投入地面战斗。苏联军方成功地试飞了一个同比例木质模型，但样车却无法飞离地面。此后，KT-40的研制工作被画上句号，没有进一步投入量产）

滑翔中的KT-40飞行坦克模型（KT-40飞行坦克放弃了一贯的坦克必须利用滑翔机或运输机运载的方式，直接用自身结构进行滑翔，是一项极具创新性的设计。但其结构和重心都具有难以克服的问题，尤其是不合乎空气动力学原理。因而最终只能是“天马行空”）

以BT-5为基础的飞行坦克设想（飞跃哈德良长城！）

受大清洗的严重干扰，本来已经初见起色的红军空降兵机械化进程被迫中断，结果当战争在1941年6月22日到来时，红军空降兵只能作为精锐轻步兵投入与法西斯的殊死战斗，但在严重缺少重型装备、基本没有摩托化机动能力的情况下，这样的战斗注定是悲壮的。苏联红军从遭遇纳粹德国突然袭击的第二个月起，便不断地将空降兵投入不断扩大的德军占领区之中，他们的使命是用自己的血肉之躯迟滞德国装甲部队的前进，掩护溃不成军的地面部队、国防军工系统以及政府机关的战略撤退，以自身的牺牲为最高统帅部换来宝贵的缓冲时间。此后作为“救火队”，幸存下来的空降兵开始在各条战线上疲于奔命，从乌克兰平原到高加索山脉都能看到红军伞兵的身影，哪里战事最为吃紧，这些红军中最优秀的小伙子们就会出现在哪里。事实上，在决定命运的库尔斯克战役之中，正是苏联近卫空降兵第4师火线驰援波内里，最终将这个铁路枢纽变成了“库尔斯克的斯大林格勒”，摧毁了包括“菲迪南德”重型坦克歼击车在内的数百辆装甲战车，最终折断了库尔斯克北部战线德国将军莫德尔的进攻矛头，但近卫空降兵第4师自身也在这场恶战中消耗殆尽。库尔斯克战役后，红军空降部队的命运并没有因为战略主动权的易手而有所改变。由于缺少重型装备与火力支援武器，即便在红军全面进入战略反攻的1944年，苏联伞兵所领到的也往往是有去无回的单程票。总而言之，无论是在维亚济马还是第聂伯河左岸，苏联伞兵部队由于组织、战术乃至装备上所存在的各种问题，虽然一再以旅级乃至师级规模投入战场，但在德国陆军地面部队的围攻下大都结局悲惨。当战争结束时，战前那支将近5万人的精锐空降兵部队已经不复存在，红军战斗序列中的伞兵番号实际上已与普通步兵部队没有太大区别。

“作风硬朗，装备落后，空有壮志，力不从心”，这短短的16个字可能是对红军伞兵在战争中的最好评价，但其中的辛酸与无奈却令人无可回避。事实上，红军伞兵们的勇猛顽强固然令人钦佩，但在战争中基本没能发挥应有的作用也是个不争的事实。一切问题的根源当然在于装备——空降兵落地后的火力与机动问题不解决，很难成为配合快速集群发展胜利的重要力量。于是，这个关键问题便成了战后红军空降兵建设的核心。

9.2 突击炮与红伞兵

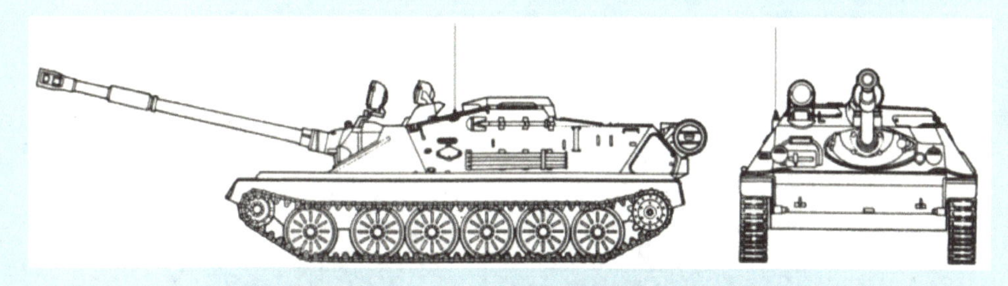

ASU-85伞兵突击炮（反坦克歼击车）两面图

技术决定战术，武器决定作战理论。由于空降兵在大纵深进攻理论中的特殊地位，而军事技术影响作战理论的基本途径正是通过战术兵器的改善和大量装备，因此当1946年红军统帅部开始重建空降兵时，莫斯科认为空降兵不应该只是一支仅装备少量重武器的轻步兵部队，而应该像陆军主力部队一样拥有自己的装甲战斗力量，以便在空降落地后能够具备抗衡敌方重装部队的足够实力，成为一支真正的战略进攻力量（1946年苏联军队以空降兵旅和部分步兵师为基础，重新组建空降兵部队。在40年代末，苏联军队便已拥有10个伞降师和机降师。与此同时，空降兵脱离空军建制，直属国防部，其间空降兵一度和陆军、海军、空军、国土防空军一起，并列为苏军的五大军种之一）。为了达到这个目的，也作为对战前浅尝即止的相关试验的延续，苏联军工系统在空降兵专用的装甲战斗车辆方面倾注了相当大的精力，其中，担负着反坦克任务的空降坦克歼击车是理所当然的重中之重。

按照苏联战后所形成的军事观点，军事行动的核心问题在于坦克——进攻时主要考虑坦克机械化集群的突破与穿插；防御时则主要考虑如何阻滞敌坦克机械化集群的进攻。这个核心问题并没有因核武器的出现而有根本性的动摇。而就空降兵作战方式的具体特点而言——“伞兵天生就是要被包围的”，因此伞兵们对火力支援武器，特别是自行反坦克炮的渴望也就可想而知了。事实上，早在莫斯科保卫战之中，红军最高统帅部便发现，作战中发挥作用最为巨大的是反坦克炮。反坦克炮用于两种情况，“在防御上，用于敌人已经突破防线并迅速前进，而我们要不惜代价加以阻止的时候。在进攻上，用于己方部队已突破敌之防线迅速推进，而敌对我翼侧发动攻击，以图造成我突击部队与后方隔断的时候。在这两种情况下，反坦克炮都必须将敌人坦克阻止在坚决不允许通过的预定线上”，空降兵部队的反坦克炮面临的压力自然更大。然而，由于当时大量装备的牵引式反坦克炮没有自行手段（牵引车在战斗中隐蔽在阵地后方），在敌人致命的炮火之下，一旦反坦克炮抵挡不住，牵引车想把炮拖离战斗是完全不可能的事情（更何况空降兵部队可能根本没有牵引车）。所以对炮手来说，当他们阻止敌人越过其固守的阵地时，只有两种选择，要么击退敌人的进攻，要么死亡，结果红军反坦克炮手的伤亡率令人触目惊心。这时，德军装备 75mm StuK 40 L/48 加农炮的 StuG 3 F/8 突击炮（实际上这种突击炮已经成功转型为反坦克歼击车）引起了苏联红军最高统帅部的注意——这种武器似乎完美地解决了红军反坦克炮部队缺乏自行手段及装甲防护能力的矛盾。再加上这种武器造价便宜，不需要制造炮塔以及一些其他的部件，而且更大的战斗室空间不但可以安装大威力的火炮，还可以增加其前部的装甲厚度。于是，在后方坦克工业的努力下，红军自己的无炮塔式突击炮 / 反坦克歼击车相继出现（SU-76、SU-85、SU-122、SU-152、SU-100），并在战争中发挥了无可替代的作用。

“德国的突击炮有时候比他们的坦克还难对付。”突击炮与反坦克歼击车的界限其实很难分得清，但这种武器在二战中给红军制造了大麻烦却是不争的事实。很多德国士兵用它获得过很好的战绩。其中在 1942 年 9 月斯大林格勒战役期间，第 244 突击炮营的一辆 StuG 3 F/8（由军士长库特·普弗瑞德纳指挥）在 20 分钟内摧毁了 9 辆红军坦克。1942 年 9 月 18 日，他因此被授予骑士十字勋章。第 667 突击炮营的骑士十字勋章获得者军士库特·克利策，1942 年 2 月在北部战线几天之内击毁了 30 辆红军坦克。而“大德意志”师突击炮营的营长，又一个骑士十字勋章获得者上尉彼得·弗朗茨，在 1943 年 3 月 14 日，在波瑞斯沃卡地区带领他的营一天内击毁了超过 4 辆 T-34/76 坦克。截至 1944 年初，德军突击炮手们击毁的坦克总数达到了令人难以置信的 2 万辆，而它本身的产量（包括各种变形车在内）到战争结束时也就大约 9500 辆。对于红军坦克车组而言，各种型号的德军突击炮大都是个非常危险的对手。

SU-85 坦克歼击车（1943 年 9 月，在强渡第聂伯河战役中首次使用了 SU-85。良好的性能使其在苏军中十分受欢迎。1944 年夏季攻势中，苏军装备 SU-85 的第 1021 自行火炮团摧毁了 100 多辆德军坦克。近卫第 1 坦克集团军的一名指挥官在报告中说：“新的坦克歼击车在整个战役中对我们的装甲部队进攻起到了关键性的作用，对敌军坦克构成了巨大的威胁。它们拥有良好的装甲防护，装备的火炮可以远距离杀伤目标。同时，新的坦克歼击车在防御中也表现出色。”）

1943 年 8 月生产的 SU-85 后期生产型（苏联一共制造了 2329 辆 SU-85 和 315 辆 SU-85M。除了苏联红军装备以外，波兰、捷克的部队也装备了 SU-85）

红军装甲力量中稳排第一位的坦克杀手——SU-100 坦克歼击车（1944 年夏天，苏联研制成功 100mm 口径 60 倍身管加农炮，立刻改进 SU-85，换装新式主炮，这就是著名的 SU-100 歼击坦克。SU-100 再次体现了苏联设计师的精明，包括发动机、底盘、悬挂、传动等 72% 的组件取自 T-34 坦克，4% 的组件取自 SU-122 自行火炮，7.5% 的组件取自 SU- 85，只有 16.5% 的组件是特制的。这种对生产设计的高度重视，令德国人望尘莫及。SU-100 的车体取自 SU-85，它的前装甲从 45mm 增加到 75mm，因为这个原因，它的第一对诱导轮超载，所以弹簧的直径增加到了 30 ～ 34mm，尽管如此，诱导轮依然超载。新的车长指挥塔安装在车顶，还装有 MK-IV 观测仪，另外还安装了一对通风器便于排出车内的浑浊气体）

突击炮对普通地面部队的意义尚且如此，那么对空降部队的价值也就可想而知了。更何况，无论是在无炮塔突击炮（反坦克歼击车）的研制还是使用，苏联军方都积累了丰富经验，对其中的精髓自然深知。事实上，站在设计师的角度，在技术水平没有大的突破之前，硬闯蛮干绝对不是解决问题的良方，为了能够将大口径火炮装在尽可能轻的底盘上，并保证一定的装甲防护性能，无炮塔设计显然是走轻型重火力路线的伞兵突击炮的最佳选择。而从使用者的角度来看，他们需要一件几乎全能的重型装备。由于伞兵自身的兵种特点（当然对苏军而言，空降兵是军种而不是兵种），突击炮在陆军机械化部队中仅仅是作为坦克及反装甲力量不足的一种补充，而伞兵则不然，他们手中的突击炮必须既要充当反坦克火力的核心，也要充当步兵支援火炮的角色，为前线步兵提供有力、及时的直瞄火力，在必要时甚至还要客串间瞄火炮的角色。事实上，无炮塔布局的突击炮虽然存在一定的局限，但装甲防护适中、外形低矮、火力性能超前（无炮塔布局决定了同样使用 D-10S 100mm 炮、底盘完全一致的 SU-100 能够成为战争中最成功的反坦克歼击车，而 T-34/100 却只能在昙花一现后被人遗忘），最重要的是战斗全重完全能够被控制在伞降标准之内，所以这种设计对空降部队是十分理想的——于是，战后这种布局被用于空降战车便成了顺理成章的事情。

9.3 从 ASU-76 到 ASU-57

早在战火硝烟刚刚散去的 1946 年，借助重建空降兵的东风，目光敏锐的 OKB-40 设计局便推出了一系列采用无炮塔布局的轻型突击炮，不过这个伞兵突击炮家族的开端，现在已经被人遗忘了——ASU-76 在今天只是一个在旧纸堆里才能找到的生僻编号。

ASU-76 伞兵突击炮的亮点在于搭载的 Д-56T 76mm 42 倍径坦克炮（Д-56T 式火炮，身管长为 42 倍口径，炮全长 3.455m，炮重 1150kg，安装液气式反后坐装置。该炮最大射速为 6 ~ 8 发 /min，最大射程为 12000 ~ 13290m，可以发射曳光穿甲弹、破甲弹、曳光穿甲燃烧弹、曳光超速穿甲弹和榴弹等多种弹药。该坦克最初的生产车型安装带多室炮口制退器的 Д-56T 火炮，但最常见的则是安装带双室炮口制退器、具有两排气口朝向炮口的 Д-56T 火炮。该炮采用半自动立楔式炮闩、液压缓冲器和液气复进装置）

按照战后的标准，最先走下绘图板的 ASU-76 是一种非常小巧的无炮塔式超轻型装甲战车，动力传动装置前置（其 M-20E 型 4 缸水冷汽油发动机取自民用卡车），采用扭杆式悬挂系统，每侧 4 个负重轮、2 个托带轮，主动轮前置，诱导轮由最后一个负重轮兼任（这种紧凑设计有效地将车体长度控制在了 5.1m）。同时，由于广泛采用铝合金材料，再加上乘员只有 3 人，其战斗全重仅仅 6t 左右。虽然整体结构不算复杂，但为了能够将在战争中广受赞誉的 ZIS-3

76.2mm 反坦克炮置于如此单薄的车体上（事实上，无炮塔突击炮 / 反坦克歼击车总是能够安装比同底盘坦克口径更大的火炮），OKB-40 设计局的工程师们花了不少心思，比如缩短身管长度，加装炮口制退器，将高低机与方向机进行一体化设计。在一系列措施中，最重要的则是战斗室采用了开顶固定式结构，目的当然是以最简单的方式去解决庞大的（相对而言）ZIS-3 76.2mm 反坦克炮与狭小车内空间的尖锐矛盾（克虏伯军工集团火炮分公司首席工程师，沃尔夫教授在他的日记里这样写道："总的来说，德国火炮比除了苏联以外任何国家造的火炮都要好。在二战期间，我测试过许多缴获的火炮，英国和法国的炮不如我们德国的。但 ZIS-3 不同，它确实是二战中最好的火炮。毫不夸张地讲，我断言这种炮将在世界火炮史中留下重要的一页。"斯大林在看过 ZIS-3 后说："这门炮是一代杰作！"）。

德第 23 SS 尼德兰第一志愿装甲掷弹兵师装备的战利品 SU-76M

ASU-76 样车侧视图

陈列于库宾卡坦克博物馆的 ASU-76 伞兵突击炮

然而在硬币的另一面，如此设计也就意味着 ASU-76 没能脱离 SU-76 这类应急之作的框架，将其视为超轻型化的 SU-76 并不为过。如果说 SU-76 的开放式结构在战时是一个能被容忍的缺陷（甚至还是一个值得赞赏的优点，极为简化的结构大幅降低了生产工时），那么在战后这种设计则毫无可取之处——仅仅“在核战争条件下，开放式战斗室结构完全不具备三防能力”一条便成了其设计的致命伤。虽然后来实际生产出的 ASU-76 样车以更新型的 Д-56T 式 76.2mm 坦克炮取代了 ZIS-3——Д-56T 式 76.2mm 坦克炮安装了先进的液气式反后坐装置，结构远比 ZIS-3 紧凑——但 ASU-76 的整体布局却未做过多变更，特别是开放式战斗室结构仍然得到了保留，这就为以后的发展留下了隐患。事实上，早在战争后期的巷战中，SU-76 就因为薄弱的装甲以及敞开式车顶损失惨重，并受到红军战士“Suka”（意思是母狗）的恶评。不过令人大跌眼镜的是，ASU-76 最后被否定的原因却并不在此——试验中 Д-56T 76mm 坦克炮超出了底盘的承受能力，苏联军方未对其开放式设计做过多评价便将其打入冷宫。不过 OKB-40 设计局的应变能力却出人意料，“既然 ASU-76 的问题出在 Д-56T 76mm 坦克炮上”（至少 OKB-40 设计局这么认为），那么就抱着头痛医头脚痛医脚的态度，OKB-40 迅速抛出了一些直线性的改进方案，后来这些方案被统一称为“115 工程”。

1942 年冬德国国防军第 5 装甲师装备的 T-60 轻型坦克（战利品）

115 工程 1 号样车（由 T-60 轻型坦克底盘与 E-2 1938 年型 76.2mm 山炮改进而来）

115 工程 2 号样车（已经比较接近后来的 ASU-57）

最先出现的 115 工程样车已经完全脱离了 ASU-76 的基本设计，实际上是由 T-60 坦克底盘与 E-2 式 1938 年型 76.2mm 山炮组合而成（E-2 式 1938 年型 76.2mm 山炮即捷克斯科达 S-5 76.2mm 山炮的苏联版，据说其生产许可证是由苏联政府用 SB 快速轰炸机图纸换来的）。然而，由于 T-60 轻型坦克早在 1942 年就已经停产，E-2 式 1938 年型 76.2mm 山炮的威力又被认为无法满足实际作战需求（倍径 21.4，初速 500m/s，最大射程 10520m），所以第一个 115 工程方案很快被否定。随后出现的第二辆 115 工程样车与 ASU-76 区别不大：为减轻车重，底盘行动部分取消了原先的托带轮，负重轮数量由原先的 4 个改为 3 个，最后一个负重轮不再兼任诱导轮，至于ASU-76原先装备的Д-56 76.2mm坦克炮则被一门CH-51型57mm反坦克炮替换了。可惜在试验中，过于单薄的底盘被证明是个失败的改进。不过一连串的挫折并没有打消OKB-40设计局的决心。他们很快发现，最简单的方案也就是最好的方案。于是，最后出现的115工程样车便是这样一种产物：该样车与ASU-76间的区别仅仅在于火炮——OKB-40企图凭借为ASU-76换装CH-51型57mm反坦克炮来挽回局面。

保存在库宾卡坦克博物馆中的“115工程”2号样车（具备浮渡能力是该样车的一大特色）

正在驶出 TU-20 运输机机舱的 ASU-57 伞兵突击炮（TU-20 实际上是 TU-4 重型轰炸机的运输机型号，仅仅为苏联民航生产了少数几架）

成功实施伞降后正在进行战斗准备的 ASU-57 伞兵突击炮（由于人车分别落地，所以着陆后伞兵的主要任务是找到自己的战车，并将其从空降底盘上“松绑”出来）

当然，大多数人可能对 CH-51 型 57mm 反坦克炮一脸茫然，但 CH-51 其实并不是什么生面孔，其前身正是二战中大名鼎鼎的坦克杀手——ZIS-2 57mm 反坦克炮。作为拉格宾设计局的杰作（该设计局以火炮研制见长，设计出了以 ZIS-3 76.2mm 反坦克炮为代表的一系列作品），由于一开始便将目标锁定在了传说中的德国重型坦克上，所以 ZIS-2 战技指标高得有些离谱。在二战前很早的时候，苏联就开始研发重型坦克。而且他们认为德国也已经开始发展自己的重型坦克，这些坦克将是苏联现有反坦克炮无法对付的，因此，苏联军方在 1940 年要求设计师尽快开发一种能够击穿厚重装甲的火炮。这便是 ZIS-2 的由来。凭借夸张的 86 倍径身管，早期型号的 ZIS-2 在发射 BR-271(57 乘 480R) 钢芯穿甲弹时（药筒取自 F-19 76.2mm 师属加农炮），初速居然高达 1150m/s，在 1000m 距离上可以穿透 90mm 厚的垂直装甲板，在 1500m 距离上仍然有 75mm 的穿甲威力。依靠如此恐怖的穿甲能力，当列宁格勒城下德军重型坦克"终于"出现时，ZIS-2 成为红军手中唯一能在 500m 距离有效洞穿"老虎"首上甲板的反坦克炮（PzKpfw VI Ausf. E 虎 I（TigerI）重型坦克车体首上装甲板最大厚度 102mm）。

作为 ZIS-2 的首次上车尝试，T-34/57 留下了一个充满了遗憾的传奇

可惜的是，ZIS-2 虽然性能不俗，红军对"猎虎者"的渴望更是十分强烈，但将其搬上战车的首次尝试却以失败告终——换装 ZIS-2 57mm 加农炮的 T-34/57 产量甚至可能没有过百（有关 T-34/57 的生产数量并没有权威的数字，在 1941 年的生产数量估计在 100 辆上下。T-34/57 实际上是由 T-34/76 1940 年型车体换装 ZIS-4 57mm 坦克炮而成，连火炮防盾都是沿用 T-34/76 的防盾，唯一的更改是为了在防盾上安装外径较细的 ZIS-2，增加了一个固定环，环的内径等于 L-11 或 F-34 的外径，而内径则等于 ZIS-4 的外径。这样，从 T-34/76 改造为 T-34/57 的工作量被降到最低，两种车型除了火炮系统外所有部件都可以通用——在总装线上安装火炮之前，甚至无法区分两种车型）。这其中的主要原因在于，作为一个为 T-34 量身定制的 ZIS-2 型号，ZIS-4 过于夸张的长径比导致身管寿命太短（ZIS-2 同样存在这个问题），实际作战价值有限。根据格拉宾本人的回忆，"在打了 40 发炮弹后，初速和准确度下降得都很厉害；50 发后，射出的炮弹发生偏转，弹道极不稳定"。另外，在 1940 年初期的技术条件下，想要为 ZIS-2 加工出这些长达 4m 左右的 57mm 口径身管，工艺复杂、造价不菲是必然要付出的代价。昂贵的造价使 ZIS-2/4 成为苏制武器中的异类，与崇尚简约实用的苏联军

工设计思想格格不入。结果，作为一种团属火炮，ZIS-2 要比 ZIS-3 师属火炮贵 10 ~ 12 倍，产量不到后者的 1/5，ZIS-4 的产量更是仅有 135 门，成也萧何败也萧何的 T-34/57 直接因为 ZIS-4 过低的产量而夭折了。

T-34/85 1943 年型（T-34/85 初期量产型，库尔斯克战役后的反省产物，用 T-43 的炮塔＋ D-5T 85mm L51 坦克炮改装成的新型战车，注意炮口防盾外形与后来的 T-34/85 1944 年型有明显差异）

不过当战争结束时，由于 ZIS-2 的火力性能仍然是同级别火炮中的翘楚（即便是 T-34/85 使用的 Zis-S-53 或 D-5T 85mm L51 坦克炮在威力上也要逊色于 ZIS-2/4），结果虽然前者低廉的成本和简单的生产工艺在战时赢得了青睐，但还是有相当一部分 ZIS-2 在战争结束后留在苏军中继续服役，这使拉格宾设计局对 ZIS-2 的改进热情不减（造价昂贵的缺点在和平时期已经不是什么太大的羁绊），并再次动起了将 ZIS-2 搬上战车底盘的念头。1948 年开始，设计局下属的 235 号工厂即着手对 ZIS-2 反坦克炮进行改进，主要是采用了半自动立楔式炮闩、液压缓冲器和液气复进装置，并配装了新型的夜视观瞄设备。改进后的火炮最初被称为 ZIS-2N，后来则被赋予了全新的制式型号——CH-51 57mm 团属反坦克炮。与 Д-56T 76mm 42 倍径坦克炮相比，轻巧紧凑的 CH-51 57mm 反坦克炮无疑是一种更理想的轻型车载火炮。特别是在使用新型 BR-271N/BR-271P 尾翼稳定次口径穿甲弹的情况下，CH-51 能够在 1000m 距离有效穿透 105mm 厚的均质装甲钢板，这就使装备了 CH-51 的 115 工程样车在火力性能上甚至还要反超 ASU-76。

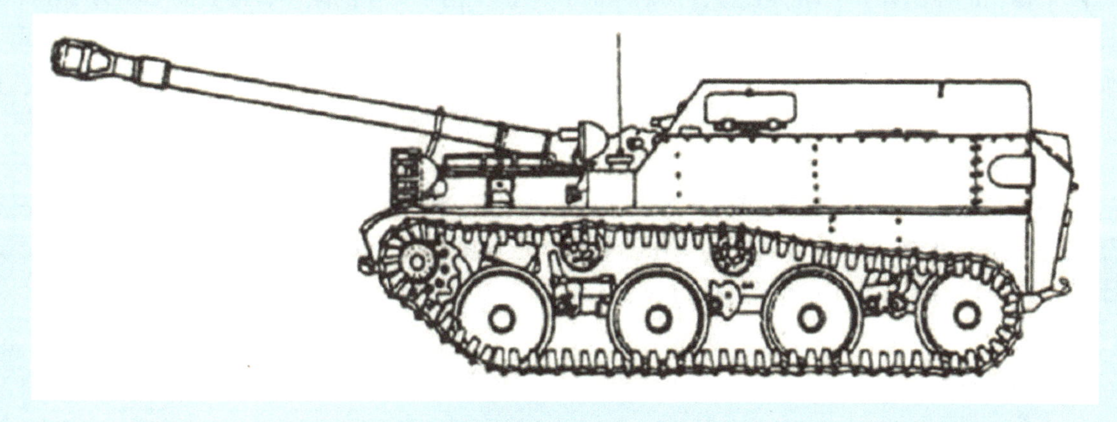

ASU-57 伞兵突击炮侧视图

苏联军事演习中的ASU-57伞兵突击炮（1964年莫斯科军区）。ASU-57与ASU-76的主要区别在于原先的Д-56被一门CH-51型57mm反坦克炮替换了，除此之外便只是一些细节上的微小差异

由于重新编成的红军空降师建制内需要一个坦克营，虽然红军高层对115工程的敞开式设计并不满意，但苦于暂时没有更合适的方案能够代替，再加上CH-51的打击能力也着实引人注目，所以作为一种过渡性装备，115工程最后还是以"ASU-57"的制式编号顺利投产。就这样，从1951年开始，由于ASU-57的列装（每个空降师坦克营装备41辆ASU-57，另有9辆装备师属侦察营，4辆直属师部），红军伞兵部队终于开始了自己的装甲机械化进程。然而，ASU-57毕竟属于一种过渡性装备，只是解决了有无问题，自身存在的诸多不足令人无法回避。首先，薄弱的装甲防护和战斗室的敞开设计决定了它不适合一线战斗和近距离战斗，要是参加巷战就更是一场噩梦。一颗投掷进没有顶盖的战斗室的手榴弹或者燃烧瓶就足以消灭ASU-57的全体乘员，或者让它完全丧失战斗力（当然在其上空爆炸的空爆炮弹和俯冲扫射的战机也可以做到这一点）。其次，防护性能单薄（正面装甲厚6mm，侧后装甲厚4mm，仅能勉强防御机枪子弹和炮弹破片），敞开式设计落后于时代不说，由于口径的限制，搭载的CH-51 57mm反坦克炮升级潜力也几乎被挖掘殆尽，所以ASU-57正常的战术位置应该是在二线为徒步伞兵们提供火力支援。虽然在战斗危急时，ASU-57也可以与敌重装机械化部队放手一搏，但付出的代价必定是惨重的。结果，面对一个鸡肋般的ASU-57，红军对于现代化伞兵突击炮的渴望反而更加强烈。另外，正如丘吉尔在1946年指出的，"从波罗的海边的什切青到亚得里亚海边的的里雅斯特，一幅横贯欧洲大陆的铁幕正在徐徐降下"，而这道铁幕到了1956年，却由于接连发生的波兹南事件、匈牙利事件开始面临严峻考验，冷战形势前所未有地严峻起来。于是，新一代伞兵突击炮的研制被提上了日程。

ASU-57 伞兵突击炮全貌

艺术家笔下正在引导伞步冲击的 ASU-57

9.4 “573 工程”的出现

如果说突击炮的价值首先在于“炮”，那么对伞兵突击炮来说则更是如此。不过要将大威力反坦克火炮用于伞兵战车，也就意味着底盘的重型化将是不可避免的趋势——运输机的运载能力会是个瓶颈。但幸运的是，在 1956 年即将试飞的 AN-12 为一切提供了可能。这使苏联工程师们得以放心地放开手脚，在绘图板上大大施展一番。于是 ASU-57 的替代品正是基于这样一种设计思想——在战斗全重许可的范围内，将尽可能大的火炮搬上底盘，制造一种更大更强的伞兵突击炮。1955 年，苏联政府正式下达了新型伞兵突击炮的研制命令，具体要求是：战斗全重不超过 20t，可由正在研制的固定翼大型军用运输机或重型直升机实施空投或机降；主炮口径大于 76.2mm，火力达到或者超过同时代主战坦克的水平；防护与机动性能不低于同时期轻型坦克。由于 OKB-40 设计局在伞兵战车的研制上经验最为丰富，所以新型伞兵突击炮的设计仍被指定由该局完成。

将 T-54/55 主战坦克的 D-10T 100mm 线膛坦克炮用于新型伞兵战车无疑是个吸引力十足的美好设想

然而，就 1950 年中期苏联的实际情况而言，可供 OKB-40 工程师们选择的却并不多。一般而言，T-54/55 主战坦克装备的 D-10T2C 100mm 线膛坦克炮自然是新一代伞兵突击炮的首选——如果 D-10T2C 能够上车，那么伞兵突击炮在火力上就达到了当时主战坦克的水平。D-10T 在发射 RB-412B 穿甲弹时初速 895m/s，弹重 15.59kg, 在 1500m 距离上以 60° 命中目标时穿甲厚度为 100mm 以上，1000m 穿深 185mm(高速 200mm)。更何况，将 D-10 系列 100mm 加农炮用于突击炮（坦克歼击车）的成功先例早就摆在那里：SU-100 坦克歼击车赖以成名的正是 D-10S（坦克型的 D-10T 与自行火炮型的 D-10S 均源于 B-34 100mm 舰炮，两者间仅有细节上的差异。用于 SU-100 的 D-10S 威力优于二战德国虎式坦克的 88mm 炮，但不如虎王坦克的 88mm 炮，大体相当于豹式的 75mm 炮。不过其重量只有豹式的 4/5、虎式的 2/3 和虎王的一半多）。所以如果打算取巧的话，在 SU-100 基础上削减装甲厚度，重新设计出一个伞兵型号看起来是个不错的主意——全封闭式的 SU-100 车体结构设计完备，甚至车长还拥有自己独立的指挥塔，作战价值在战争中得到了充分检验。然而，天下从来没有免费的午餐，取巧的设计也大多仅仅止于空想。就在OKB-40设计局的工程师们为新型伞兵突击车绞尽脑汁时，安东诺夫设计局也正忙着将自己的大鸟AN-12送上天空。

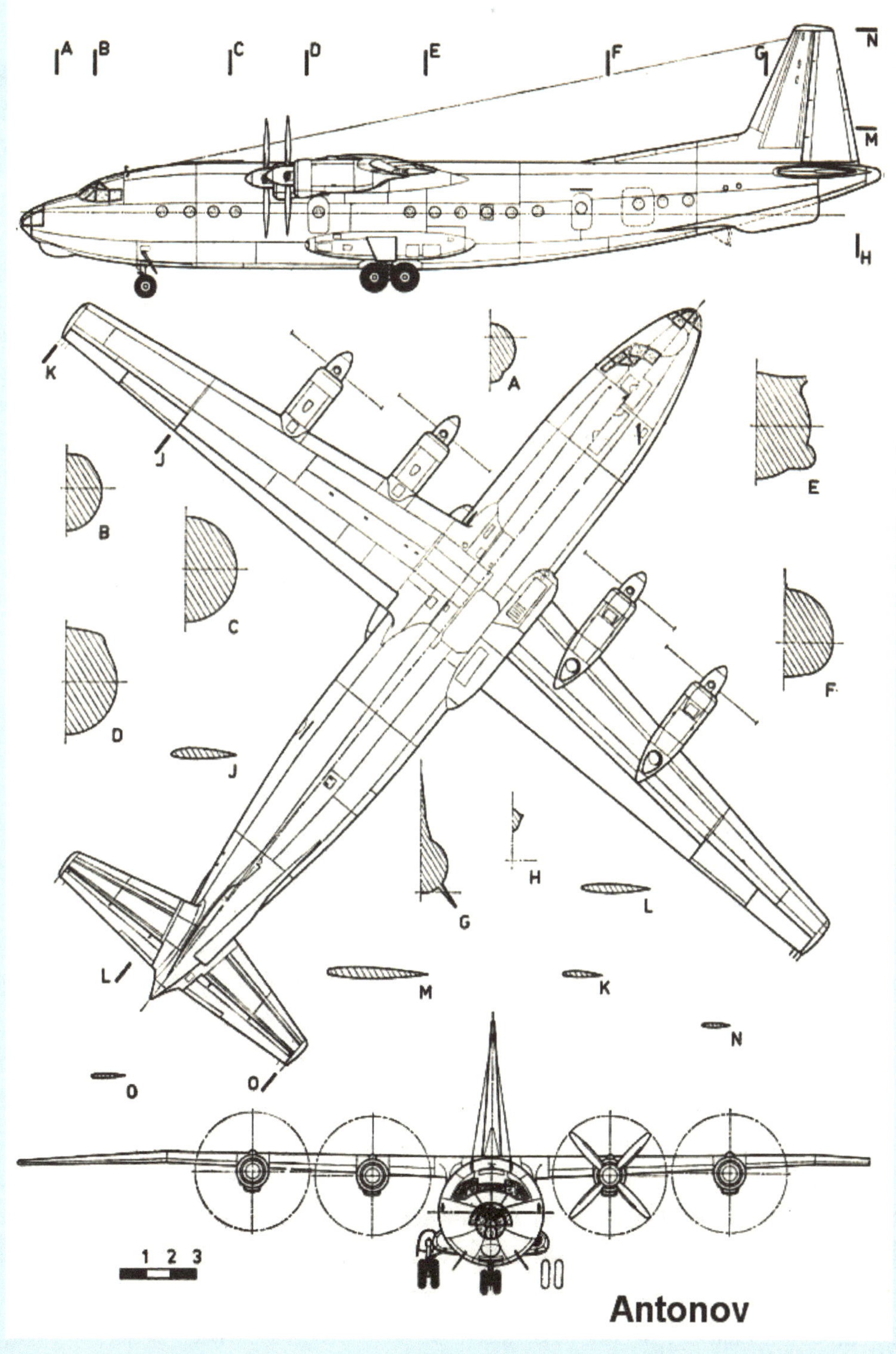

苏联空军标准中型战术运输机AN-12。AN-12最大载重能力20t，从ASU-85开始，所有的苏联伞兵战斗车辆均以AN-12为标准载机。空降兵部队战斗力的改善，归根到底离不开航空技术，特别是大型军用运输机的发展，如果没有这个大前提，一切便无从谈起

德国国防军第4装甲掷弹兵师装备的战利品SU-100坦克歼击车（1945年4月但泽前线获得）。SU-100的车体直接取自SU-85M，它的前装甲从45mm增加到75mm，因为这个原因，它的第一对诱导轮超载，所以弹簧的直径增加到了30～34mm，尽管如此，诱导轮依然超载。新的车长指挥塔安装在车顶，还装有MK-IV观测仪，另外还安装了一对通风器便于排出车内浑浊气体。总的来说，72%的部件是和T-34通用的，4%的部件取自SU-122，7.5%的部件和SU-85通用，只有16.5%的部件是新的。100mm长身管的D-10S型炮使用18枚BR-412B型穿甲弹，15枚OF-412型破甲/高爆弹。射击初速为895m/s。BR-412B型穿甲弹制造技术很复杂，成品不良的质量直接导致了穿甲性能的减低，炮弹上的问题延迟了SU-100批量生产的时间，直到1944年12月，SU-100取代SU-85M进入批量生产。由于SU-100强大的火力以及良好的机动性，这种坦克歼击车可以在很远的距离上击穿德军坦克的前装甲。它的穿甲弹可以在2000m的距离上垂直击穿125mm的装甲，1000m的距离上几乎可以将所有型号的德军坦克和装甲车辆摧毁，这种火炮的射速为每分钟5～6发

事实上，作为当时苏联空军即将拥有的最大型军用运输机，新一代伞兵突击车基本就是按照这只大鸟的机舱容积量身定制的（这是苏联军方的硬性指标）。可惜的是，由T-34/85底盘派生而来的SU-100战斗全重31.6t，车长9.45m，车宽3.00m，车高2.25m。而AN-12的机舱容积虽然达97.2m³，机货舱长度13.50m、最大宽度3.5m、最大高度2.60m，但最大载重能力仅有20t，加上其机尾舱门长宽为7.70m×2.95m。如果硬要将SU-100塞进这只大鸟的肚子里（哪怕是轻型化），抛开超重的问题不说，由于无炮塔突击炮的结构制约，机舱门的尺寸便是一个无法逾越的限制——在空投过程中D-10 100mm坦克炮那长长的炮管将不可避免地撞上舱门的门框，除非将火炮拆卸后分开空运，落地后再组装起来，然而这对伞兵突击炮来说，又是一种完全不可接受的方式（受当时技术条件限制，伞兵的重型装备与人员分开伞降时，落地后能够找到的概率本来就只在5成左右，如果还要在炮火横飞的战场现场组装突击炮，只能是天方夜谭）。结果，新一代伞兵突击炮在SU-100身上打主意的设想只能告吹。

既然SU-100的基础无法利用，新型伞兵突击炮的底盘也就只能另起炉灶，但这样一来D-10系列100mm坦克炮只好被遗憾地排除在外——受制于车体尺寸（实际上也就是受AN-12机舱的限制），对于封闭的装甲车辆，整装弹药的长度是一个很重要的参数，以当时T34/JS2的炮塔设计，使用整装式弹药的D-10S 100mm炮弹都相当困难（这也是T-34/100被放弃的主要原因），而且除了弹药在车内的储放位置和空间的影响外，这种长度在1m左右的整装弹药在装填时会限制装填角度（BR-412B穿甲弹比OF-412型破甲/高爆弹更长），不但会降低火炮的射速，还会影响炮手对目标的瞄准和跟踪。更何况SU-100的固定战斗室空间其实也仅仅勉强满足了D-10S的最低装车要求，如果车内空间进一步缩小，那么由于炮尾后空间过小（D-10后坐距离650mm），在射击后抛壳时将很容易发生碰撞，危及车内人员和设备的安全。

陈列于库宾卡坦克博物馆中的SU-100坦克歼击车（事实上，SU-100的反坦克能力超过了JS-2，战后SU-100在苏军中一直服役到1970年，华约组织以及亚洲、非洲和拉丁美洲的很多国家军队都装备过SU-100，总产量高达3037辆）

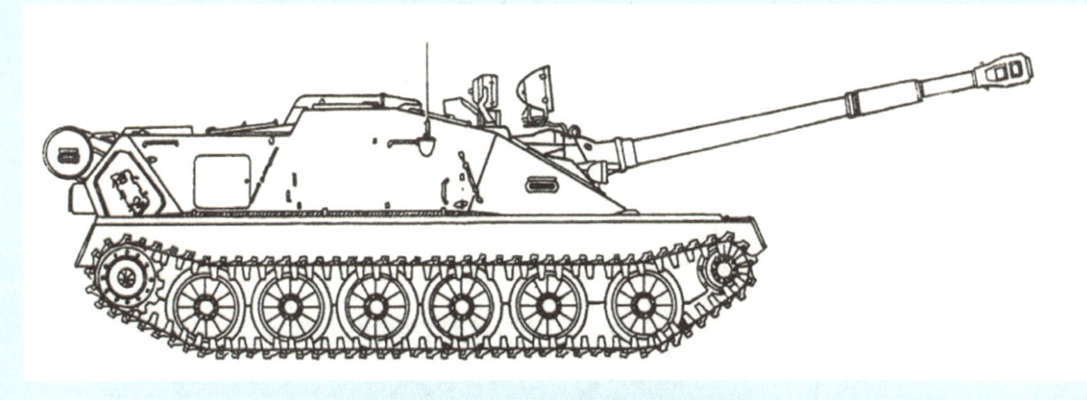

ASU-85（573工程）伞兵突击炮侧视图

既然D-10T与SU-100底盘都无法指望，OKB-40的工程师们只能另觅他途。前文曾经提到，在新型伞兵突击炮的研制中可供选择的余地不大，不过不大并不代表没有——新锐的ZIS-D-44 85mm师属加农炮与PT-76水陆坦克就在这种情况下进入了苏联工程师的视野。事实上，这种选择是非常自然的事情。首先，ZIS-D-44 85mm 师属加农炮虽然在药室容积以及炮口初速上稍逊 D-10T 100mm 坦克炮一筹，RP-367P 超速穿甲弹的炮口初速约为 1150m/s，但如果使用最新型的气缸尾翼破甲弹，破甲威力也能达到 100mm/60°，在反应装甲尚没有出现的年代，对付 M48 之类目标的前装甲有一定的把握。不过反装甲能力仅仅是衡量 ZIS-D-44 性能的一个方面，更重要的是该炮在结构上极为紧凑，弹壳不但能够全自动退出，而且后坐行程仅 530mm，显然是比 D-10T 更为理想的轻型车载火炮。其次，1950 年开始装备苏联陆军和海军陆战队的 PT-76 水陆两栖坦克，其底盘结构简单、重量轻（连同发动机在内的底盘重量仅仅 3.7t），在 PT-76 服役不久便派生出了 BTR-50 装甲人员输送车、MT-LB 多用途履带式装甲车、ZSU-23-4 自行高炮等型号，大有成为苏军中型通用装甲底盘的趋势，所以新型伞兵突击炮将底盘锁定在 PT-76 并不令人感到意外。由于研制方向明确，新型伞兵突击炮的轮廓很快清晰了起来，最终于 1958 年获得了苏联坦克工业部的批准正式立项，称为“573 工程”。

9.5　ASU-85 主要结构特点及战术运用原则

大体说来，573 工程由 D-70 85mm 加农炮（ZIS-D-44 85mm 师属加农炮的车载型）与 PT-76 水陆两栖坦克底盘两大部分组合而成。就整体设计而言，虽然同样是无炮塔设计，但比起所要取代的 ASU-57，573 工程已经脱胎换骨。首先，它采用了全封闭战斗室，车内安装有超压式三防设备，具备了在核生化条件下的冲击能力（这一点对冷战中的苏军空降兵尤为重要）；其次，573 工程的装甲厚度更大，前装甲板厚度 45mm，侧装甲厚度 13mm，车后、车顶和车底装甲厚 6mm，特别是车体前部和侧面装甲采用了大倾角设计（还附有水平加强筋和备用履带板以提高抗穿甲弹能力），再加上仅仅 1.9m 的低矮车高，战场生存能力甚至超过了当年的 SU-85 坦克歼击车；最后，ZIS-D-44 85mm 师属加农炮在发射次口径超速穿甲弹时的炮口初速已经超过了 ZIS-2（其中，RP-367P 次口径高速曳光穿甲弹初速 1150m/s，在 500m 距离、60° 着角时可以击穿 150mm 装甲钢板），而且由于口径以及药室容积的原因，在升级潜力上更不是后者所能比拟的，这使 573 工程具备了与敌方装甲部队抗衡的基本能力。

573 工程由 D-70 85mm 加农炮（ZIS-D-44 85mm 师属加农炮的车载型）与 PT-76 水陆两栖坦克底盘两大部分组合而成

1958 年 7 月 573 工程样车顺利通过国家测试，以“ASU-85”的型号投入量产。单从外形上看，ASU-85 前倾斜甲板一直延伸到顶部，车体外形简洁明快（类似于按比例缩小的“猎豹”坦克歼击车，战斗全重 15.5t，全长 8.435m，车体长 6.24m，车宽 2.97m，车高 1.935m，车底距地面 420mm），结构合理。按照前后顺序，ASU-85 的整个车体结构分为火炮、战斗室及动力舱三大部分，各部分间由 5mm 厚的装甲隔板隔离。

1. 武器系统

ASU-85 伞兵突击炮主要武器为一门布置在车体前部中轴线偏左的 D-70 型 85mm 反坦克炮，炮管通过前装甲板伸出车外，甲板上的炮管安装孔被防盾所遮盖。但与 ZIS-D-44 85mm 师属加农炮稍有不同的是，该炮虽然保留了带大侧孔冲击式炮口制退器的单筒身管、半自动立楔式炮闩、筒后坐液压节制杆式制退机和液体气压式复进机、蜗杆式方向机、蜗轮自锁单齿弧外啮合式高低机、气压式平衡机等主要部件，但取消了筒形摇架、拐脖式上架和下架、防盾、管式大架等炮架组件，同时在炮管前 1/3 处安装了对 ASU-85 至关重要的抽烟装置（用以抽出发射后残留在炮膛内的火药气体，从而减少战斗室内一氧化碳的浓度，保护乘员免受有毒空气的侵害），提高了 ASU-85 的战斗效能。

ASU-85 伞兵突击炮主要武器为一门布置在车体前部中轴线偏左的 D-70 型 85mm 反坦克炮

然而，ASU-85 没有安装火炮稳定器，火控系统也比较简单（火炮瞄准装置：白天中远距离瞄准用 TSHK-2-79-11 型白光瞄准镜，近距离直接瞄准用 S-71-79 型全景瞄准镜，夜间瞄准则采用 TPK-1-79-H 红外夜视瞄准镜，该瞄准镜为主动红外式，需要用车上安装的两盏红外探照灯照射目标），再加上受无炮塔布局限制，方向射界很小，射界左右各 11°，俯仰角 -4.5° ~ +15°，这使 ASU-85 的火力性能发挥受到了一定影响。不过先进的再生式转向装置使得车体可以很方便地转向和对准目标，在一定程度上弥补了火力机动性的不足。事实上，ASU-85 的转向机构有两套。一套是液压差速转向机构，包括液压泵和液压马达，用于缓转向和火炮精瞄，机构中采用了自动闭锁器，从而解决了车辆直线行驶的稳定性问题。另一套是离合制动式转向机构，由离合器和制动器等组成，用于急转向、停车和火炮粗瞄。两套机构相互独立，可同时工作。液压转向无摩擦损失，功率可再生，可实现车辆的原位转向。制动转向使某侧履带减速式制动，能完成原地转向——转向一周仅需 2 ~ 4s，这在 20 世纪 50 年代无疑是十分先进的。

2. 战斗室 / 动力传动系统 / 底盘行动部分

ASU-85 底盘与 PT-76 水陆坦克基本一致，两者主要部件的通用率达到了 85%

ASU-85 底盘与 PT-76 水陆坦克基本一致，两者主要部件的通用率达到了 85%，但由于火炮前置，车体前部负重轮负担加重，所以 1、2 两负重轮间距增加了 80mm，并对扭杆进行了加强。ASU-85 车组乘员 4 名（驾驶员、车长、炮长、装填手），全部位于车体中后部的固定战斗室，其中驾驶员位于车体右前方，车长在战斗室内的火炮右侧（同时负责操纵 R-120 或 R-113 车载无线电台），炮长和装填手位于火炮左侧，各个乘员都有自己的独立舱门。战斗室地板上还有一个应急逃生舱门，供紧急情况下弃车逃离时用。同时，战斗室还存放有 40 发 85mm 炮弹（弹种有高速曳光穿甲弹、曳光穿甲弹、破片榴弹和烟幕弹等，由于 D-70 后坐行程仅为 500 ~ 520mm，ASU-85 的射速高达 6 ~ 7 发 /min）。ASU-85 的动力为一台 YAMZ-206V 型 V 型 6 缸柴油机（纵置），功率 155kw，变速箱有 4 个前进档和 1 个倒档（第三、四档带有惯性式同步器，第二档带有简单式同步器，第一档和倒档采用滑接齿套换档），动力传动系统的传动路线为：由发动机经主离合器、变速器、两侧转向离合器、侧减速器传到主动轮。值得注意的是，发动机冷却装置采用了独特的废气引射式，可以省掉风扇及其传动装置，减小了冷却消耗的功率（但废气引射式冷却系统的散热效率不是很高，整套装置的体积也比较大，不如风扇冷却系统紧凑，因此，在坦克上的应用并不多）。行动部分采用独立扭杆悬挂，车体两侧各有 6 个挂胶负重轮，诱导轮在前，主动轮在后，没有托带轮。最前面和最后面的两对负重轮有液压减振器，其余装有橡胶限制器。履带为单销小节距金属履带板（上面有人字形花纹，附着性能好，提高了坦克在水稻田、沼泽、浅滩等地的通过能力和出入水能力），对地面的压强为 42kPa，履带的松紧程度由曲臂和双头螺旋式履带调整器进行调整。该车最大公路速度 45km/h，公路行程 360km，过垂直墙高 1.1m，越壕宽 2.8m。但需要指出的是，ASU-85 的底盘虽然由 PT-76 水陆坦克派生而来，但该车并不具有水上浮渡能力，仅能涉水通过浅水地带，涉水深 1.1m，为了便于涉水，车体前部装有防浪板。

3. 伞降平台系统

作为空降战车，除了机降外，伞降能力是 ASU-85 的一大技术亮点（当然，由于战斗全重没有超过 16t，在条件允许的情况下，ASU-85 还可以以齐装满员的方式由 Mi-6/10 重型运输直升机直接吊运实施短距离空中机动）。不过，由于有之前 ASU-57 的相关技术积累（事实上，这种积累可以一直追溯到 1929 年），应用于 ASU-85 的 PRSM 伞降平台技术已经接近成熟。在空投前，需要把 ASU-85 伞兵突击炮固定在一个专用平台上，这个平台又与几顶大型降落伞连接。从运输机的尾舱门滑出后，几顶降落伞自动打开，让整个平台缓缓落地；在落地前的一瞬间，平台下面的几个减速火箭按照预定要求同时点燃，进一步强制平台减速，确保 ASU-85 坦克歼击车能平稳着陆。该空投系统为了减轻战车空投系统重量，采用火箭喷出的燃烧气体产生反推力、减小降落速度，较好地解决了战车着陆时的撞击力。不过，ASU-85 所用的火箭制动战车空投系统虽然体积小、重量轻、制动距离长，使用较小面积的主伞就可达到较小的着陆过载，但在使用中成本高、设备复杂、保管维修困难，人车分离的空投方式使战斗准备时间长达 40 分钟，所以从 1980 年开始逐步被新型的 MKS 多伞组合无底盘空投系统所取代。

4. 战术运用原则

从战略战术方面来看，苏联之所以选择为空降部队装备突击炮（坦克歼击车）这种具有浓烈“复古味道”的装甲战车，主要是因为空降部队落地后几乎毫无例外地将陷入敌人包围之中，必须凭借自己的力量阻挡敌军的进攻。空降部队对装备重量有非常苛刻的要求，主战坦克那样笨重的装备显然不可能随同空降，而为了对付敌人的坦克部队，空降装甲战车就只能向火力方面倾斜，防护上的不足只能通过增强机动性来弥补。于是，在二战战场上活跃的坦克歼击车被重新重视，从而诞生了像 ASU-85 坦克歼击车这样非常有个性的装甲战车。但作为一种特殊的装甲战斗车辆，ASU-85 只有严格遵循一些战术运用原则才能发挥最大战斗效能。

ASU-85 引导伞兵进行突击（ASU-85 伞兵战车的列装使红伞兵初步具备了在核战争条件下利用核火力打击效果实施突击作战的能力）

1）作为空降师所拥有的唯一主力装甲战斗车辆，ASU-85 应由师指挥部直接掌握，以在连营级规模集结中用于确实查明的敌方坦克突击主要方向，大量消灭进攻坦克 。

2）由于 ASU-85 火炮威力强大，能够在中远距离击毁敌方坦克（1950 年～1960 年标准），并具有良好的防护性能和机动力，所以可主动进攻消灭敌方坦克，保障己方胜利 。

3）由于 ASU-85 没有 360° 射击能力，又缺乏近距离防护和对外观察能力，不能作为坦克使用，因此必须有步兵掩护侧翼。

4）若 ASU-85 必须以连级单位参战，其管辖权应由师级或更高级别的司令掌握。团或营级单位只能在协同作战时获得指挥权，行动前高级指挥官应听取 ASU-85 连长的意见，须知其在任何情况下都对整个任务负责，而不能将其作为一般下属对待，对独立部署的各连车辆进行维修时，应有营警戒分队进行可靠的保障，除在固定或隐蔽发射阵地外，不允许 ASU-85 排独立作战，绝对禁止单车作战 。

5）ASU-85 的主要任务是反坦克作战，不宜用于警戒保障任务，它也不是自行榴弹炮，只有在没有敌人坦克出现、其他重武器难以奏效和弹药供应充足的有利情况下，才可以使用榴弹对付非装甲目标。

6）行动完成后，应撤回 ASU-85，迅速进行维修和补充弹药油料。必须保证 ASU-85 能获得正常供应。

7）与敌方坦克尤其是数量占优势的敌人交战时，应将敌进攻队形诱入我防御纵深，待敌侧翼完全暴露在我射击地带时，在近距离突然开火，力求集中猛烈的射击。

8）交战时应充分利用车辆的机动性频繁变换发射阵地和从敌意想不到的地方突然开火，以大大提高作战效能。与己方装甲部队协同进攻时，应紧密伴随第一梯队，保障我进攻队形侧翼，便于己方坦克从侧翼或后方包抄敌人；与步兵协同时，应始终处于步兵进攻线后，主要任务是消灭敌装甲车辆，然后以机枪和榴弹支援步兵。

9）执行防御任务时，应部署在防御纵深内最有可能遭敌人坦克突击的方向，应仔细选择集结地域、接近路线和发射阵地，必须可靠地从敌人方向检查隐蔽情况和采取有力的反侦察措施后方可使用 ASU-85。发射阵地应保证车辆进出方便，可随时退入掩蔽地带，将 ASU-85 呈线性散布在防线上将极大地增加指挥和供应难度，绝对禁止将 ASU-85 部署在位于敌炮火射程内的住防线上。

10）当任务中断、撤退时，应发挥机动性迅速撤退，各车交替射击互相掩护后撤，不适合担任后卫 。

11）森林和城镇地域应避免直接突击，在任何情况下都必须有可靠的步兵保障。

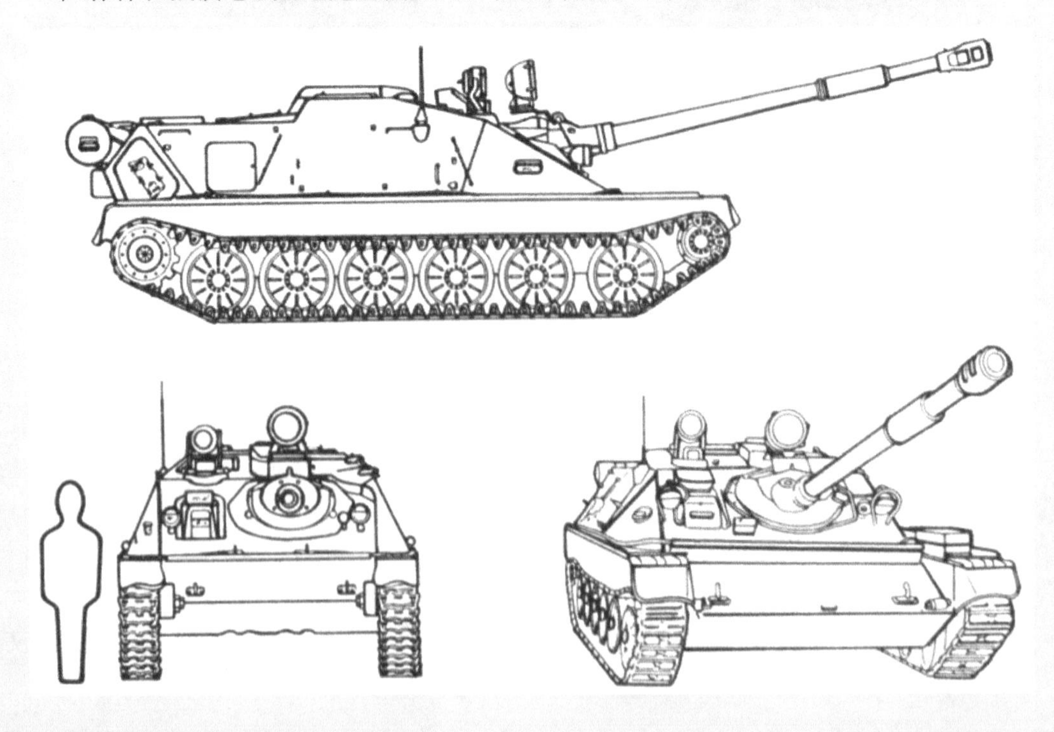

ASU-85 伞兵突击炮（反坦克歼击车）三面图及主要数据如下。

乘员	4 人（车长，驾驶员，炮长，装填手）
战斗全重	17.1t
地面压强	0.51 kg/cm²
车长（含炮管）	8.49 m
车长	6 m
车宽	2.8 m
车高（含车顶机枪）	2.1 m
发动机	YAMZ-206V 型 6 缸水冷柴油机（240 马力）
战斗行程	260 km
载油量	250 L
最大公路速度	45 km/h
涉水深	1.1 m
越壕深	2.8 m
越垂直墙高	1.1 m
主炮	D-70 型 85mm 反加农炮（55 倍径身管）
装甲厚度	战斗室前部 : 40 mm 战斗室两侧 / 顶部 : 15 mm 车体首上甲板 : 40 mm 战斗室底板 : 10 mm 发动机舱尾部 : 10 mm

9.6 ASU-85 在苏联冷战军事体系中的定位

在苏军举行的大型军事演习中，人们常常能看到这样的场景：当 AN-12“幼狐”式运输机降落后，尾部舱门大开，一辆车身低矮、采用倾斜装甲的坦克歼击车从里面驶出，这就是 ASU-85 伞兵突击炮。然而在这些熟悉的画面背后，冷战时期这些独特的 ASU-85 伞兵突击炮究竟如何定位、编制，乃至战术运用方式如何，想必在任何时候都是令人感兴趣的话题。

以 ASU-85 的入役为标志，苏联空降兵的装甲机械化建设回到了正轨

作为一种独一无二的空降兵机械化战车，虽然早在 1958 年 11 月 ASU-85 伞兵突击炮就完成了定型并顺利投产，但其正式装备部队却是 1962 年的事情。事实上，在被推迟服役的三年间，苏军内部围绕 ASU-85 展开了一

场不大不小的争论，而这场争论的实质是一场核战争条件下苏联军事思想变革的缩影。从20世纪50年代中期起，随着军事技术的发展及原子弹、氢弹和远程火箭的装备，战争进入了核时代。核时代的战争理论同机械化时代相比发生质的变化是理所当然的事情，但是，这种质变又不是一下子发生的。在核武器装备部队初期，苏军只把它当作能“急剧增大军队火力威力”的手段。此时原子弹的投掷手段是航空兵，受飞机航程的限制，加之投掷精度不高，原子弹数量较少，核武器对战争的影响其实还是有限的，因此苏联军方的反应是竭力使核武器适应传统的战法。苏联军事学说并没有突破二战末期完善起来的纵深作战理论框架，陆军仍然是各军兵种的老大哥，各军兵种的建设仍然按照原先的轨迹有条不紊地进行着。在这一时期，以ASU-57的服役为标志，苏联伞兵开始了真正的机械化进程。然而，从50年代末期起，洲际导弹取代轰炸机成为核武器的主要投掷工具，战略火箭军成为基本的军种，成为“达成战争目的的主要手段”。在这种情况下，苏联军事理论发生了全面的质变，对战役的性质和特点有了新的认识——由于把密集核突击作为达成战略目的的主要手段，空降兵与地面装甲机械化集群的地位直线下降（未来战争中“必须停止使用陆军集团及其兵力兵器”，“战术、战役甚至战略地区和翼侧将会消失”，“诸如‘前线’‘后方’‘前沿’这样的军事术语也将失去其传统的含义，被‘必须消灭’或‘没有必要消灭’所代替。强调“核毁灭、核威慑”、贬低常规兵力的作用）。结果，空降兵在核战争中的价值受到了怀疑，已经完成研制的ASU-85伞兵突击炮被暂缓装备部队。

出现在红场阅兵式上的ASU-85伞兵突击炮纵队（1969年十月革命节）

不过，由于在1962年的古巴导弹危机中苏联方面吃了亏，苏联军事思想很快再次发生剧烈“地震”，他们认为战争可能是核战争，也可能是常规战争，核武器不那么绝对了。相应地，战役理论也出现了沿两条道路发展的趋势。一种是使用核武器的战役方法，一种是不使用核武器、仅使用常规武器的战役方法。这种核与常规两种战法并存的局面，使苏联官方开始重新评价常规武装力量在核战争形势下的作用，也使空降兵重新受到了重视，认为未来战争将是数百万人进行的武装斗争，虽然参战双方追求的最后目标都是彻底消灭敌人，战争将具有极大的规模，且极度紧张，但不可能是闪电性的，即不可能毕其功于一役，哪怕这是规模巨大的战略性战役，并使用核武器作为主要火力。基本战役样式是各军兵种联合进行的大规模战区战略性战役；“传统的大纵深战役越来越具有大纵深、立体化、全方位的性质”，“现代战役的规模不仅要以正面和纵深来计算，而且要以高度来衡量”。武装斗争将主要由核火力条件下的一系列连续实施的突击构成，这些突击形成连续实施的战略性战役体系，空降兵部队将在其中扮演无可替代的关键角色——在北约动员体制完成准备前，在美军主力没能运到欧洲战役展开前，苏军是将空降部队作为整个战役中肢解北约纵深预备队的刀刃来使用的。苏联此时还认为以往在进攻、登陆战役中，由于受空降兵数量和运输机数量等的限制，空降突击行动只能在个别阶段、个别地域实施，是一种辅助性质的战斗行动；未来的空降突击则会在战役的全纵深和全过程广泛实施，成为一种普遍战斗样式；强调在进攻战役中要采取空降突击和地面攻击相结合的作战方法，要以战斗力很强的空降部队从敌侧后实施突击，地面梯队实施正面突破，航空兵和炮兵实施猛烈的火力袭击，三者紧密结合，形成空地综合突击力量，以保障战役突击集团在短时间内将主力投向敌防御纵深，迅速发展战果。苏军认为，这是现代进攻战役立体化的具体表现，任何一次现代进攻战役都不可能没有空降突击行动，于是以 ASU-85 的入役为标志，苏联空降兵的装甲机械化建设回到了正轨。

驶出 AN-12 运输机机舱的 ASU-85 伞兵突击炮（作为苏联空军的标准中型战术运输机，从 ASU-85 到稍后的 BMD 系列伞兵战车，实际上都是按其货舱标准量身定制的）

事实上，ASU-85所代表的不仅仅是苏联空降兵在实现机械化方面的成就，还是整个空降作战的核心。冷战中苏军是根据正面部队进攻能力来确定空降纵深，空降纵深也就是空降兵在敌防御中的使用深度，它的多少既要考虑航空兵的活动半径，又要考虑正面部队的进攻速度。空降兵只能在敌后坚持一定的作战时间，到时必须与正面部队会合，否则，空降作战会因得不到正面部队的支援而失败，正面部队也因不能利用空降兵作战的成果而影响战果的扩大。为了增强对敌人纵深的突击力，苏军针对北约“前沿防御”战略，以卫国战争中广泛使用的快速集群为基础，组建了编成更大、独立作战能力更强、目的更坚决的战役机动集群，进攻纵深幅度远远超过了二战时期的快速集群，但这种进攻纵深幅度的加深也就意味着空降纵深同样要被拉长，结果苏联伞兵在20世纪60年80年代所面临的冷战形势比战前更为严峻。

一旦冷战变为热战，红伞兵无疑将是核火力准备后不折不扣的先遣队，只有实现了装甲机械化的伞兵才有可能利用核火力效果进行突击。不过即便战事顺利，由于空降纵深的大大延伸，被北约重型机械化部队包围的命运也无可避免——包括M48、M-60、AMX-30、豹1、百人队长、奇伏坦在内的大批狠角色必将蜂拥而至。在不短的一段时间内，红伞兵们必须依靠自己杀出一条血路才能将敌重兵集群死死拖住，坚持到与地面部队战役机动集群会合。换句话说，只有能够抗击同时代西方重装机械化集群的“围剿”，并具有相当战斗韧性的机械化伞兵，才能真正发挥战略军种的作用。所以，一门犀利的机动反装甲火炮无疑是冷战时期苏联伞兵部队战斗力的核心（作为一个惨痛的教训，缺乏反坦克能力及机动性严重不足正是二战阿纳姆空降作战失利的原因。当时苏军的计划是正面部队发起进攻后的第三天进到莱茵河北岸的阿纳姆与那里的空降兵会合，距离约100公里。结果正面进攻部队用了10天时间还未进入预定地域。在下莱茵河北岸空降的部队因得不到正面部队的及时支援而被两个撤下休整中的德党卫军装甲师包围，最后弹尽粮竭遭到失败，正面部队也因此未能达成战役的最终目的）。

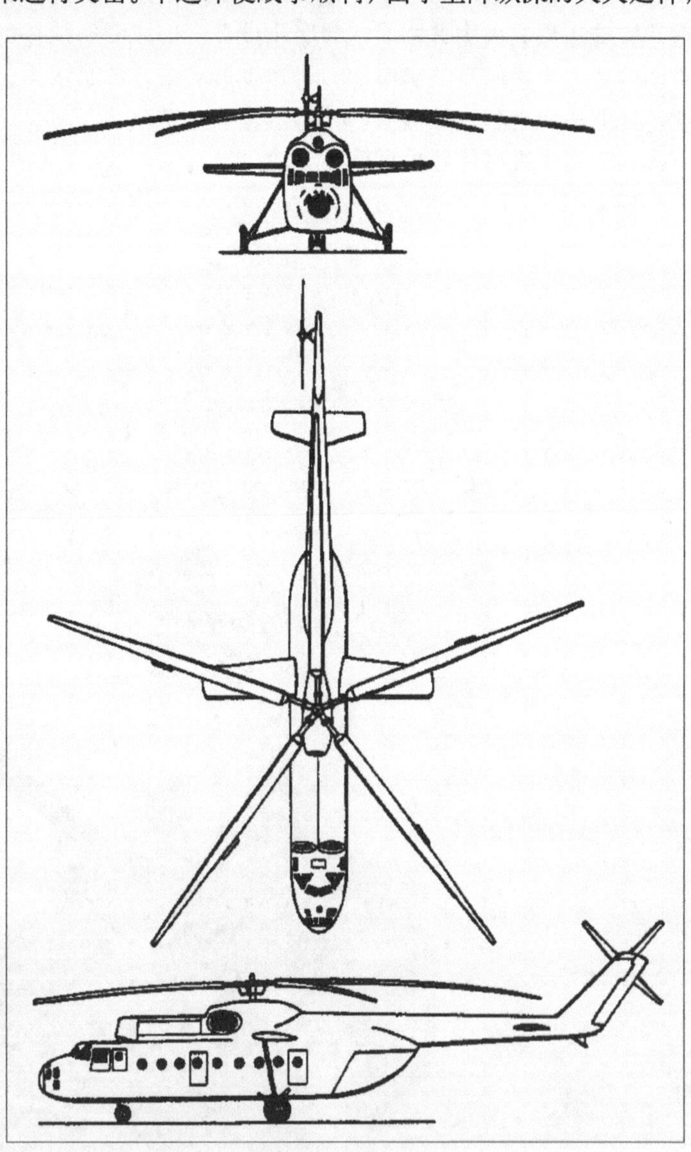

Mi-6 重型运输直升机

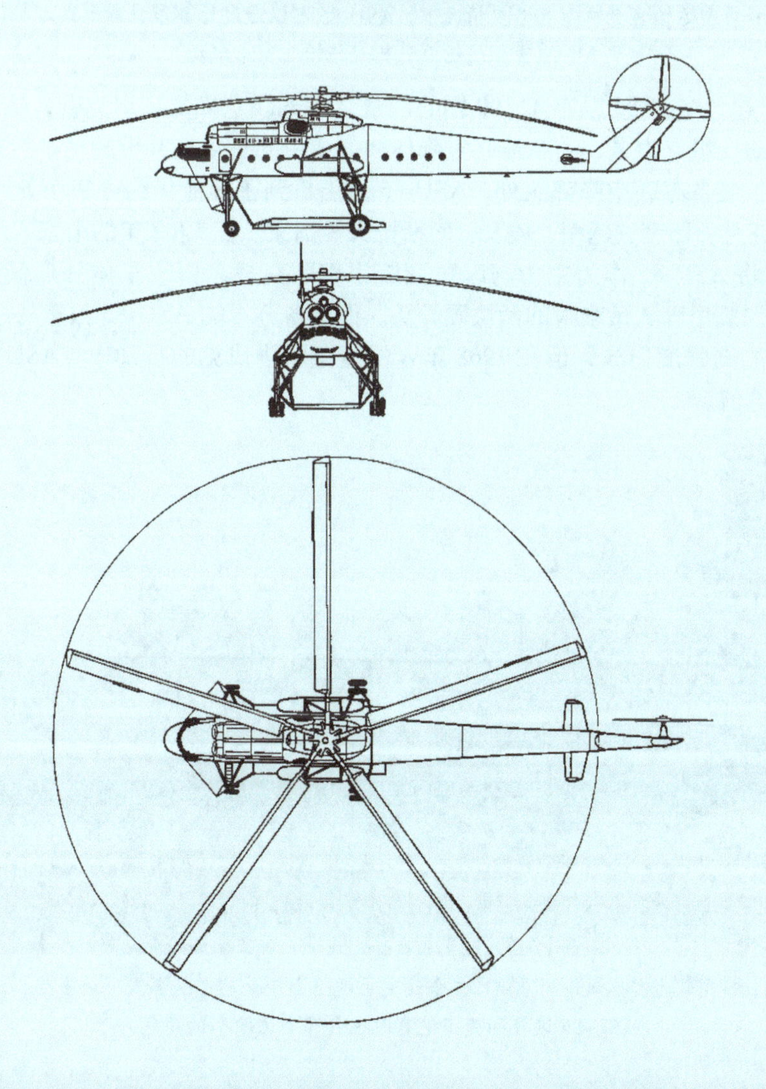

Mi-10 重型运输直升机（在必要情况下，ASU-85 可以通过外部吊挂的形式由 Mi-6 或 Mi-10 重型运输直升机实施短途空中机动）

从 1962 年起，ASU-85 以每年 300 辆的产量装备苏联空降师反坦克营，每营配备 31 辆，成为主要的机动反坦克力量，其在苏联空降作战体系中的重要性甚至超过了后来的 BMD 系列伞兵战车。除了装备苏联空降部队外，ASU-85 还出口到了其他华约（华沙条约组织）国家，以及阿富汗、芬兰、印度、越南、埃及、南斯拉夫等国家。在 1967 年的中东“六日战争”中，埃及军队甚至将 ASU-85 作为主力与以色列装甲部队交战，由于车体外形低矮，ASU-85 与 T-10 成为以色列装甲部队最难啃的两块硬骨头。而装备苏军的 ASU-85 虽然从没有投入类似于中东战争这样的高强度作战，但在 1968 年入侵捷克斯洛伐克的行动中，ASU-85 还是充分显示出了其存在价值。

搭载伞兵实施机动的 ASU-85 伞兵突击炮（由于伞兵部队务求一物多用，ASU-85 这样的突击炮有时也会客串运输车的角色）

捷克斯洛伐克位于欧洲中心，战略地位十分重要。杜布切克上台后，捷自由化的倾向急剧发展，使整个东欧处于离心状态。苏联为了维护其在东欧的统治地位，在施加政治、经济压力无效之后，于1968年8月20日实施了武装入侵。以ASU-85为核心装备的苏联空降兵成为此次行动的主角。1968年8月20日23时，苏联空军一架AN-12型运输机在布拉格上空伪称发动机故障，要求紧急降落。机场按国际惯例允许其迫降后，机上的70多名伞兵迅速占领了机场各要害部位，并威逼工作人员照常工作，保障其后续机群着陆。接着，苏第105空降师乘30架AN-12型运输机从驻地白俄罗斯的维杰布斯科起飞，在战斗机和轰炸机掩护下，以每分钟1架的间隔空运到布拉格。空降兵着陆后搭乘空运来的ASU-85和其他战斗车辆向布拉格市区突进，6小时内即控制了该市所有交通要道，包围了中央委员会大厦、国防部、外交部，占领了邮电局、广播电台等部门，并以“工农革命政府”的名义拘捕了捷克斯洛伐克的党政军要人。地面部队在空降兵的配合下，从三个方向以每小时60公里的速度向捷纵深突进，捷军猝不及防。仅6小时苏军即控制了捷克斯洛伐克的整个局势，完成了军事入侵任务。此役，ASU-85虽然没有直接卷入战斗，但如果没有这种设计独特、战斗力不俗的伞兵突击炮，苏联伞兵断不可能行事如此大胆泼辣，入侵捷克斯洛伐克的军事行动很可能充满变数。此后，ASU-85又参加了入侵阿富汗的初期战斗，但由于众所周知的原因在遭受了一定的损失后，这种并不适合山地反游击作战的伞兵战车很快撤出了这块区域。到了1991年年底，虽然作为ASU-85替代者的2C25样车早在几年前便已出现，但由于其设计理念没有得到军方认同（实际上是一种以BMD-2底盘为基础的空降坦克，其设计亮点是可360°旋转的炮塔以及取自T-72主战坦克的2A46 125mm滑膛坦克炮），结果在苏联解体前仍有400多辆ASU-85服役于空降兵部队（随着航空运输工具的发展，1950年起，苏军将伞降师、机降师全部整编为空降师，1973年又开始组建新的空降部队——空中机动旅，1976年又组建了空降突击旅，同时在集团军编成内组建了轻型空降突击营，至此苏联成为世界上空降部队最多的国家）。

2C25空降坦克（自行反坦克炮，其最大问题不在于技术而在于设计理念——在使用BMP-3炮塔的BMD-4伞兵战车呼之欲出的情况下，作战用途单一的2C25是否还有存在的必要很让人怀疑）

战争实质上是经济的较量，并且一般来说，谁在战争中有较大的经济潜力，谁就能赢得战争

正如马克思、恩格斯、列宁以及他们的继承者们不断强调的那样：战争实质上是经济的较量，并且一般来说，谁在战争中有较大的经济潜力，谁就能赢得战争。对于这个论断，苏联军事学说一直奉若经典，因此“战争的最初阶段”便成了整个冷战期间苏联一切战法理论的重中之重。“（今天）甚至最富有的西方国家也没有足够的财力使自己的全部武装力量在和平时期一直展开。唯一的解决办法是，维持一支在后续梯队完成动员工作投入战斗之前至少可以达成最近期战略目的的展开部队……似乎值得借鉴的做法是，在和平时期保持一支适当规模和类型的部队，这样，在战争初期无须进一步动员就可以达成战争的主要企图……如果从一开始就能使部队插入到敌方，那就能够最大限度地利用自己的核打击效果，以中止敌人的动员。这在欧洲具有重大的意义，因为欧洲离我们近在咫尺”——也正因为如此，对冷战时期的苏联而言，空降部队成为一支与海、陆、空、防空、战略火箭并行的独立军种。原因非常简单，机械化伞兵正是那支“在战争一开始便能插入敌方领土最纵深处，并有能力最大限度利用核打击效果中止敌人动员”的战略打击力量。苏联军方对空降兵部队寄予了太多的期盼，然而，这种殷切期盼只有落到实处才有意义。事实上，二次大战之前，红军对空降部队的期盼并不比冷战时期少，但战争的现实却将这种期盼无情地撕得粉碎，红伞兵乃至整个苏联为此付出了巨大的代价。为了让如此惨痛的教训不再重演，为了让红伞兵成为真正的战略打击力量，冷战时期的苏联空降兵必须成为能够空降的装甲机械化集群，而作为这支装甲机械化集群的核心，ASU-85 这类伞兵突击炮所承载的分量举足轻重。

库宾卡坦克博物馆馆藏的 ASU-85 伞兵突击炮

第 10 章

不完美的婚姻——“导弹万能论”时代的坦克“新”潮流

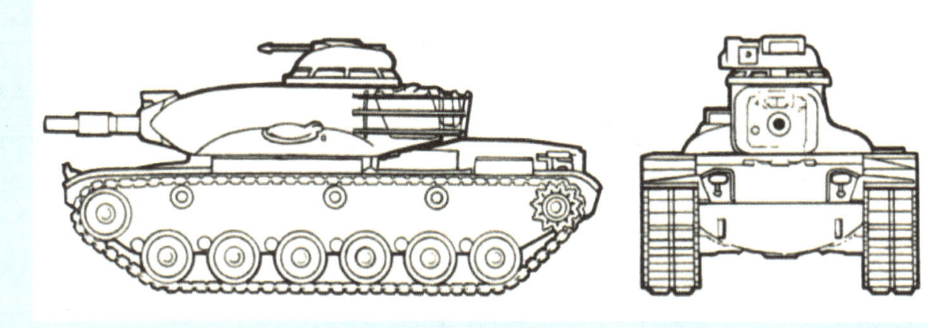

M60A2 主战坦克

冷战时代是指第二次世界大战结束后并不稳定的45年。随着轴心国的崩溃，出现了两个超级大国对世界霸权的争夺，其政府形式代表了两种差异巨大的政治经济体制。在其他任何一个时期，这样的差异和相互猜测都可能导致又一次世界大战，但因整个竞争过程处于具有毁灭性的原子武器的阴影中，所以最终任何一方都不敢直接向对方发起军事挑衅。广岛原子弹事件后有人预言原子武器的威胁会消灭战争本身，从美国和苏联从未直接介入战争这个意义来看，他们是对的。事实上，冷战极大的讽刺之一正是它带来了一段空前的稳定时期，然而在这段稳定期中，由于战争的危险是时时刻刻切实存在的，铁幕两边的人们不得不每时每刻进行着战争的准备，并在很多情况下按照夸张的想象而不是实践经验进行着新式武器的研发生产——美、苏、法三国一连串令人眼花缭乱的所谓“导弹坦克”项目尝试就是如此。

10.1 背景

1945年的战争刚刚结束，胜利舞会上的欢笑萦绕于耳，但曾经的盟友却已悄然反目——由于彼此间的分歧，准备下一场战争的理由已经足够了。不过，在坦克的问题上，无论是“东边”的军人还是“西边”的军人似乎都陷入了某种困惑。是的，根据上次战争的经验，除了飞机外，坦克是打赢的关键。然而，现有的坦克设计却越来越显示出某种令人绝望的发展趋势——更大更好的坦克炮是必需的，但同时这也意味着更大更重的底盘……最终，“水多了加面、面多了加水”的结果往往是出现一些重达近百吨的巨型装甲怪物，动力/传动系统的崩溃将是不可避免的。

不过，困境往往也就意味着转机，在这种情况下，一种突破性思维随之出现——如果增强坦克火力的方法不再局限于传统的身管式坦克炮，困惑自然迎刃而解。有意思的是，作为一种战争遗物，当时刚刚起步的反坦克导弹技术恰好为

发射3M6“熊蜂”/AT-1“鲷鱼”反坦克导弹的2P26发射车（使用GAZ-69越野车底盘）

这种突破性思维提供了可能的现实性基础。与火炮相比，反坦克导弹具有极大的优越性。首先，它仅需要一个异常简单的发射架，甚至往往不需要发射架就可以发射；其次，由于不再严格受制于火炮身管口径的限制，它能携载一个尺寸很大的破甲战斗部；最后，因为它是一种制导武器，所以命中精度理论上比火炮高得多。也正因为如此，至少从纸面上看，用反坦克导弹取代火炮来重新武装坦克似乎是个不错的主意，于是，很多国家不仅这么想，也这么做了。

10.2 法国的早期导弹坦克项目

在坦克设计思路这个问题上，世界上很少有哪个国家像法国一样经历过如此大幅度的左右摇摆。作为坦克的技术策源地之一和启蒙式的潮流引领者，法国人曾经在第一次世界大战中推出了划时代的 FT-17——按时代标准，一个在火力、机动、防护三大性能上达到了完美平衡的典范。然而，由于战后（一战）奉行极端消极的防御性国防政策，法国坦克设计思想在两次世界大战之间的 20 年中发生了严重的衰退——FT-17 所代表的那种均衡被放弃了，代之以片面强调防护性、忽视火力与机动性的一种偏颇。不过，1940 年法国战役的惨败给法国人从头到脚浇了一盆凉水——作为马奇诺防线的一种不切实际的延伸和补充，移动堡垒式的法国坦克在德式装甲机动战中一败涂地，法兰西第三共和国也因此饱受亡国之痛。

战后，法国人在重建国防的过程中开始了深刻的反思，其结果是战前的坦克设计理念又一次被颠覆了——火力至上兼顾机动的原则取代了防护至上的偏执。事实上，在当时境况窘迫的法国军人看来，饱受战争蹂躏的法兰西千疮百孔，有限的国防开支无力承担昂贵的重型和中型坦克，只能寄希望于制造大量成本低廉却又火力强大的轻型坦克来填补战力空白。更何况，战争实践也已经清晰指出，坦克这种武器的战场价值终究是取决于火力的（毕竟火力因素才突出了坦克作为武器的特质，而且如果将火力上的优势不断放大，直至突破某个阈值，火力优势还将带来极大的防护性和机动性增益），所以一种结构简单、强调火力性能，同时机动性能良好的轻型坦克可能比价格昂贵的中型 / 重型坦克更为符合当时法国的国防需求。

作为战后法国坦克设计思路的代表，AMX13 轻型坦克是一个典型中的典型——实际上是国力不足条件下，企图以低成本手段弥补军力不足的一种妥协

1946年年底出现的AMX13正是这样一个特色鲜明的范本：该轻型坦克本质上是一种高机动性的廉价自行反坦克炮，或者说是企图将德国PzKpfwV“黑豹”中型坦克的75mm口径KwK 42 L/70坦克炮搬上一个结构简单、成本低廉、适合当时法国工业生产条件的10吨级履带式底盘的产物——当然，要在一辆10吨级的车体上实现40吨级的火力并不是一件容易的事，为此AMX13不惜大幅牺牲装甲防护，并采用别致的摇摆式炮塔设计来达到目的。很多人都认为摇摆式炮塔的最大优点是便于实现自动装填——当然这一点不可否认，不过法国人在AMX13上采用摇摆式炮塔的真正用意却在于这种炮塔结构能够刚性安装大口径火炮，从而用一种最简单的方法来省却复杂笨重的驻退/复进机构，最终达到在一个用于轻型底盘的小直径炮塔内安装大口径火炮的目的。

客观地说，在1947年年底投产后的相当一段时间里，AMX13系列中AMX13/75的设计基本达到了目的——其CN-75-50 75mm坦克炮（CN-75-50就是法国版75mm口径KwK 42 L/70，但法国人改进了弹药，使用了更短的药筒）可以在1550m的距离上有效击穿任意角度的苏制T-34/85、SU-85、SU-100或美制的M4与M24这类20～30吨级装甲战斗车辆，在800～1000m距离上则有把握击穿IS-2和M26这类40～50吨级重型坦克的车体首上装甲，甚至对1945年刚刚出现的IS-3也能构成威胁。于是从1947年到1953年的6年时间中，大约2000辆AMX13/75被生产出来，成为法国陆军装甲部队的当家主力。然而，随着时间的推移，到了50年代中期，AMX13/75要对付的预定作战目标发生了变化，以T-54和T-10为代表的一系列新型苏制坦克成为法国乃至北约的心头大患，但AMX13/75的CN-75-50 75mm坦克炮在对付这类装甲更厚、防弹外形更好的苏制坦克时，却明显力不从心了。雪上加霜的是，原定用于支援AMX13/75的AMX50重型坦克项目此时也面临着下马的危险，这使法国陆军装甲部队除了一些美国淘汰的二手M47“巴顿”中型坦克外，整体状况堪忧——对现有的AMX13/75进行火力升级是势在必行的。

AMX13/75 FL10摇摆式炮塔下塔体部分细节

不过，在以何种方式提升 AMX13/75 火力的问题上，法国人却陷入了困境。以直线性思维来看，最简单的方式莫过于换炮。然而在不对 FL10 或 FL11 炮塔进行大幅度改进的情况下，现有的 AMX13/75 最多能够将火力强化到 M47 的水平——换装一门 90mm 口径 50 倍径身管左右的坦克炮（比如 CN-90-56），而即便对炮塔进行重新设计，根据车体炮塔座圈直径和车体吨位情况，AMX13 车体所能承受的坦克炮口径上限也不会超过 105mm（比如 CN-105-F1）。更令人沮丧的地方在于，无论是 90mm 还是 105mm 炮，被安装到 10 吨级的 AMX13 车体后，都不可能再指望它们发射动能弹了——摇摆式炮塔实际上是一种变相的刚性炮架（后座能量将直接传递到车体而不是反后坐装置），如果要达到动能弹基本炮口初速所需的全装药量标准，即便采用高效能的炮口制退器，也很难保证不对传动系统造成破坏。为了避免这种情况，只能以缩短药筒长度、减装发射药的方式来发射化学能弹药。然而受制于火炮口径，90mm 或 105mm 的聚能破甲战斗部的破甲效能在新一代苏制坦克的装甲防护水平面前也不容乐观。显然，在拥有 120mm 巨炮的 AMX50B 项目被取消的情况下，要将 AMX13/75 的火力提升到足以对抗新一代苏联主战坦克甚至是重型坦克的水准，仅仅靠换炮是不够的。俗话说，痛则思变，换炮的路子不可能完全达到目的，那么就只能另辟蹊径——在这种情况下，反坦克导弹技术开始进入了法国坦克工程师的视野。

要将 AMX13/75 的火力提升到足以对抗新一代苏联主战坦克甚至是重型坦克的水准，仅仅靠换炮是不够的

在将反坦克导弹技术与坦克相结合这件事情上，世界上也许没有任何一个国家比法国更有理由也有条件进行尝试了——首先，他们的轻型坦克迫切需要进行火力升级，其次，也是更重要的，他们拥有当时第一流的反坦克导弹技术。事实上，作为一种因用途狭窄而技术效率极高的专用武器，反坦克导弹与轻型坦克由于基本相同的原因在战后法国的军事学说中极受重视。或者可以说，在某种程度上法国军方将反坦克导弹技术视为新时代的“瑞士长矛”——一种能够帮助在装备和数量上处于劣势的法国军队战胜人数与装备处于优势的敌国军队

的神奇魔术（瑞士古军队使用的长矛与马其顿长矛相似，曾于中世纪末约一个世纪的时期里称霸于整个欧洲战场。当时，瑞士军队虽然不披盔甲，但是他们把机动灵活的战术、高速运动的部队、出其不意的袭击手段以及永不气馁的进攻精神紧密结合起来，采用不同于马其顿方阵的密集队形，以排山倒海之势向骑马或步行的披盔带甲的敌军骑士以及各种各样的中世纪步兵猛烈冲锋。他们穿过敌人的枪林弹雨，出其不意地从敌人没有料到的方向发起进攻，把敌人臃肿不堪的指挥体系打得措手不及，从而在几十年的时间里始终对装备有早期黑火药兵器的敌军保持着优势）。

法国人希望反坦克导弹与 AMX13/75 结合后的产物能够填补因 AMX50B 下马而留下的战力空白

也正因为如此，法国能够拥有当时最先进的反坦克导弹技术并不是偶然的。世界上第一种实用化的反坦克导弹 SS10 正是出自法国人之手。SS10 弹体采用整体结构、铝合金壳体。弹翼采用木质板材制成，表面包有一层铝合金蒙皮。动力装置为两台串联的固体火箭发动机，均采用双基推进剂。起飞发动机装药重 1.5kg，在 0.5s 内导弹速度达到 78 ~ 80m/s。续航发动机在保持该速度的基础上略有加速，直至命中目标，飞行时间 17 ~ 20s，作战使用温度范围为 -35℃ ~ +50℃。起飞发动机和续航发动机的喷管同轴线套装，因续航发动机喷管小，安装在中央，起飞发动机喷管在外部。起飞发动机燃烧结束时，通过串联燃烧室中间底部上的通孔输入火焰，使续航发动机点火工作。该弹采用目视瞄准跟踪、手动操纵、三点导引、导线传输指令制导，并在 1956 年 ~ 1958 年的阿尔及利亚战争中大出风头。法军使用这种导弹，主要用于消灭在复杂地形上的点状目标，例如，山顶上的防御支撑点和岩洞内的防御工事等都曾被 SS10 的空心装药战斗部摧毁过。而要完成这些任务，使用一般火炮是异常困难的，甚至是不可能的。而正是通过对 SS10 的使用，法国军方意识到将 SS10 这类武器加以某种形式的自行化，其重要性足以与火炮的自行化比肩。于是早在 1954 年，法国陆军就试验将 SS10 搬上各种机动平台——既包括卡车、吉普车、直升机也包括 AMX13 与 M24 这类轻型坦克的底盘。可惜的是，SS10 与 AMX13 底盘的结合并不理想——作为一种单兵反坦克武器，SS10 飞行速度太慢（80km/h），射程太近（1600m），性能不理想，威力也不够（SS10 战斗部是早期破甲战斗部，结构设计上未充分利用弹径大的优点，战斗部药柱及药型罩的直径小，尽管药型罩锥角小于 60°，但其药柱结构设计较落后，没有采用隔板，且药柱底部直径小，装药为普通炸药。因此，战斗部的破甲威力较小），实际上只是证明人们可以造出反坦克导弹而已，指望这种武器取代 CN-75-50 75mm 坦克炮在 AMX13 上的位置是一种并不实际的想法。

装有 4 枚 SS11 反坦克导弹的 AMX13/75

不过，当 SS10 的放大版 SS11 于 1958 年出现后，事情发生了转机。SS11 比 SS10 大一倍，弹头呈半球形，弹体呈短而粗的圆柱形，分为前后对接的两个舱段：前舱段为战斗部舱，后舱段为运载器。其全弹重 30kg，弹长达到 1168.4mm，但翼展却减小到 508mm；续航速度几乎是 SS10 的两倍，达到 539 km/h，最大射程增加到 3000 m。更重要的是，SS11 的战斗部要比 SS10 大得多，其战斗部可以穿透 554.2 mm 厚的装甲板，如将同等重量的炸药装入炮弹内，弹径就会达到 155 mm 左右，而这类火炮的重量至少为 5 ~ 6t，用在 AMX13 这样的 10 吨级底盘上是完全不可想象的。显然，SS11 的出现似乎为 AMX13/75 的火力提升指出了一条明路，特别是在 AMX50B 项目下马的情况下，用 SS11 重新武装 AMX13 的意义就变得更加非凡了——低成本的 AMX13 很可能就此蜕变为一种重型坦克的替代品（至少在某种程度上可以这样认为），单单是这一美妙前景就足以令人陶醉了。于是到了 1959 年，一种导弹版本的 AMX13 正式出现在法国陆军装甲部队的战斗序列中。不过，与之前采用 AMX13 底盘的 SS10 反坦克导弹发射车不同，被称为 AMX13/SS11 的这种武器系统仍然要被归类为轻型坦克——SS11 并没有完全取代坦克炮，两具或是四具 SS11 反坦克导弹发射架只是作为辅助武器被置于炮塔上塔体两侧，而整辆坦克除了要在炮塔内加装一些发射反坦克导弹所必需的控制 / 观瞄设备外，根本无须进行任何大的修改。

SS11 在 AMX13 上是作为一种辅助性远程精确反坦克武器出现的

表面上看，SS11 似乎以最低的成本实现了 AMX13 的火力升级，而且针对导弹与火炮两种武器系统各自的优缺点进行了取长补短式的整合，然而，作为世界上第一种实用的“导弹化坦克”，AMX13/SS11 却很难说是一个成功的典范。这其中的原因一方面在于，作为第一代反坦克导弹的 SS11，在技术上仍然过于粗糙，特别是其采用的“加速度控制原理”制导控制方式，即便对乘员进行大量的初始训练和重复训练，也很难保证对移动中的装甲目标有足够高的命中率——法国军方在实际使用中就痛苦地发现，在 2000m 远的距离上，AMX13/SS11 对典型装甲机动目标的平均命中精度甚至还不到 AMX50B 120mm 炮的一半。第一代反坦克导弹系统的主要特征是控制系统均为手动，SS11 也不例外，导弹射手使用瞄准具瞄准目标的同时还要手动控制导弹，目测导弹飞行弹道与目标的方位误差，用控制手柄手动发送控制指令，并通过导线传输给导弹，直到导弹最终命中目标。这种系统的最大缺点是对射手的要求比较高，射手必须经过长期的训练并具有丰富的发射经验和强大的心理素质。发射的最大困难在于飞行中的导弹难以稳定控制，难以在作战环境下准确命中目标。导弹射手用摇杆来控制瞄准框使之锁定移动的目标，并同时控制导弹飞行，向导弹传输指令来确定其弹道，使之最终击中目标，在这个接近半分钟的过程中，射手的注意力必须高度集中，使导弹保持平稳的飞行弹道，这时候手是绝对不能颤抖的，向导弹传输不准确的指令是十分危险的，稍不留神导弹就会坠地，只有少数优秀的射手才能控制导弹以比较高的命中率击中目标。

法国陆军中服役的 AMX13/SS11 轻型坦克

另一方面，尽管 SS11 在 AMX13 上是作为一种辅助性远程精确反坦克武器出现的，但乘员仍然抱怨这种武器带来的诸多不便已经严重影响到坦克本身战场效能的正常发挥——与普通的坦克炮弹相比，反坦克导弹显然是一种过分娇贵的东西，只要稍有“怠慢”，故障率将高得令人咋舌。另外，作为一种相对原始的早期型反坦克导弹，SS11 在结构上由前后两部分组成，其战斗部与动力舱在平时必须分开存在车体内，同时电源系统中的干电池也必须取出，只有在临战状态下才能将这一切重新组装在一起，然后安装在炮塔的发射架上。如此烦琐的使用程序不但实用性很成问题，而且若干体积巨大的包装箱还在狭窄的 AMX13 车体内侵占了大量主炮的弹药储备空间，整辆坦克的火力持续性也很成问题。最后，即便出现了 AMX13/SS11 这样的“时髦”版本，但 AMX13 仍然难改其应急设计的本质，在服役十几年后已经严重老化，很难适应日趋严峻的冷战形势，所以几乎在将 SS1 装上 AMX13 的同时，法国就联合联邦德国和意大利开始了一种 30 ~ 40 吨级“欧洲标准坦克”的项目论证，AMX13/SS11 乃至整个 AMX13 系列的淘汰只是个时间问题。最终，AMX13/SS11 在 60 世纪即将结束时，悄然退出了法国陆军装甲部队的战斗序列，世界上第一种导弹化坦克的故事就这样虎头蛇尾地结束了。

10.3　苏联的早期导弹坦克项目

反坦克导弹系统在苏联的研制始于 20 世纪 40 年代末，最初研制这种武器系统的主要原因是取代牵引式反坦克炮：直射反坦克炮的远距离散布较大，有效毁歼距离近，且破甲能力弱。造成射弹散布大的原因很多，如弹丸重量差异、抛射火药重量差异、装药温度和密度差异所造成的射弹初速偏差，再如身管加工精度和射击过程中炮膛磨损程度各异等；造成破甲能力弱的主要原因是成本问题，普通破甲弹因为造价限制不能采用大威力精密浇注的聚能药型罩，而造价和命中率均高的反坦克导弹就可以应用此技术。苏联研制反坦克导弹系统的第二个原因是同期其他国家也在进行这方面的研究（如法国的 SS-11 反坦克导弹，联邦德国的“眼镜蛇”810 等）。不过，在用反坦克导弹这种新生事物武装坦克的问题上，苏联人的起步却不算早，而且背景也更复杂。事实上，苏联的导弹坦克项目有着赫鲁晓夫时代苏联军事学说的深刻烙印，而这种烙印又与赫鲁晓夫的个人喜好有着强烈关系。

1953年斯大林去世，苏联进入赫鲁晓夫时代。苏军于1954年3月开始装备核武器，并着手探索在使用核武器条件下的作战方法。起初，由于苏联在核武器及运载工具的数量质量方面均滞后于美国，所以暂时仍把核武器当作协助各军兵种完成作战任务的手段。不过到了1957年，苏联先于美国研制成功洲际弹道导弹并成功发射了第一颗人造地球卫星，似乎在火箭技术上一度领先于美国。于是赫鲁晓夫开始野心膨胀，大肆散布核恐怖，进行核讹诈，不但希望实现“与美共同主宰世界”，而且开始用自己一知半解的见识染指军队建设。到了1960年1月，赫鲁晓夫在《裁军报告》中抛出了核迷信和核讹诈的军事纲领，该纲领即成为苏联军事理论转变的指导性基础，苏联新的军事学说开始成形。在这套军事学说中，苏联军事战略基本原则以准备世界核大战为核心，鼓吹进攻战略，否定防御战略，强调先发制人和战争初期的核突袭。赫鲁晓夫十分相信苏联暂时的核优势。在核迷信和核讹诈思想的指导下，苏联认为未来战争必然是世界核大战，否定了局部战争和常规战争的可能性。苏联认为，任何局部战争都会迅速转变成世界大战，而任何战争即使是由常规战争开始，也会演变成毁灭性的核战；未来的世界大战就武器来说首先是火箭核战争，而进行这种战争的基础就是战略火箭军；未来战争将是世界上两大联盟之间、两大体系之间的战争，而这种战争必会将世界上绝大多数国家卷进去，将真正具有世界大战的性质。

赫鲁晓夫是狂热的导弹核武器爱好者，“导弹万能论”的调子在他的脑海中达到了一种偏执的程度

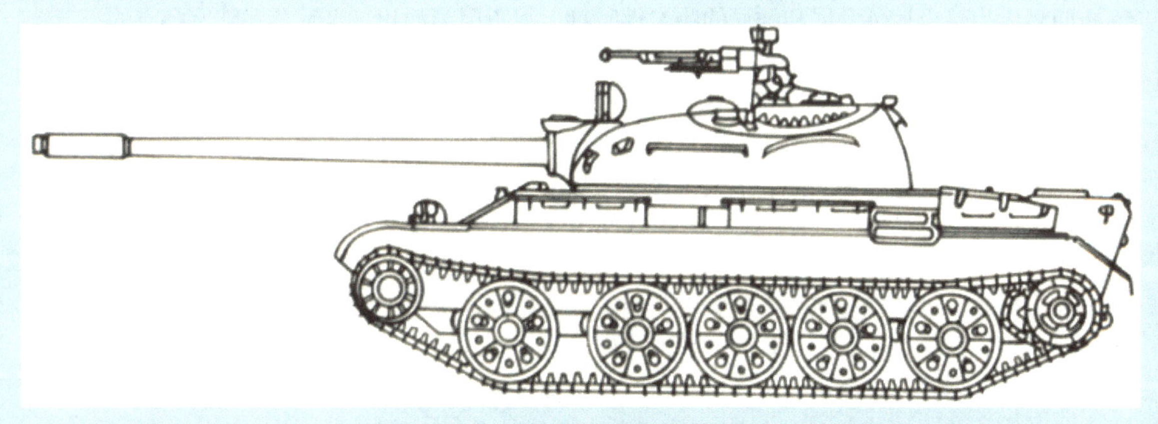

在导弹万能论与核武器主宰一切的思想指导下，赫鲁晓夫认为苏军于1960年初装备的上万辆坦克大都是过时的产品，需要用更为适合核战背景的项目进行替换，并且特别指出，这些项目必须具备发射导弹的能力

赫鲁晓夫认为，核武器已改变了战争的性质，战争已不再是政治的继续，已没有正义和非

正义战争的区别。这时在苏联领导人中弥漫着“核武器制胜论”思想，认为今后的战争将由火箭核武器来决定，苏联能够用一次火箭核突击就把美国的任何目标摧毁，英国会在战争第一天消失，西德的全部军事基地会在几个小时内完全被摧毁。在上述思想的指导下，这一时期苏联军队建设方向发生了深刻的转变。全力争夺核优势，贬低常规兵力的作用，导致的直接结果之一便是陆军的地位直线下降，甚至撤销了陆军总司令部，将陆军各兵种参谋部划归总参谋部直接领导，装甲兵的绝对主力地位也因此被动摇了——在战争中，不是战略火箭核力量根据需要来计划自己的作战行动，而是陆军装甲机械化集群应充分利用战略核力量的突击效果，迅速完成自己的任务。不可否认的是，在整个赫鲁晓夫时代，极端强调核军力特别是战略核武器的军事学说为苏军建设带来了相当程度的混乱，不但大量的常规部队被计划裁撤，还干扰到很多常规武器项目的研发，有些干脆被取消了。但从另一个方面这也使苏联军事思想空前活跃，各种观点争论激烈。苏军内部也召开各种军事学术讨论会，研究新条件下的战争性质和特点、制胜因素、战争初期、突然袭击和反突然袭击、战争准备、各军兵种在战争中的作用，以及什么样的技术装备能够满足新形势下战争的需求等问题，而这些讨论反映在武器系统的研发上则呈现出一种发散性思维的大爆发——一系列导弹化坦克就是这一大背景下的产物。

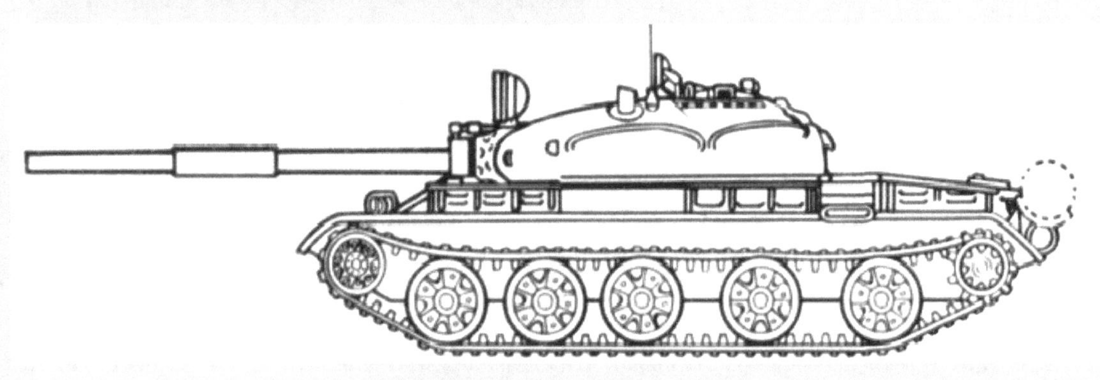

按照赫鲁晓夫的观点，即便是T-62这种崭新的型号也并不符合全面核战争的需求，必须要以更先进的导弹发射车辆取而代之

事实上，这一时期苏联十分重视战争初期的作用，认为核战争将根本改变原来将武装斗争的发展分为几个时段的观念，战争初期的作用已大大提高。如果在战争初期的最初几分钟就充分动用核武器，破坏和消灭敌全境内的重要目标，就可以在很短时间内达成战略目的——战争初期将成为整个战争发展和结局的决定性时期。也正因为如此，当时苏联陆军拥有的上万辆坦克（既包括以T54/55、T62为代表的主战坦克，也包括T-10这类昂贵的重型坦克）都被认为过时了——虽然拥有一定的三防性能，但它们并不是完全按照全面核战争条件下的作战使用来设计的。比如过于高大的车体难以抵挡近距离大当量核爆冲击波的冲击，难以在核爆的第一时间向预定地域发起冲击，影响最大限度扩大核打击的突击效果（虽然与西方坦克相比，苏制坦克在设计传统上已经十分注意拥有良好的防弹外形和控制车身高度）；由于装甲机械化集群的价值被降低到“打扫”核战场，不再需要技术先进性有限的大量粗糙产品；坦克作战能力的耐久性也已经不再是设计要考虑的重点，强大而精确的火力突击性能应该是最关键的，精度不佳的身管式火炮也应该为精度更高的武器系统所取代。结果，在很多常规坦克项目纷纷下马，乃至坦克自身的存在价值也受到质疑的情况下，为了迎合赫鲁晓夫对导弹和核武器近乎盲目的迷信，苏联各坦克设计局被迫按照所谓“核战背景”进行重新构思——于是，出现了大量将各种时髦的“反坦克导弹系统”与一些风格大同小异的低矮底盘相结合的方案。

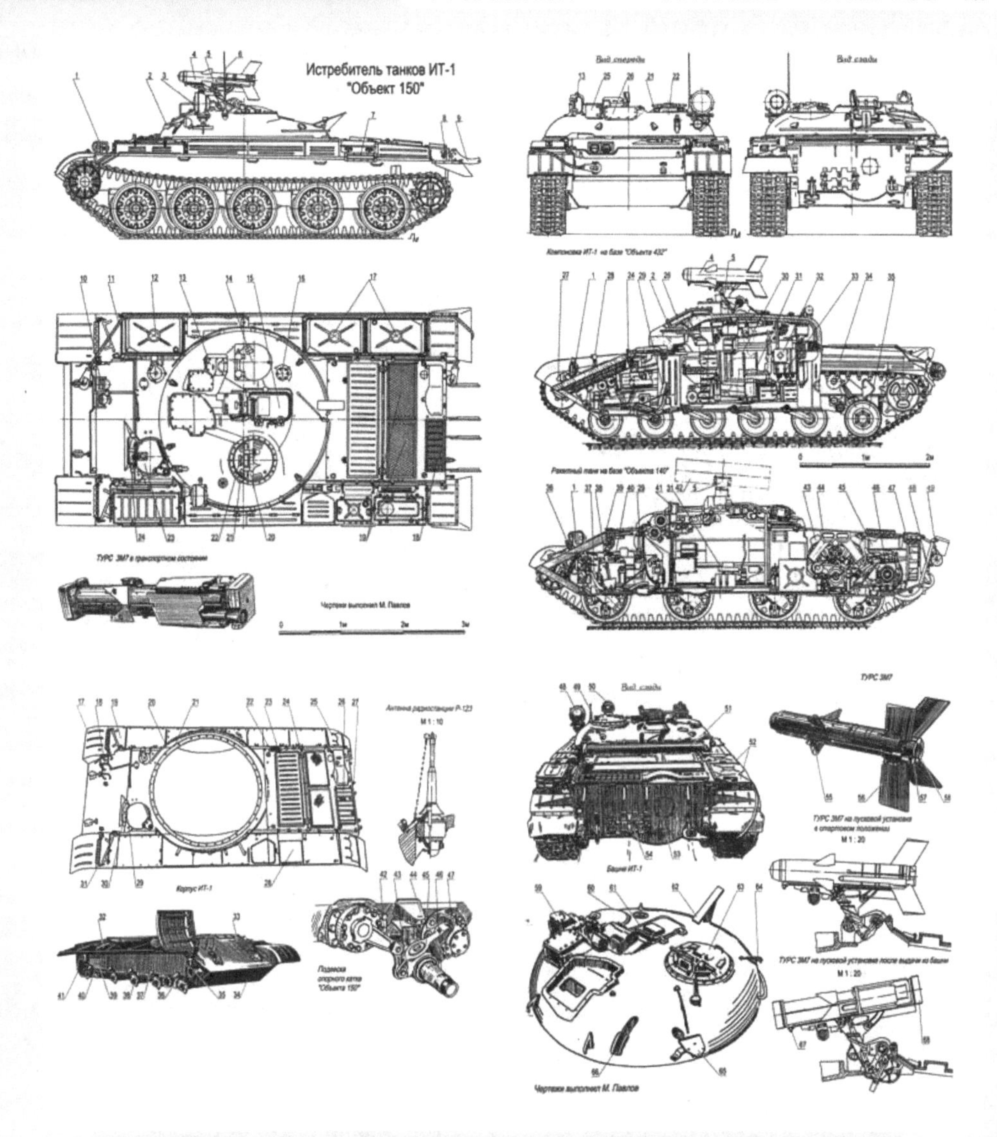

“150 工程”方案样车结构示意图

需要说明的是，二战后苏联导弹坦克的开山之作早在 1960 年 1 月赫鲁晓夫《裁军报告》出台之前就已出现——1956 年“150 工程”项目就很好地证明了这一点。不过，对于“150 工程”项目，需要更正长期以来存在的一个认识上的误区：“150 工程”项目并非严格意义上的坦克（尽管其目的是取代坦克），而是一种全新形态的坦克歼击车——尽管在战术上强调这种车辆应与轻型反坦克导弹发射车区分开，要求其火力和装甲防护性能都能够与敌主战坦克正面对抗，但预定装备对象却不是坦克师而是摩托化步兵师下属的独立坦克营，属于由师首长直接掌握的战役预备队，作为关键时刻堵口子时硬碰硬的反装甲突击力量使用（每个摩托化步兵师都装备有一个五连制的独立坦克营，配备 51 辆坦克歼击车）。也正因为如此，“150 工程”项目在很大程度上可以视为 1930 年初苏联 RBT-5 鱼雷坦克试验的延续（1931 年～ 1932 年，苏联机械化摩托化军事学院和哈尔科夫机车制造厂成立了联合设计小组，想设计出一种装坦克鱼雷 (TT) 的新型坦克来。所谓“坦克鱼雷”，并不是一种鱼雷，而是样子像鱼雷的一种火箭弹由于要装到坦克上，才称之为“坦克鱼雷”。苏联武器专家于 1931 年制成坦克鱼雷后，就迫不及待地想将它装到坦克上。这种坦克鱼雷也的确威力强大，弹重 250kg，预计可以攻击

300 ~ 1800m 外的目标，其威力相当于口径 305mm 的巨型炮弹，这在 20 世纪 30 年代初期无疑是一种杀手锏式的武器。1933 年 10 月，苏联开始了将坦克鱼雷装到 BT-5 快速坦克上的设计和试验工作，结果，只用了两个月的时间便制成了试验型的火箭坦克—— RBT-5。不难看出，所谓 RBT-5 就是“火箭型 BT-5”的意思）。

“150 工程”方案样车

每当论及坦克时，通常认为它是一种装有火炮和旋转炮塔的履带车辆。实际上并非总是如此。它是一种什么样的车辆要看它选择了能对付多种目标的多用途系统还是一种专用系统—— RBT-5 与“150 工程”就很好地体现了这一点，具有极高命中率和巨大威力战斗部的反坦克导弹与坦克相结合带来的战术优势显而易见。作为 RBT-5 鱼雷坦克在 20 多年后的翻版，下塔吉尔的“150 工程”在结构上与之类似，但无论底盘还是火箭武器系统都被更现代化的部件代替了。具体来说，“150 工程”项目的底盘部分大量借用了当时并行的“166 工程”底盘部件，并保留了全套的超压三防系统，确保战斗室和车体密封并保持正压，以具备核条件下的作战能力，但重新设计了一个外形更为低矮的扁半球形铸造炮塔（炮塔正面装甲厚度为 120 ~ 200mm，其他部位根据受到战场威胁的程度，厚度从 60mm 至 135mm 不等）。该炮塔由电驱动取代了苏式坦克传统的液压驱动，无主炮，代之以一套全自动化的 3M7 反坦克导弹系统——自动化的长方形导弹储弹箱被固定在能够升降的发射导轨装置上，发射装置可以自动将折叠的待发弹从储弹箱内提出，并送入炮塔顶部的发射导轨。显然，“150 工程”的全部噱头都体现在这个神秘的 3M7 反坦克导弹系统上——整个系统由弹体和发射制导控制装置两大部分构成，属于一种典型的光学瞄准跟踪半自动无线电指令制导设计，弹体部分弹径 180mm，弹长 1250mm，全重 50kg，最大飞行速度 200m/s，聚能战斗部可以击穿以 30° 安装的 250mm 厚均质钢装甲板（需要特别指出的是，其战斗部底部不但装有触发引信，还配有保险执行机构，采用续航发动机燃烧室产生的燃气压力控制保险机构，防止早炸）。按时代标准，由于装备了 3M7，“150 工程”是一种相当可怕的装甲机械化打击系统——在最严酷的 3000mm 距离上以 20km/h 的车速进行“动对动”射击的命中率都能达到 15%，而在同样的条件下，包括“166 工程”在内，所有的苏联或西方坦克基本上只能交白卷。

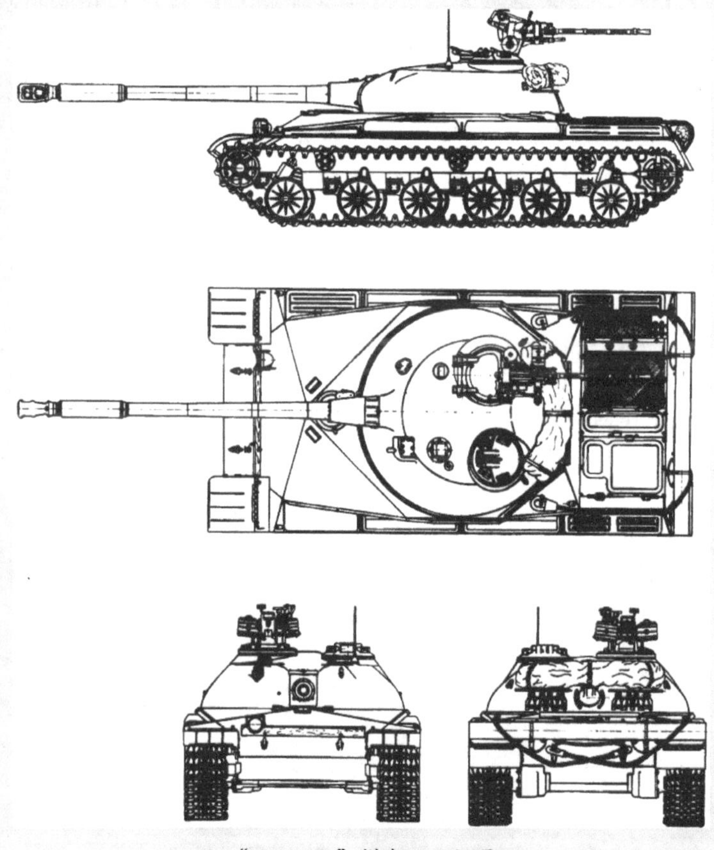

“430 工程”样车 4 面视图

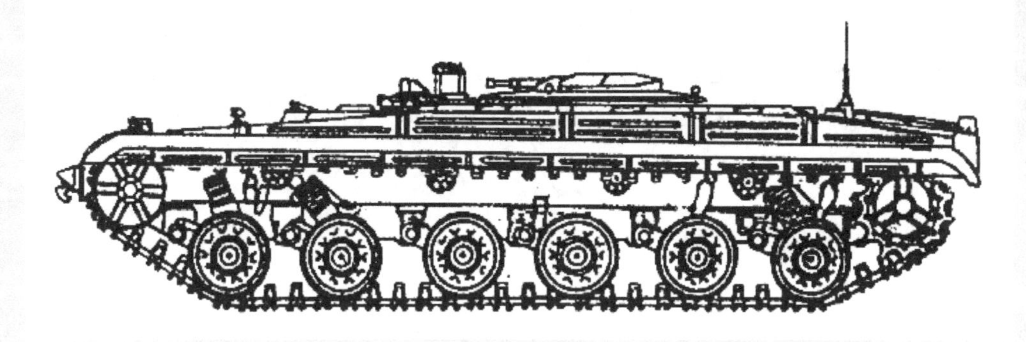

“287 工程”样车侧视图

不过，在时间进度上“150 工程”拖沓严重（主要是整体设计几易其稿，底盘更是从最初的 T54、T55 一直变换到“166 工程”），尽管其设计于 1957 年正式展开，但过了 5 年却连一辆样车都没造出，结果在这一过程中，列宁格勒方面又拿出了一个在设计上十分类似的“287 工程”方案，形成了严酷的竞争局面。“287 工程”本质上是哈尔科夫“430 工程”底盘与 9M15“台风”反坦克武器系统的结合体，其“430 工程”底盘实际上是后来的 T64 原型之一，采用全新设计的车体外形，正面装甲由 3 层总厚度达 130mm 的双硬度装甲板构成，在正面投影面积和重量大致与“166 工程”相同的条件下，其防护能力却达到了“166 工程”的两倍，行动部分也经过了重新设计（每侧 6 个小负重轮，双销履带，悬挂系统为扭杆式结构，但在第 1、2、6 负重轮上有液气悬挂装置）。发动机为体积较小的 600 马力 5TD 型柴油机，有效地缩小了动力系统占用空间。至于安装到“430 工程”底盘上的 9M15“台风”反坦克导弹系统，在技术性能上与 3M7 反坦克导弹系统十分类似，同样属于第二代光学瞄准的半自动无线电指令制导方案。弹体部分采用无尾式气动外形布局和推力矢量控制方案，4 片大展弦比、切梢三角形弹翼位于弹体中后部，且有较小的倾斜安装角，使导弹飞行中低速旋转稳定。每片弹翼后缘靠近翼根处装有 1 个活动式空气扰流片，飞行中由舵机控制扰流片运动，提供气动控制力。其制导控制组件包括指令接收变换器、陀螺仪、电磁舵机、控制导线及线管。陀螺仪在火药气体压力作用下 0.1s 内启动完毕并达到额定转速，提供基准信号与俯仰和偏航稳定信号。在导弹飞行过程中，经过滑环和电刷将信号传给带动扰流片运动的舵机电磁线圈，分别控制扰流片运动，使之产生相应的俯仰与偏航控制力。扰流片以 12Hz 的频率振动，交替伸出弹翼蒙皮表面，运动范围为 ±180°。弹体后部装有曳光管，保证在能见度差的条件下可靠地跟踪导弹。但特别之处在于，其制导方式同时设计有自动频率转换功能，使装备该系统的坦克能够在行进中同时发射多枚导弹打击不同的目标。

试验场上的“287 工程”样车

不过，在反坦克导弹系统与车体底盘的结合方式上，“287 工程”与“150 工程”还是存在一定差别的。尽管两个方案都以反坦克导弹系统取代了传统的坦克炮，不过相比于“150 工程”，“287 工程”实际上是以一个坚固的半埋装甲战斗室取代了“150 工程”的扁半球形铸造炮塔，包括两个发射架、待发弹及观瞄系统和输弹机构在内的整套 9M15“台风”反坦克武器系统被置于其中——战斗室内分 3 排竖立布置有 14 枚“台风”反坦克导弹，另有一枚待发弹，共 15 枚导弹（因为翼展巨大，无法沿导弹弹体直接折叠，苏联设计了将导弹尾翼横向旋转 90°，再向前折叠的方案存放导弹），由专门的送弹机将火箭弹输送给发射装置。发射前，火箭直接随同发射装置的移动元件向前伸出，然后进行发射。也正因为如此，由于没有事实上的炮塔设计（“150 工程”多少还保留了一些火炮式坦克的痕迹），“287 工程”在战斗全重和被弹面上都比“150 工程”要小，实际上是一种更符合赫鲁晓夫心意的“纯导弹化核战坦克”。然而到了 1961 年～ 1962 年，由于古巴导弹危机以苏联的失败宣告结束，受这次事件影响，刚刚建立起来的以核迷信和核讹诈为核心的军事思想在苏军内部引起了新一轮的混乱和争论，特别是其否定常规战争、贬低常规武器、大规模裁减常规兵力、否定局部战争等思想，遭到了苏军部分高级将领的反对（在古巴的退却清楚地暴露了苏联核力量和常规力量的劣势），结果 1962 年古巴导弹危机过后，尽管其军事思想的本质并未有大的改变，但狂热的导弹与核武器爱好者赫鲁晓夫还是被迫在军队建设方针上做了一些让步，开始以一种委婉的说法强调常规力量的重要性，而这种让步反映在“导弹坦克”研制上则呈现出了较为明显的变化——卡尔采夫、莫洛佐夫和科京的三个坦克设计局被要求继续研制发射导弹的坦克，但这些坦克同时也要兼顾非核条件下的常规战争情况。结果一些能够由低压火炮发射的炮射导弹系统，而不是发射架式的反坦克导弹系统开始出现在几个设计局的新方案中。

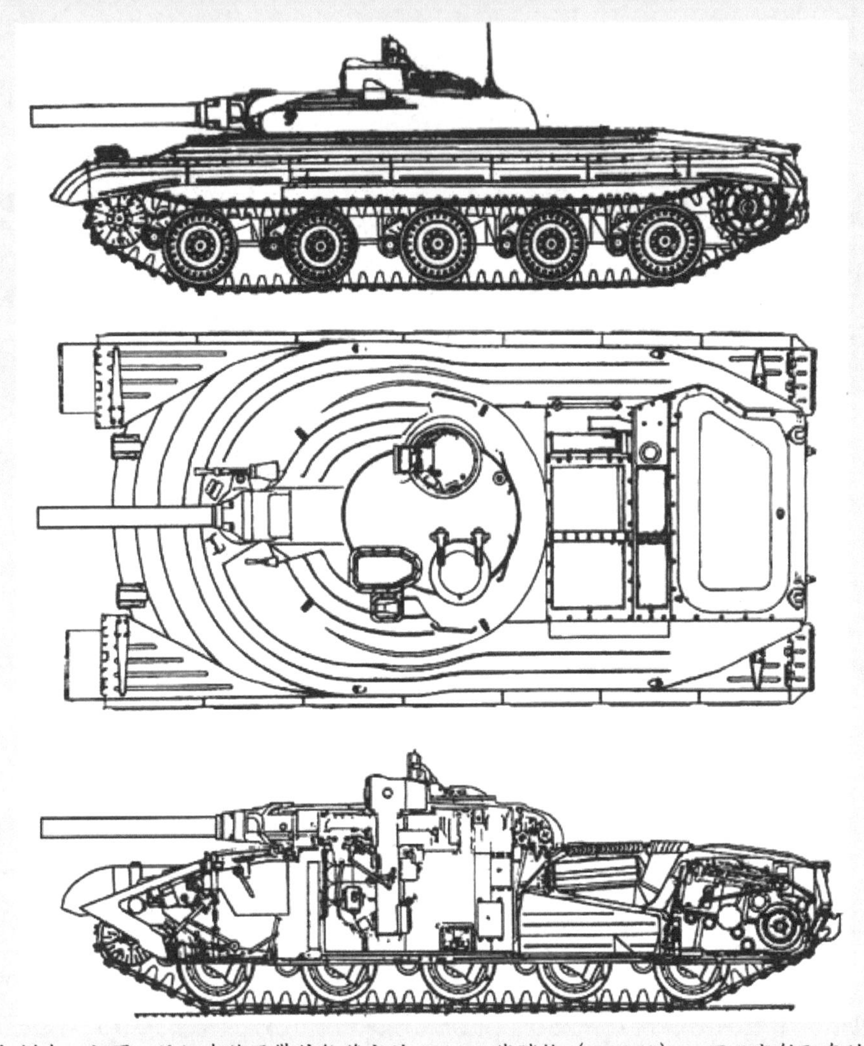

“757工程”样车三视图。该坦克使用带俯仰稳定的125mm线膛炮（D-126S），可以发射配套的炮射红宝石反坦克导弹、“波尔”无控火箭（射速8-10发/min，射程9km），以及多种炮弹，配备7.62mm同轴机枪，主动红外夜视，乘员3人，战斗全重44t，试验车体采用IS-3M的车体外壳和“OB-770”的液压、悬挂和负重轮等部件组合而成，最高时速65km/h

“757工程”样车

车里雅宾斯克基洛夫工厂在1962年年初推出的“757工程”样车可以视为这类方案的代表作——与纯导弹化的“150工程”或“282工程”相比，“757工程”更突出了一种多用途的特质，即不仅要摧毁敌人坦克而且还要执行更广泛的任务。于是虽然确定要以主动外制导的“红宝石”反坦克导弹系统为主要武器（“红宝石”与3M7“台风”反坦克导弹系统属竞争关系，弹径125mm，弹重28.5kg，昼间最大射程为3.3km，夜间为1km），但下塔吉尔的工程师们却没打算像“150工程”或“282工程”那样用发射架将导弹打出去，而是准备用一门短身管的125mm口径D126线膛炮作为发射装置，将“红宝石”反坦克导弹系统进行整合，以达到兼顾普通弹药使用的目的（主要用以发射射程达9km的“钻头”无控杀伤爆破火箭弹）。在这种思路下出现的“757工程”样车最终成了一个令人难以忘怀的怪异设计——其车体采用IS-3M重型坦克的车体外壳，但行动部分却大量使用了“770工程”项目的液气悬挂（可以分级调整车高）、负重轮、履带等部件，此外虽然以D126线膛炮取代了3M7反坦克导弹系统，并安装了一台结构复杂的半自动装弹机（炮手在其座位上即可遥控操作），但炮塔部分的基本设计却仍然来自“150工程”（炮塔为铸造式，并有防辐射衬层），这使整辆坦克得以继续拥有一个极为低矮的防弹外形（车高仅为1.1m）。

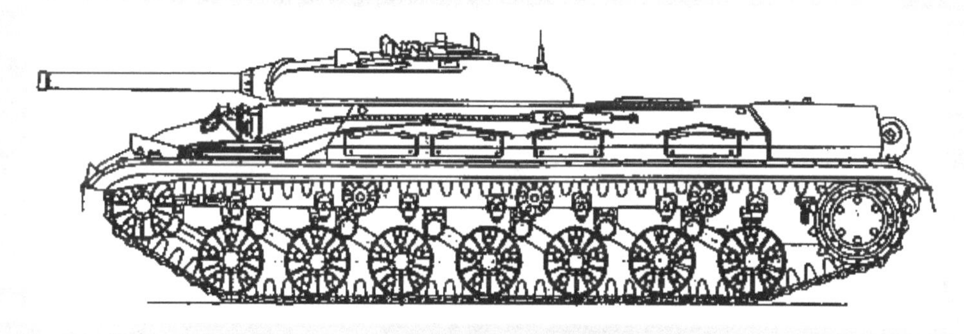

“282工程”样车侧视图

显然，“757工程”的最大特色在于两点。首先自然是那门既能发射导弹又能发射普通炮弹的125mm D126S线膛炮。与后来应用于T64A/72/80/90系列并且同样能够发射炮射导弹的2A46 125mm滑膛炮不同，D126S线膛炮是一种理论膛压仅仅330MPa的低膛压炮（因为增大膛压势必对身管强度和内壁抗烧蚀能力提出更高的要求，无论对弹药还是火炮本身来说，技术和制造工艺门槛都将大幅提升），理论上不能发射穿甲弹（或者说发射穿甲弹也会因惨不忍睹的初速而毫无价值），只能发射低装药量的薄壁榴弹，或作为一个定向管发射某种结构特别的火箭弹，而正是这一点使其成为“红宝石”反坦克导弹系统的发射装置——“红宝石”反坦克导弹弹体并不是由发射药打出去的，而是由其自身的固体火箭发动机慢慢推出去的，火箭发动机在炮膛内点火，导弹在炮管内逐渐加速，当导弹飞离炮管后，尾部的4片尾翼张开以稳定飞行，这一工作方式既降低了发射载荷和发射特征（火光和粉尘），也增强了“775工程”作为一个发射平台自身的生存能力和隐蔽性（“红宝石”反坦克导弹垂直破甲厚度500mm，射速4～5发/min，射程4km）。需要指出的是，D126S发射的普通薄壁榴弹实际上也并不普通，其发射药使用了先进的全可燃药筒技术——由惰性纤维、硝化棉、二苯胺、树脂等混合制成，内装发射药、底火和缓蚀添加剂衬套，发射药连同药筒均能在瞬间燃烧干净，发射后留下的仅仅是巴掌大的一块金属底火而已。在20世纪60年代初，这是一种极为大胆的先进技术尝试。

其次，“红宝石”反坦克导弹系统采用的主动红外制导方式也是一个令人感兴趣的焦点。其工作原理与半主动激光制导方式有着类似之处，即射手用光学瞄准制导仪瞄准、跟踪目标，并用与瞄准镜同轴的主动红外探照灯向目标发射红外波束，然后发射导弹。导弹飞离炮管后进入激光波束，弹首的红外敏感器把接收到的光信号变为电脉冲信号，弹上控制电路的坐标分析器将电脉冲信号处理成与激光束坐标系中导弹的 Y、Z 坐标成比例的电信号（Y 为垂直方向偏离，Z 为水平方向偏离）。再通过转换，在弹上控制电路的校正滤波器的输出端形成既与导弹在红外波束中的坐标成正比，又与这些坐标的变化速度成正比的信号 Y′、Z′。由于使用线膛炮作为发射装置，“红宝石”反坦克导弹在飞离炮口的初始状态为旋转弹，弹上陀螺坐标仪将信号 Y′、Z′ 转换到导弹坐标系中，再提供给舵机。舵机将输入信号转换成导弹舵翼的偏转角，舵翼偏转产生气动力，驱使导弹向红外光束中心移动。导弹向红外光束中心移动，相对红外光束中心的偏差在变化，红外敏感器输出端的电信号也将变化。因红外光束中心与瞄准镜中心平行设置，导弹沿红外光束飞行也就是沿瞄准线飞行，这样就可以瞄到哪儿打到哪儿。

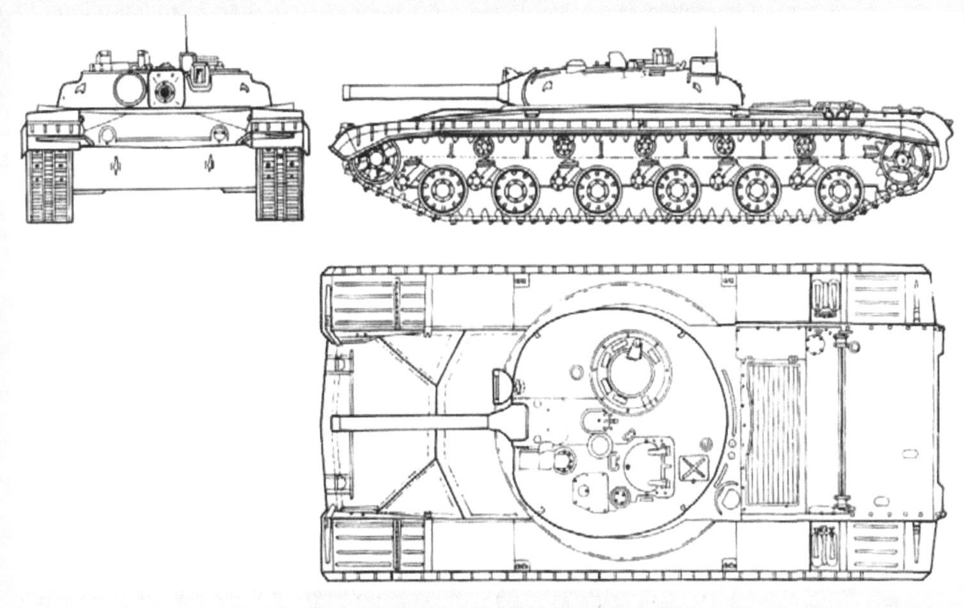

“757 工程”样车三视图

由 IS-3M 与“770 工程”样车部件拼装出的底盘机械可靠性不佳，于是“757 工程”样车很快被放弃，但作为一个技术参照范本，进一步完善的“775 工程”与“282 工程”基本延续了“757 工程”的设计风格，或者更准确地说，这两个后续方案在很大程度上是对“757 工程”底盘加以更替的衍生产物。其中，“282 工程”只是简单地将“757 工程”样车的炮塔部分装到 T-10M 重型坦克底盘上，乏善可陈，但“775 工程”却在“770 工程”的基础上进行了改进——包括液气悬挂在内的底盘行动部分取自“432 工程”，但车体内部结构却重新设计，包括驾驶员在内的全部两名乘员都被置于炮塔座圈的保护之下，由于驾驶员要在位于旋转炮塔中央的位置上操作坦克，苏联工程师不但为此设计了一套奇特的反旋装置，以保证驾驶员永远正面与坦克前向轴线保持一致，而且炮塔内部布局也因此进行了重构，结果整车高度从“757 工程”的 1.1m 提高到了 1.75m，但仍比常规设计要低矮不少，而且较之“757 工程”大大提升了乘员的战场生存能力，并有助于提升车体的隐蔽性。然而，到了 1964 年年底，无论是复杂的“775 工程”还是简单的“282 工程”都没能逃脱下马的命运。一方面的原因在于技术层面，比如“红宝石”反坦克导弹系统的主动红外引导头遇到了不可逾越的技术障碍，红外敏感器的敏感程度不够，常常无法捕获复杂背景里的目标；D126S 在发射炮射导弹和无控火箭弹时，火箭发动机后喷火焰问题始终难以解决；“775 工程”与“770 工程”的液气悬挂装置密封性差，故障率高等。

库宾卡馆藏的“757 工程”样车

不过，更深层次的原因则在于政治层面——由于 1964 年 10 月发生的那场“宫廷政变”，苏联军事学说又一次发生了重大改变。勃列日涅夫取代赫鲁晓夫上台，对赫鲁晓夫把火箭核战争视为唯一战争样式的观点进行了批判，认为“战争的样式既可能是核战争，也可能是常规战争；既可能是世界大战，也可能是局部战争”。这一时期，苏联在战争准备上既要准备打核战争，也要准备打常规战争。苏军教材明确指出，未来战争有三种可能的样式：第一，不使用核武器的（局部）战争；第二，使用战役、战术核武器的战争；第三，使用各种核武器的世界核战争。也正因为如此，勃列日涅夫上台后，苏联军事学说改变了赫鲁晓夫时期只重视核武器而轻视常规武器的方针，宣称苏联在对核武器给予特别注意的同时，也不应该忘记常规军备仍然起着重大作用。于是这一时期，苏联继续发展核武器的同时，更加重视常规武器的发展。苏联认为，尽管核武器具有非常巨大的威力，但是军事科学并不把它绝对化，同时也不偏重某个军种在战争中的作用；不管各种战略核武器作用有多大，它们并不能解决战争的全部任务；仍然要研制新式武器和改进现有的常规武器，并要求协调、平衡地发展所有军兵种。结果，不仅重新恢复陆军司令部的问题被提上了日程，而且很多只适合核战争而对常规战争适应能力不足的技术项目被撤销——在这种情况下，打着过于鲜明的“赫鲁晓夫”烙印的上述导弹坦克项目的下马实属必然。最终，只有技术上最为保守的“150 工程”项目被以 IT-1 的编号勉强生产了 200 辆左右。苏联对导弹坦克项目的一连串早期探索就此结束。

艺术家笔下的“150 工程”

10.4 美国的早期导弹坦克项目

与苏联类似，美国的早期导弹坦克项目同样是一个复杂的故事，但由于篇幅原因，只能择其重点以飨读者。令人难以想象的是，在二战后很长的一段时间里，美国都是反坦克导弹领域的后来者——美国陆军并不认为他们能从控制手柄制导的导弹中得到自己需要的全部东西。事实上，对于在世界范围内兴起的反坦克导弹热潮，美国人明显持旁观态度，他们仅购买了少量的SS11和“安塔克”导弹，作为样品进行广泛试验。而在用这些外国导弹进行了一连串五花八门的试验后，美军认定只有越过控制手柄制导阶段，全力以赴地从事半自动制导导弹的研制，才能获得值得关注的战场价值。当然，这条途径既不容易，又不省钱，更不会迅速，特别是在如何将反坦克导弹武器系统与坦克相结合这个问题上，由于一上来就打算用炮射导弹的方式“一步到位”，改变冷战开始以来美国乃至整个西方世界在装甲对抗领域的落后状况，整个过程变得异常艰辛。

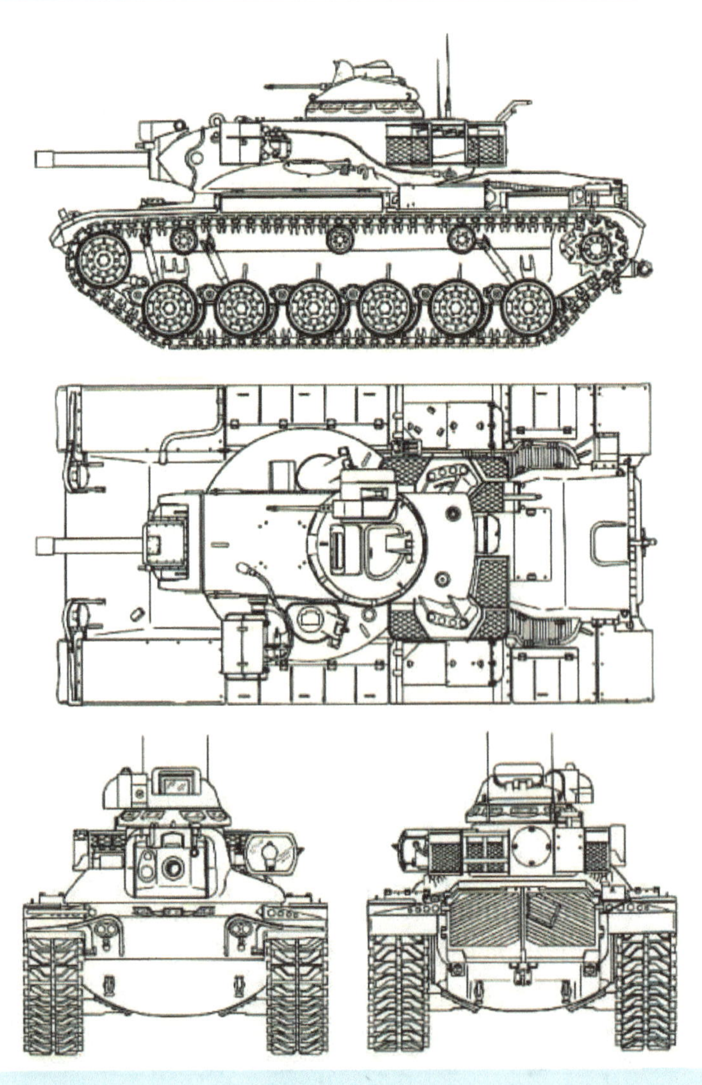

使用CVWS M162 152mm口径两用炮的M60A2主战坦克

所谓炮射导弹技术，实际上是利用一门大口径低膛压火炮来发射反坦克导弹（当然，这门火炮还可以发射除了动能穿甲弹外的其他弹种）——显而易见，这种技术能够最大限度地调和战斗全重与火力性能间的尖锐矛盾，同时还能获得此前一直不敢想象的远程精确打击能力（炮射导弹就是在弹头装有末端制导系统，用普通火炮发射后能自动捕获目标并准确命中目标的一种炮弹。它常被人们称为“长眼睛”的炮弹。坦克上配备炮射导弹的思路主要是想在已有坦克火炮的基础上增大坦克火力的射程）。客观来讲，美国人之所以从一开始就将反坦克导弹武器系统与坦克相结合的具体方式定位在难度最大的炮射导弹，首先是出于战术上的考虑——既能发射导弹也能发射普通炮弹的两用炮，将在战场上获得何种程度的战术优势自不必言说。事实上，炮射导弹技术的前景是如此诱人，以至于美国陆军打算将其用于所有装甲作战平台——从试验场上的M48A2E1样车（也就是XM60项目）到当时正在规划中的MBT70都是如此。不过，这种战术上的美好意图在与时任国防部长麦克纳马拉的“通用化”思想相结合后，事情却变得复杂起来。

1961年肯尼迪上台，成为美国的第35任总统，在其鼎力支持下，他的大学同窗麦克纳马拉当上了国防部长。麦克纳马拉经历很不简单，他在第二次世界大战中曾是陆军航空兵（美国空军的前身）的管理专家，后来又在福特公司工作了15年，他利用这些经验，组织起国防部长办公室这个强有力的工作班子，这个班子被支持者赞为真正的“国防精英”，而批评者则称之为“狡童”。不过精英也好狡童也罢，麦克纳马拉上任伊始，就大刀阔斧地拿艾森豪威尔时代庞大的三军武器研制计划开刀，大力提倡武器装备的通用化。首当其冲的是研制美国空军和海军通用的飞机及其他武器装备。在这方面，F-4“鬼怪”Ⅱ战斗机、A-7“海盗”Ⅱ攻击机和“麻雀”空空导弹的研制取得了成功，做出了表率。这几种兵器都是美国海军研制成功、美国空军一道采用的武器装备。受此鼓舞，在地面兵器的研制上，麦克纳马拉也开始强调要实现陆军和海军陆战队装备的通用化，并进而实现北约各国武器装备的通用化。在这种思想指导下，再加上当时盛行的“导弹万能论”，美国陆军与海军陆战队联合提出了一个可以发射XM13（1966年5月定型后称为MGM-51A“橡树棍”）反坦克导弹及普通炮弹的152mm口径两用炮框架（被称为“战斗车辆武器系统(CVWS)”），企图将之作为未来所有装甲平台的标准化军械。这最终导致了MBT70、M60A2与M551这三种美国20世纪60年代最著名导弹坦克的出现。

不过152mm口径似乎更接近苏联而非西方的口径体系，CVWS的口径选择令人疑惑。事实上，这是为了发射XM13（MGM-51）“橡树棍”反坦克导弹而削足适履的结果。其实除了XM13“橡树棍”反坦克导弹之外，CVWS框架下XM150、XM162、XM81三种型号火炮的其他弹药也都是共享的——其炮身结构与药室完全一致，区别仅仅在于身管长度。其中，为MBT70主战坦克研制的XM150身管最长，达到了4353mm；而为了将XM150搬到现役的M60底盘上，XM150的身管长度被缩短到4070mm，相应的型号也变为了XM162；至于战斗全重只有15t的M551（XM551），由于在火力上也被要求达到与上述两型主战坦克相提并论的程度（能在3000m距离上击毁当时任何一种主战坦克），XM162的身管长度只能进一步被缩短至2870mm，型号则被改为XM81。然而，MBT70、M60A2、M551的最大亮点是CVWS系列152mm两用炮，但出问题最多的也是这种在技术上过于先进的火炮。

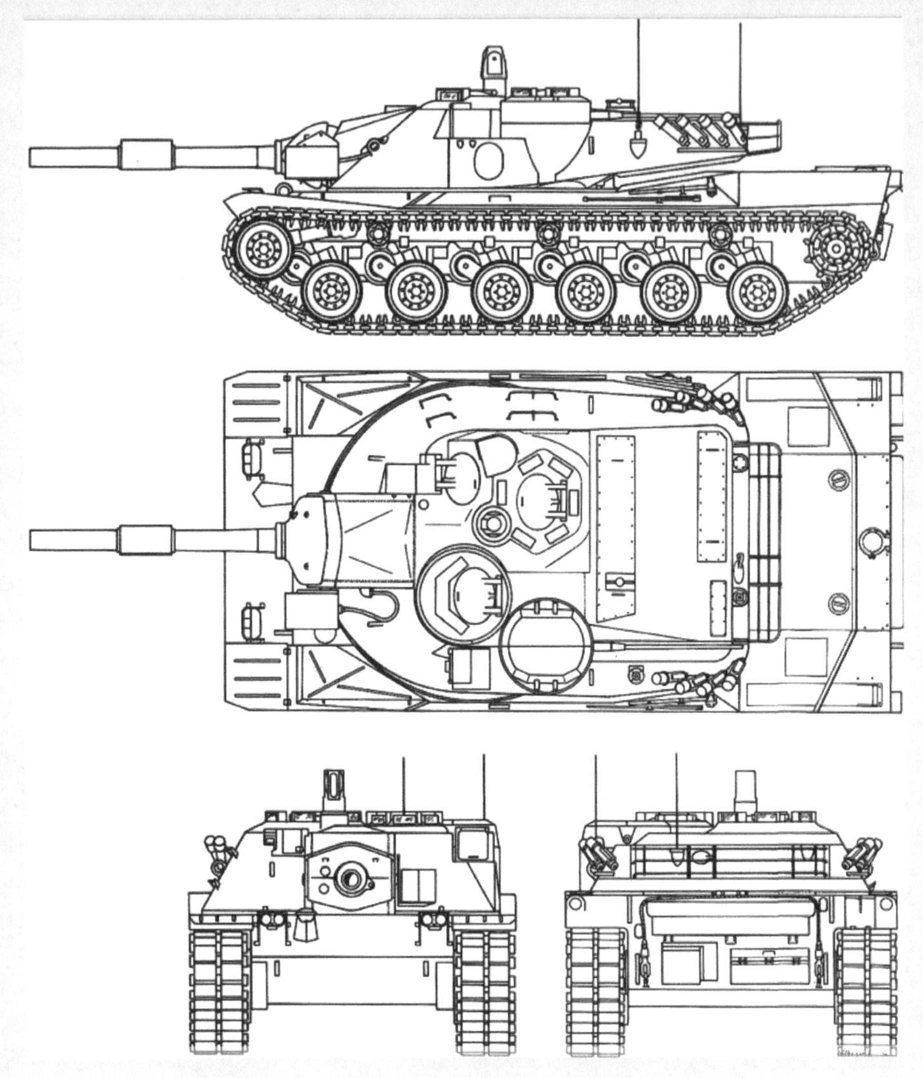

使用 CVWS M150 152mm 口径两用炮的 MBT70 主战坦克

早在 CVWS 系列能够发射 XM13 反坦克导弹的两用炮研制之初，反对的声音便已经不绝于耳。这些声音归纳起来主要有以下几点：① CVWS 两用炮无法发射动能穿甲弹；②发射破甲弹时，其威力要比理论上降低 20%～30%，原因是破甲弹的旋转稳定性对其金属射流的集中有不利的影响。破甲弹是利用“聚能效应”（又称“门罗效应”或“空心效应”）原理制成的弹药，主要由弹体、空心装药、金属药形罩和起爆装置组成，大多采用电发引信，其破甲过程为：当弹药击中目标诱发装药爆炸时，所产生的高能量集中在金属药罩上，并在瞬间使其熔化为一股细长（直径 3 ～ 5mm，长达数十厘米）、高速度（高达 8 ～ 10km/s）、高压力（100 ～ 200 万个大气压）、高温度（1000℃以上）的金属射流，这种具有强大能量的金属射流的在顷刻间穿透装甲后，继续高速前进，加上它所产生的喷溅作用，就会破坏坦克内的设备，杀伤乘员，并极易引燃油料及诱爆弹药，产生“二次杀伤效应”；③反坦克导弹飞行速度低，在制导过程中限制了坦克的机动，易于被敌方反击；④导弹的结构复杂，可靠性较低，特别是在欧洲战场上地形较复杂，交战距离在 1000m 左右，导弹跟踪容易失去目标，而且有线制导的导弹也空易被树枝等小障碍物干扰起爆；⑤ XM13 最小射程高达 730m，而且在这个距离内无法制导，发生遭遇战时的尴尬可想而知；⑥反坦克导弹的价格是炮弹的 20 倍，成本太高。

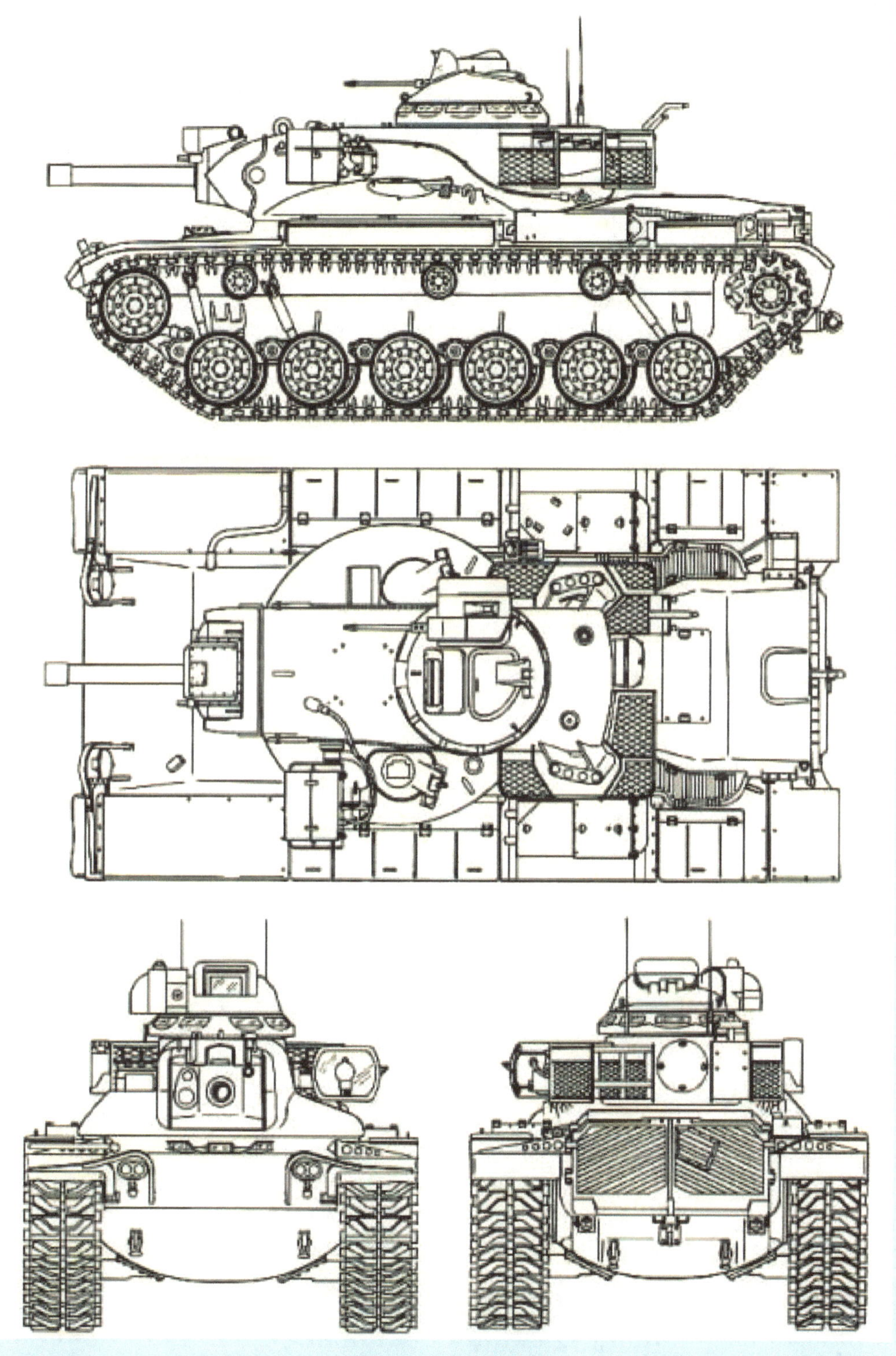

使用 CVWS M81 152mm 口径两用炮的 M551 轻型坦克

除此之外，CVWS 两用炮的技术缺陷也不容忽视。由于发射普通弹药时所用的全可燃药筒技术不过关（尽管为防止药筒受潮和微生物侵蚀，在药筒上涂有一层油膜，但这种简单的措施不足以完全抵消潮湿空气的影响，药筒的燃烧速度不一致，导致无法充分燃烧），结果大量燃烧后的气体和残渣会留在炮管内，造成无法装填下一发炮弹，甚至会引爆已装入的炮弹。无奈之下，阿里逊公司在 1967 年底开始研制一种残渣去除系统，并于 1968 年 3 月就拿出了被称为“炮尾闭锁去除残渣装置 (CBBS)”的工程样品。CBBS 的原理其实很简单，它通过四个压气机驱动两个气筒，向炮管内吹气，将炮管内的燃气吹至炮口，实际上是一种抽烟装置。然而，CBBS 毕竟只是一种权宜之计，如果全可燃药筒的关键技术瓶颈无法突破，也只能是治标不治本的辅助措施。

可惜，面对 CVWS 所存在的诸多缺陷，被“导弹万能论”冲昏头脑的美国军方不以为然，坚持在三种被寄予厚望的新型坦克上采用技术上并不成熟的 CVWS 152mm 两用炮——美国的早期导弹坦克项目就这样被 CVWS 带上了一条绝路（正是 CVWS 本身存在的大量技术问题为 MBT70 的夭折以及 M551 和 M60A2 的提前退役埋下了伏笔）。今天看来，在二战结束后的一二十年间，人们企图将坦克进行导弹化武装的种种尝试似乎印证了一个错误的预言。任何一种武器系统的发展都会给人们留下一条或成功或失败的发展思路。然而，尽管新概念武器的成败多少要取决于发明者的热情，但最终还是要取决于他对设计中所包含的各种利弊所做判断的准确程度。